Wolfgang Grundmann

Finanzmathematik mit MATLAB

Wolfgang Grundmann

Finanzmathematik mit MATLAB

B. G. Teubner Stuttgart · Leipzig · Wiesbaden

Bibliografische Information der Deutschen Bibliothek
Die Deutsche Bibliothek verzeichnet diese Publikation in der Deutschen Nationalbibliographie; detaillierte bibliografische Daten sind im Internet über <http://dnb.ddb.de> abrufbar.

Prof. Dr. rer. nat. Dr. oec. habil. Wolfgang Grundmann
Geboren 1940 in Chemnitz. Von 1959 bis 1964 Studium der Mathematik an der Universität Leipzig und 1964 Diplomprüfung in Mathematik. Von 1964 bis 1969 wissenschaftlicher Assistent, 1969 Promotion und 1969/70 wissenschaftlicher Oberassistent an der TH Karl-Marx-Stadt.
Von 1970 bis 1971 Zusatzstudium an der Mathematisch-Mechanischen Fakultät der Universität Moskau. Von 1971 bis 1992 Hochschuldozent an der Ingenieurhochschule bzw. Technischen Hochschule Zwickau, 1989 Habilitation. 1990 Gastprofessor an der FH Darmstadt. Seit 1992 Professor für Mathematik an der Westsächsischen Hochschule Zwickau (FH).
Arbeits- und Forschungsgebiete: Wahrscheinlichkeitsrechnung und Statistik, Mathematisch-statistische und stochastische Modellierung in Technik und Wirtschaft, Optimierung technischer und wirtschaftlicher Prozesse, Finanz- und Versicherungsmathematik, Operations Research.
Internet: http://www.fh-zwickau.de/pti/fgmath/fgmath2001/grundmann_g.html
eMail: wolfgang.grundmann@fh-zwickau.de

Lektorat: Jürgen Weiß

1. Auflage November 2004

Der B. G. Teubner Verlag ist ein Unternehmen von Springer Science+Business Media.
www.teubner.de

Umschlaggestaltung: Ulrike Weigel, www.CorporateDesignGroup.de
Druck und buchbinderische Verarbeitung: Lengericher Handelsdruckerei, Lengerich/Westfalen
Gedruckt auf säurefreiem und chlorfrei gebleichtem Papier.
Printed in Germany

ISBN 3-519-00450-X

Vorwort

Dieses Lehrbuch ist entstanden in der Absicht, das Interesse an der Nutzung des Softwarepakets MATLAB zur Lösung finanzmathematischer Problem- und Aufgabenstellungen zu wecken und die Einarbeitung zu begleiten.

Moderne Softwarepakete wie MATLAB, inzwischen Standard für numerisches und symbolisches Rechnen, sind sehr leistungsfähig bei der Lösung mathematischer Probleme mit Hilfe des Computers. Hiervon profitieren auch zunehmend die Nutzer mathematischer Modelle und Verfahren im Finanz- und Versicherungswesen: Die vorhandenen Finanz-Toolboxen - Financial Toolbox, Financial Derivatives Toolbox, Financial Time Series Toolbox und GARCH Toolbox - unterstreichen diese Tendenz.

Ziel dieses Lehrbuches ist es, finanzmathematische Problemstellungen mit den Möglichkeiten der rechentechnischen Umsetzung zu verbinden. Das reichhaltige Angebot an Prozeduren in MATLAB bedarf jedoch einer gründlichen Funktionsbeschreibung, einschließlich einer ausführlichen Beschreibung der Eingangs- und Ausgangsgrößen. Die im Buch gewählte Darstellung setzt auf die Kombination der Analyse einer finanzmathematischen Problemstellung mit der gut strukturieren numerischen Umsetzung mit Hilfe eines passenden Programms. Es ist so angelegt, dass zum finanzmathematischen Problem rasch eine passende MATLAB-Prozedur gefunden werden kann: in Tafeln mit entsprechender Kennzeichnung werden die Eingangs- und Ergebnisgrößen sowie die damit in Verbindung stehenden finanzmathematischen Formeln und Beispiele dargestellt. Das Selbststudium auf dem Gebiet Finanzmathematik und die eigenständige Nutzung des Softwarepaketes MATLAB werden damit gefördert. Die Leserinnen und Leser behalten damit einen guten Überblick. In MATLAB wird soweit eingeführt, dass die finanzmathematischen Funktionen bestmöglich genutzt werden können, bis hin zur Ausgabe der Ergebnisse auf dem Bildschirm oder mit dem Drucker. Die Beispiele sind so ausgewählt, dass typische finanzmathematische Probleme abgedeckt werden. Mit einem Deutsch-Englischen Wörterbuch finanzmathematischer Begriffe werden der Zugang zu den die Finanzmathematik betreffenden MATLAB-Toolboxen und das Literaturstudium unterstützt; es ist über viele Jahre als Sammlung entstanden.

Vorlesungen zur Finanzmathematik und ggf. zur Versicherungsmathematik gehören zu den Pflichtveranstaltungen wirtschaftswissenschaftlicher Studiengänge. Das Buch wendet sich deshalb vor allem an Studierende der Wirtschaftswissenschaften an Universitäten, Fachhochschulen und Berufsakademien in allen Studiengängen bzw. Vertiefungsrichtungen. Ferner ist es auch für Studierende der Wirtschaftsmathematik, Wirtschaftsinformatik und Managementtechniken sowie für Praktiker aus Finanz- und Versicherungsunternehmen von Nutzen.

Dem Teubner-Verlag - insbesondere Herrn Jürgen Weiß in Leipzig - danke ich für das stete Interesse am Zustandekommen dieses Buches sowie für die angenehme und konstruktive Zusammenarbeit.

Ganz besonderer Dank gilt MathWorks - Frau Naomi Fernandes und Herrn Courtney Esposito in Natick MA (USA) - für die Bereitstellung einer Grundausstattung aus der Finanz-Produktfamilie des Softwarepakets MATLAB.

Dieses Lehrbuch wurde in LaTeX erstellt. Die Bilder wurden in MATLAB erzeugt und als eps-Dateien LaTeX zur Verfügung gestellt. Für Anregungen, Hinweise und Verbesserungsvorschläge bin ich sehr dankbar.

Zwickau, im September 2004 Wolfgang Grundmann

Inhaltsverzeichnis

Einführung

Das Softwarepaket MATLAB®

MATLAB stellt eine umfangreich ausgestattete und leicht nutzbare Computerumgebung für die Finanzanalyse und das Financial Engineering dar. MATLAB und die Toolboxen aus der Finanz-Produktfamilie besitzen alles, was für die mathematische und statistische Analyse von Finanzdaten und für die grafische Darstellung der Ergebnisse gebraucht wird. MATLAB erledigt auch die Datenerklärung, -klassifizierung und -umfangsgestaltung. Der Nutzer von MATLAB hat nur das Problem, in mathematischen Ausdrücken formulieren zu müssen: Analyse und Berechnung von Zahlungsströmen einschließlich Zinssätze und Abschreibungen; Berechnung und Analyse von Preisen, Renditen und Sensitivitäten von Finanzderivaten und Wertpapieren sowie von Portfolios dieser Produkte; Analyse und Zusammenstellung von Portfolios; Gestaltung und Berechnung von Hedge-Strategien; Erkennung, Analyse, Bemessung und Steuerung von Risiken; Konstruktion strukturierter Finanzinstrumente einschließlich des internationalen Wertpapiermarktes. Nicht zuletzt - und so ist dieses Buch auch entstanden - sollen Studenten angeregt werden, die theoretischen Grundlagen und praktische Aufgabenstellungen der modernen Finanzmathematik mit Hilfe von MATLAB im Numerik-Praktikum bzw. im Computer-Kabinett mit Rechnerunterstützung umzusetzen.

Das vorliegende Buch benutzt die MATLAB-Version 6.5 (Release 13) sowie die Financial Toolbox, Version 2. Die Financial Toolbox ist jedoch nur lauffähig, wenn zusätzlich die Toolboxen
• Optimization Toolbox
• Statistics Toolbox
installiert sind.
In Ergänzung ist die Installation der folgenden Toolboxen zu empfehlen:
• Financial Time Series Toolbox
• Financial Derivatives Toolbox
• GARCH Toolbox.

Es ist nicht das Anliegen dieses Buches, eine ausführliche Einführung in MATLAB zu geben. Dafür gibt es ausreichend (auch deutschsprachige) Literatur, auf die im Literaturverzeichnis verwiesen wird. Vom Leser wird erwartet, dass er über Grundkenntnisse zu MATLAB verfügt; hierzu gehören: die Bewältigung kleinerer numerischer und Programmierungsaufgaben unter Nutzung von MATLAB, die Kenntnis der Benutzeroberfläche und der Hilfemöglichkeiten von MATLAB, die Nutzung elementarer mathematischer Funktionen aus dem MATLAB-Grundbestand sowie die Bewältigung grafischer Darstellungen mit Hilfe von MATLAB.
Für das Verständnis der zahlreichen Prozeduren in den Finanz-Toolboxen sowie für

deren Handhabung und Verwertung sind Kenntnisse zum in MATLAB umgesetzten Matrizen- und Felderkalkül unabdingbar; deswegen wird hier eine kurze Einführung beigegeben. Für den Gebrauch von MATLAB in anderen Disziplinen behandelt diese Einführung möglicherweise nur Teilaspekte.

Seit Juni 2004 ist das Release 14 - MATLAB 7 - nutzbar, mit verschiedenen Erweiterungen (z.B. die neue Fixed-Income Toolbox), Verbesserungen und Ergänzungen, die keinen Einfluss auf die Wirkungsweise der in diesem Buch dargestellten Prozeduren haben.

m-Funktionen

Die MATLAB-m-Funktionen sind Programme bzw. Dateien, mit denen aus Eingangsgrößen eine oder mehrere Ausgangsgrößen ermittelt werden bzw. Aktivitäten hervorgehen (z.B. Grafiken). Die m-Funktionen haben stets einen eindeutigen Namen und sind in einem Verzeichnis abgelegt, welches beim Aufruf der m-Funktion erreichbar sein muss (Pfadsicherung). Eine m-Funktion hat folgende Grundstruktur:

- function $y = \text{name}(x)$
  Kommentare zur Funktion, ihrer Ein- und Ausgangsgrößen
  Programmteil zur Absicherung der Eingangsgröße
  Programmteil zur Ermittlung der Ausgangsgröße
  Programmteil zur Ausgabe der Ausgangsgröße
- function $y = \text{name}(x_1, x_2, \ldots, x_n)$
  für mehrere Eingangsgrößen
- function $[y_1, y_2, \ldots, y_m] = \text{name}(x_1, x_2, \ldots, x_n)$
  für mehrere Ausgangsgrößen
- function $[y_1, y_2, \ldots, y_m] = \text{name}(x_1, x_2, \ldots, x_n, z_1, z_2, \ldots, z_r)$
  für zusätzliche optionale Eingangsgrößen

Zur Kennzeichnung der optionalen Eingangsgrößen werden diese in den Funktionsbeschreibungen mit [...] geklammert; beim Funktionsaufruf werden diese Klammern selbstverständlich nicht geschrieben. Für die optionalen Eingangsgrößen gibt es in der Regel Standardwerte (defaults), die sich bei Nichtbedarf im Funktionsaufruf auf diese Standardwerte einstellen (dies ist Bestandteil des ersten Programmteils im Funktionskörper).

Übersicht über die Schautafeln

MATLAB und seine Toolboxen sind mit zahlreichen grundlegenden und problembezogenen Prozeduren ausgestattet, den sogenannten m-Funktionen. Die Erklärung der Wirkungsweise und die Darstellung von Beispielen von m-Funktionen zur Bewältigung finanzmathematischer Belange ist die hauptsächliche Zielstellung dieses Buches. Zwecks übersichtlicher Darstellung werden Schautafeln verwendet, deren Konstruktion nachfolgend erklärt wird.

M **m-Funktion**

Hier werden die Struktur der oben genannten m-Funktion erklärt und die beteiligten Veränderlichen (Eingangsgrößen/Input und Ausgangsgrößen/Output/Parameter) beschrieben.

Grundfunktion:	$a = \mathsf{mfunc}(c_1, c_2, ...)$ oder $[a_1, a_2, ...] = \mathsf{mfunc}(c_1, c_2, ...)$
Vollfunktion:	$a = \mathsf{mfunc}(c_1, c_2, ...[, g_1, g_2, ...])$
	$[a_1, a_2, ...] = \mathsf{mfunc}(c_1, c_2, ...[, g_1, g_2, ...])$
Ausgabe:	$a, a_1, a_2, ...$ Ausgabegrößen
Eingabe:	$c_1, c_2, ...$ notwendige Eingabegrößen
	$g_1, g_2, ...$ optionale Eingabegrößen, mit Angabe der Standards {.}

In der Grundfunktion wird die MATLAB-Funktion mit den stets erforderlichen Eingangsgrößen (Mindestausstattung) beschrieben. In der Vollfunktion wird diese MATLAB-Funktion mit allen zusätzlich optional verwendbaren Eingangsgrößen (Maximalausstattung) beschrieben; diese optionalen Größen werden mit [...] angedeutet. In der Regel gibt es auch Standardwerte (Defaults) für die optionalen Größen, die dann bei Nichtangabe automatisch eingestellt werden; diese werden jeweils einzeln mit {...} erklärt. Von MATLAB belegte Namen (z.B. Operationen, Grundfunktionen, Grundbefehle usw.) werden in einem Sansserif-Schrifttyp wiedergegeben.

 **m-Funktion**

Soweit die oben genannte m-Funktion einen mathematischen Ausdruck (Formel) verarbeitet, wird dieser hier angegeben und erklärt, ggf. als Grundformel (passend zur Grundfunktion) bzw. als Vollformel (passend zur Vollfunktion). Hier entsteht die Querverbindung zum Formelapparat der Finanzmathematik.

 **m-Funktion**

Hier werden numerische Beispiele zur oben genannten m-Funktion für verschiedene Belegungsvarianten der Eingangsgrößen vorgestellt. Der Leser möge hiervon ausgehend weitere Belegungsvarianten durchprobieren und dabei auch die Möglichkeiten der tabellarischen und bildlichen Visualisierung der Ergebnisse trainieren.

L **Listenname / finanzmathematischer Begriff**

Hier werden Begriffe, Formeln und Fakten bereitgestellt.

Zahlen in MATLAB

Die Eingabe von Zahlen erfolgt durch die Zuweisung $a = ...$ oder durch direktes Einsetzen an vorgesehene Plätze in Funktionen/Prozeduren. Eine stumme Zuweisung wird durch $x = ...;$ (Semikolon) erreicht. Analog erfolgt die Zuweisung bzw. das Einfügen von Strings/Zeichenketten: $x = '...';$.

Ausgabe von Zahlen

L **Zahlenformate**

Zahlenausgabe-Formate:

format modus {symbol}

short	maximal 5 gültige Stellen
short	Zahl $\geq 10^3$ EXP, Zahl $\leq 10^{-3}$ EXP, sonst FIX
short g	Zahl $\geq 10^5$ EXP, Zahl $< 10^{-4}$ EXP, sonst FIX
short e	immer EXP
long	maximal 15-16 gültige Stellen
long	Zahl $\geq 10^2$ EXP, Zahl $\leq 10^{-3}$ EXP, sonst FIX
long g	Zahl $\geq 10^{15}$ EXP, Zahl $< 10^{-4}$ EXP, sonst FIX
long e	immer EXP
bank	maximal 17 gültige Stellen, immer FIX
	immer 2 Nachkomma-Stellen; Zahl $< 10^{-2}$ immer 0.00

(FIX/EXP bedeutet: Festkomma- bzw. Exponentialdarstellung)

Workspace

Die Namen der Variablen sowie deren Typ, deren Speicherbedarf und deren Wertebelegung werden während einer MATLAB-Sitzung im sogenannten Workspace aufbewahrt. Dieser Workspace ist stets erreichbar über die Menüleiste, Eintrag "View". Nicht mehr benötigte Variable können einzeln oder in Gruppen entfernt werden, sofern Platzbedarf besteht. Der Workspace kann unter einem zu wählenden Namen abgespeichert werden und steht dann bei der nächsten Sitzung mit den betreffenden Variablen und deren Belegung wieder zur Verfügung.

Vektoren und Matrizen in der Finanzmathematik

Für MATLAB ist die Matrizenschreibweise die beherrschende Philosophie: MATLAB ist in der Lage, mit Matrizen (und Vektoren) sowie mit Feldern effektiv umzugehen; es lohnt hinsichtlich der Kürze der Darstellung und hinsichtlich der Rechengeschwindigkeit, die Elemente von Zahlenfolgen, Zahlenlisten, Tabellen usw. als Elemente von Matrizen oder Feldern aufzufassen. Dies betrifft sowohl die Eingabe und die Verarbeitung der Daten als auch die Ausgabe der Resultate.

MATLAB unterscheidet gelegentlich zwischen Matrix und Feld (array). Es sind Felder jeglicher Dimension möglich; dafür sind auch entsprechende Bearbeitungsmöglichkeiten (Operationen) eingerichtet. Für die zweidimensionalen Felder - die Matrizen - gibt es spezielle Operationen, entsprechend der linearen Algebra. Ebenso gibt es für die eindimensionalen Felder - die Vektoren - spezielle Operationen, entsprechend der linearen Algebra und der analytischen Geometrie (zu beachten: in MATLAB sind bezüglich der Dimensionszuweisung Vektoren spezielle Matrizen und damit eindimensional!). Vorherrschend sind Matrizen und Felder von reellen Zahlen (komplexe Zahlen sind zugelassen, werden aber in der Finanzmathematik keine Rolle spielen); MATLAB kann aber auch Matrizen und Felder von Zeichen/Zeichenketten/Strings verarbeiten. Eine Mischung von Zahlen und Zeichen ist nicht erlaubt; eine Möglichkeit hierfür wird bei Feldern mit Zellen (cell arrays) geboten, aber dieses Buch geht darauf nicht ein.

Vektoren in MATLAB

Eingabe von Vektoren

L **Vektoreneingabe**

Einzelzuweisung:	
$x = [2\ 4.05\ -3.7\ 2.44e-1]$	Zuweisung eines (Zeilen-)Vektors (manuelle Eingabe der Komponenten)
$y = [3;\ 3.1;\ -4.77;\ 3e2]$	Zuweisung eines (Spalten-)Vektors
$y = [3\ 3.1\ -4.77\ 3e2]'$	(manuelle Eingabe der Komponenten)
x'	Transposition (Umwandlung Zeilenvektor in Spaltenvektor bzw. umgekehrt)
Aufzählungsvektoren:	
$x = m : n$	Zuweisung des Vektors $x = [m\ m+1 \dots n]$, $m \leq n$ (falls $m > n$, dann entsteht ein leerer Vektor) (m und n ganzzahlig)
$x = a : \Delta : b$	Zuweisung des Vektors $x = [a\ a{+}\Delta\ a{+}2{*}\Delta \dots\ a{+}k{*}\Delta]$ $(a{+}k{*}\Delta \leq b,\ a{+}(k+1){*}\Delta > b,\ a, b, \Delta$ reell)
$x = \mathsf{linspace}(a, b, n)$	Zuweisung eines Zeilenvektors $x = [a\ a{+}\Delta \dots b{-}\Delta\ b]$ mit $\Delta = \frac{b-a}{n-1}$
$x = \mathsf{linspace}(a, b)$	entspricht $\mathsf{linspace}(a, b, 100)$
$x = \mathsf{zeros}(m, 1)$	Nullvektor - Spalte
$x = \mathsf{zeros}(1, n)$	Nullvektor - Zeile
$x = \mathsf{ones}(m, 1)$	Einsvektor - Spalte
$x = \mathsf{ones}(1, n)$	Einsvektor - Zeile
$z = f(x)$	Vektor von f-Funktionswerten an den Stellen von x (f MATLAB-Funktion oder nutzerdefiniert)

B Vektoreneingabe/-erzeugung

Eingabe	Ergebnis
$x = [4:10]$	$x = 4\ 5\ 6\ 7\ 8\ 9\ 10$
$y = [4:10]'$	$y = 4$ 5 6 7 8 9 10
$x = [4:2:10]$	$x = 4\ 6\ 8\ 10$
$x = [4:3]$	$x = [\,]$ leerer Vektor
$x = [4:1.7:10]$	$x = 4\ 5.7\ 7.4\ 9.1$
$x = [4:-1:0]$	$x = 4\ 3\ 2\ 1\ 0$
$x = \mathsf{linspace}(4, 10)$	$x = 4\ 4.0606\ 4.1212 \ldots 9.9394\ 10$
$x = \mathsf{linspace}(4, 10, 13)$	$x = 4\ 4.5\ 5 \ldots 9.5\ 10$
$x = \mathsf{zeros}(1, 5)$	$x = 0\ 0\ 0\ 0\ 0$
$x = \mathsf{ones}(1, 5)$	$x = 1\ 1\ 1\ 1\ 1$
$y = \mathsf{ones}(4, 1)$	$y = 1$ 1 1 1
$y = \mathsf{exp}(0:3)$	$y = 1\ 2.7183\ 7.3891\ 20.0855$
$y = \mathsf{sin}([0\ 0.4\ 1.1\ 1.4\ 1.9])$	$y = 0\ 0.3894\ 0.8912\ 0.9854\ 0.9463$

Elementweise Zuordnung von Funktionswerten in Vektoren
MATLAB enthält eine Fülle von Standardfunktionen, die nicht nur auf Einzelwerte, sondern auf Vektoren anwendbar sind. Dabei bedeutet $y = f(x)$: $y_i = f(x_i)$ elementweise Zuordnung. Nachfolgend eine kleine Auswahl.

L Vektorfunktionen

Funktion	Beschreibung
abs(x)	Absolutbetrag
round(x)	Rundung in Richtung der nächstgelegenen ganzen Zahl
fix(x)	Rundung in Richtung Null
floor(x)	Rundung in Richtung der nächstkleineren ganzen Zahl
ceil(x)	Rundung in Richtung der nächstgrößeren ganzen Zahl
sign(x)	Vorzeichen
exp(x)	Exponentialfunktion e^x
log(x)	natürlicher Logarithmus $\ln x$
sqrt(x)	Quadratwurzel $\sqrt{x}$

Selbstverständlich sind auch die Funktionen sin(x), cos(x), tan(x), cosh(x), atan(x) und weitere enthalten; für die Finanzmathematik sind sie jedoch kaum von Belang. Ist das Ergebnis einer m-Funktion eines Vektors wieder ein Vektor, dann garantiert MATLAB im allgemeinen, dass Zeilenvektoren in Zeilenvektoren und Spaltenvektoren in Spaltenvektoren übergehen.

Bearbeitung und Umgestaltung von Vektoren

L **Bearbeitung von Vektoren**

x	vorgegebener Vektor (Zeilen- oder Spaltenvektor)
n = length(x)	Anzahl der Komponenten des Vektors
$[a, b]$ = size(x)	Dimension eines Vektors ($a = 1$ und b = length(x) für Zeilenvektor a = length(x) und $b = 1$ für Spaltenvektor)
$z = x(s)$	Zugriff auf einzelne Komponenten des Vektors
$x(s) = a$	Zuweisung bzw. Veränderung einer einzelnen Komponente ($1 \leq s \leq$ length(x))
$z = x(m : n)$	Auswahl eines Teilvektors
$z = x(n : -1 : m)$	Auswahl eines Teilvektors inkl. Umkehr der Reihenfolge
$x(m : n) = []$	Streichen von Komponenten (der reduzierte Vektor hat wiederum den Namen x)
s = sum(x)	Summe aller Komponenten eines Vektors
c = cumsum(x)	Folge der Partialsummen eines Vektors
p = prod(x)	Produkt aller Komponenten eines Vektors
cp = cumprod(x)	Folge der Partialprodukte eines Vektors
mx = max(x)	Maximalwert der Komponenten eines Vektors
mn = min(x)	Minimalwert der Komponenten eines Vektors
so = sort(x)	Sortierung der Komponenten nach aufsteigenden Werten
find(B)	Indizes aller Komponenten, die die Bedingung B erfüllen (B kann sein: $x < a$, $x <= a$, $x > b$, $x >= b$, $x == b$, $(x < a)\|(x >= b)$, $(x <= a)\&(x > b)$, $x \sim= a$ usw.)
all(x)	ist 1, wenn alle Komponenten von 0 verschieden sind ansonsten 0
any(x)	ist 1, wenn mindestens eine Komponente von 0 verschieden ist, ansonsten 0
diff(x)	Differenzenvektor $d = [x(2) - x(1) \;\; x(3) - x(2) \ldots x(\text{end}) - x(\text{end}-1)]$ length(d) = length(x) $- 1$

Bearbeitung von Vektoren

B **Bearbeitung von Vektoren**

gegeben $x = [0 : 0.5 : 10] = [0\ 0.5\ 1\ 1.5 \ldots 9.5\ 10]$

$\mathsf{length}(x) = 21$ Die Nummerierung der Komponenten eines Vektors beginnt stets mit 1 und endet mit $\mathsf{length}(x)$

$x(1) = 0 \quad x(6) = 2.5 \quad x(21) = x(\mathsf{end}) = 10$

$x(4:7) = 1.5\ 2\ 2.5\ 3 \quad x(12:2:18) = 5.5\ 6.5\ 7.5\ 8.5$

$x(12:-1:9) = 5.5\ 5\ 4.5\ 4$

$x(3:5) = [\,] \to x = 0\ 0.5\ 2.5\ 3 \ldots 9.5\ 10$

$\mathsf{sum}(x) = 105 \quad \mathsf{cumsum}(x) = [0\ 0.5\ 1.5\ 3 \ldots 95.5\ 105]$

$\mathsf{max}(x) = 10 \quad \mathsf{min}(x) = 0 \quad \mathsf{all}(x) = 0 \quad \mathsf{any}(x) = 1$

$\mathsf{find}(x >= 6) = 13\ 14 \ldots 21$

gegeben $y = [1\ 4\ 2\ 7\ 3\ 11\ 5]$

$\mathsf{sort}(y) = 1\ 2\ 3\ 4\ 5\ 7\ 11 \quad \mathsf{find}(y > 6) = 6\ 7 \quad \mathsf{find}(y == 3) = 5$

$\mathsf{find}((y > 2)\&(y < 8)) = 2\ 4\ 5\ 7 \quad \mathsf{all}(y) = 1 \quad \mathsf{any}(y) = 1$

Statistische Kenngrößen von Vektoren

L **Statistische Kenngrößen**

x	als Stichprobe einer Zufallsgröße (Zeilen- oder Spaltenvektor)
$mu = \mathsf{mean}(x)$	arithmetisches Mittel der Komponenten des Vektors x
$me = \mathsf{median}(x)$	Median der Komponenten des Vektors x
$v = \mathsf{var}(x)$	Varianz der Komponenten des Vektors x
$s = \mathsf{std}(x)$	Standardabweichung der Komponenten des Vektors x

B **Statistische Kenngrößen**

Beispiel 1: gegeben $x = 1 : 100$

$\mathsf{mean}(x) = 50.5000$, $\mathsf{median}(x) = 50.5000$, $\mathsf{var}(x) = 833.2500$, $\mathsf{std}(x) = 29.0115$

$y = \mathsf{log}(x)$

$\mathsf{mean}(y) = 3.6374$, $\mathsf{median}(y) = 3.9219$, $\mathsf{var}(y) = 0.8527$, $\mathsf{std}(y) = 0.9281$

Beispiel 2: x wie oben

$z = 1./x$ (mit format long g)

$\mathsf{mean}(z) = 0.0518737751763962$, $\mathsf{median}(z) = 0.0198039215686275$,

$\mathsf{var}(z) = 0.0137969196472703$, $\mathsf{std}(z) = 0.117460289661103$

Beispiel 3: gegeben $y = \mathsf{exp}(0.5 : 0.1 : 1.5)$

$\mathsf{mean}(y) = 2.85622611801405 \quad \mathsf{mean}(y. \wedge 2) = 8.95704057410374$

$\mathsf{median}(y) = 2.71828182845905 \quad \mathsf{median}(y. \wedge 2) = 7.38905609893065$

$\mathsf{std}(y) = 0.937504256292176 \quad \mathsf{var}(y) = 0.878914230565945$

Vektoroperationen

L **Vektoroperationen**

x, y, z gegebene Vektoren

$x + y, x - y$	Summe bzw. Differenz zweier Vektoren
$a * x$, a reelle Zahl	a-faches eines Vektors
$\mathsf{dot}(x, y)$ bzw. $x' * y$	Skalarprodukt zweier Vektoren beliebiger, aber gleicher Dimension
für Geometrie:	
$\mathsf{cross}(x, y)$	Vektorprodukt zweier Vektoren mit $\mathsf{length}(.) = 3$
$\mathsf{dot}(x, \mathsf{cross}(y, z))$	Spatprodukt dreier Vektoren mit $\mathsf{length}(.) = 3$ (Zeilen- oder Spaltenvektoren!)

B **Vektoroperationen**

Eingabe: $x = [1\ \ 2\ \ 3]$, $y = [4\ \ 5\ \ 6]$, $z = [5\ \ 4\ \ 2]$
$x + y = 5\ \ 7\ \ 9$, $x - y = -3\ \ -3\ \ -3$, $\mathsf{dot}(x, y) = 32$, $2 * x = 2\ \ 4\ \ 6$
z.B. $x + y'$ funktioniert nicht,
aber $\mathsf{dot}(x, y') = \mathsf{dot}(x', y) = \mathsf{dot}(x', y') = 32$ funktioniert
$\mathsf{cross}(x, y) = \mathsf{cross}(x', y) = \mathsf{cross}(x, y') = [-3\ \ 6\ \ -3]$ stets Zeilenvektor
$\mathsf{cross}(x', y') = [-3\ \ 6\ \ -3]'$ hier Spaltenvektor
$\mathsf{dot}(x, \mathsf{cross}(y, z)) = 3$

Eingabe: $x = [3 : 2 : 15]$, $y = [4.2\ \ 5.1\ \ 5.6\ \ 4.9\ \ 3.9\ \ 2.1\ \ 0.8]$
$\mathsf{length}(x) = 7$, $\mathsf{length}(y) = 7$
$\mathsf{dot}(x, y) = 203.6$, aber $\mathsf{cross}(x, y)$ existiert nur für 3-dimensionale Vektoren

B **Vektoroperationen**

Anwendung in der analytischen Geometrie des Raumes:
Abstand eines Punktes P (mit Ortsvektor $\vec{p}$) von der Geraden $\vec{x} = \vec{a} + t\vec{r}$
Formel für den Abstand: $d = \dfrac{|\vec{r} \times (\vec{p} - \vec{a})|}{|\vec{r}|}$
gegeben: $\vec{p} = (1, 2, 1)$, $\vec{a} = (-1, 1, 0)$, $\vec{r} = (3, 2, 1)$
in MATLAB: Eingabe $p = [1\ \ 2\ \ 1]$, $a = [-1\ \ 1\ \ 0]$, $r = [3\ \ 2\ \ 1]$
$d = \mathsf{absvec}(\mathsf{cross}(r, p - a))/\mathsf{absvec}(r)$
(die MATLAB-Standardfunktion abs ist nicht auf Vektoren anwendbar;
es sollte eine geeignete m-Funktion erzeugt werden: z.B.
function $a = \mathsf{absvec}(x)$
$a = \mathsf{sqrt}(\mathsf{dot}(x, x)))$
Ergebnis: d=0.462910049886276

Matrizen in MATLAB

Eingabe von Matrizen

L **Matrizeneingabe/-erzeugung**

$A = [3\ \ 4.1\ \ -0.5;\ 2\ \ -1.2\ \ 5]$	Zuweisung einer Matrix, elementweise
$A = [x1\ \ x2 \ldots\ xn]$	Zuweisung einer Matrix aus vorher festgelegten Spaltenvektoren gleicher Länge
$A = [y1;\ y2; \ldots ;\ ym]$	Zuweisung einer Matrix aus vorher festgelegten Zeilenvektoren gleicher Länge
$A = \mathsf{zeros}(m, n)$	Nullmatrix vom Typ (m, n)
$A = \mathsf{zeros}(n)$	Nullmatrix vom Typ (n, n)
$A = \mathsf{ones}(m, n)$	Einsmatrix vom Typ (m, n)
$A = \mathsf{ones}(n)$	Einsmatrix vom Typ (n, n)
$E = \mathsf{eye}(n)$	Einheitsmatrix vom Typ (n, n)
$E = \mathsf{eye}(m, n)$	Matrix vom Typ (m, n), die links oben beginnend eine Einheitsmatrix enthält, ansonsten mit Nullen aufgefüllt ist
$A(i, j) = a$	Zuweisung/Ersatz eines einzelnen Elements
$A(i, :) = x,\ A(:, j) = y$	Zuweisung/Ersatz einer Zeile bzw. Spalte (x, y gegeben - Typen müssen passen)
$A(r : s, k : l) = B$	Zuweisung/Ersatz einer Teilmatrix oder Einpflanzung einer Matrix (Matrix B gegeben - Typ muss passen)

B **Matrizeneingabe**

Eingabe: $A = [1\ \ 2\ \ 3\ \ 4; 5\ \ 4\ \ 6\ \ 3] \longrightarrow$ Bildschirm: $A = \begin{matrix} 1 & 2 & 3 & 4 \\ 5 & 4 & 6 & 3 \end{matrix}$

Eingabe: $x = [1\ \ 2\ \ 3\ \ 4]$, $y = [5\ \ 4\ \ 6\ \ 3]$ sowie $A = [x; y] \longrightarrow$ Bildschirm wie oben

Eingabe: $A = \mathsf{zeros}(2, 4) \longrightarrow$ Bildschirm: $A = \begin{matrix} 0 & 0 & 0 & 0 \\ 0 & 0 & 0 & 0 \end{matrix}$

Eingabe: $A(1, 3) = 2 \longrightarrow$ Bildschirm: $A = \begin{matrix} 0 & 0 & 2 & 0 \\ 0 & 0 & 0 & 0 \end{matrix}$

Eingabe: $A(:, 4) = [\,] \longrightarrow$ Bildschirm: $A = \begin{matrix} 0 & 0 & 2 \\ 0 & 0 & 0 \end{matrix}$

Eingabe: $B = [A;\ \mathsf{ones}(1, 3)] \longrightarrow$ Bildschirm: $B = \begin{matrix} 0 & 0 & 2 \\ 0 & 0 & 0 \\ 1 & 1 & 1 \end{matrix}$

Eingabe: $E = \mathsf{eye}(3) \longrightarrow$ Bildschirm: $E = \begin{matrix} 1 & 0 & 0 \\ 0 & 1 & 0 \\ 0 & 0 & 1 \end{matrix}$

Mit dem format-Befehl (▷▷ S.13) kann die Zahlenausgabe verändert/gesteuert werden; die Spalten der Ergebnis-Matrix werden dann (mit column und Nummer) nacheinander ausgegeben.

Elementweise Zuordnung von Funktionswerten in Matrizen

MATLAB enthält eine Fülle von Standardfunktionen, die nicht nur auf Einzelwerte, sondern auf Vektoren und Matrizen (sogar auf mehrdimensionale Felder) anwendbar sind. Dabei bedeutet $B = f(A)$: $b_{ij} = f(a_{ij})$ elementweise Zuordnung. Nachfolgend eine kleine Auswahl.

L **Matrixfunktionen**

abs(A)	Absolutbetrag
round(A)	Rundung in Richtung der nächstgelegenen ganzen Zahl
fix(A)	Rundung in Richtung Null
floor(A)	Rundung in Richtung der nächstkleineren ganzen Zahl
ceil(A)	Rundung in Richtung der nächstgrößeren ganzen Zahl
sign(A)	Vorzeichen
exp(A)	Exponentialfunktion e^x
log(A)	natürlicher Logarithmus $\ln x$
sqrt(A)	Quadratwurzel $\sqrt{x}$

Selbstverständlich sind auch die Funktionen sin(A), cos(A), tan(A), cosh(A) und weitere enthalten; für die Finanzmathematik sind sie jedoch kaum von Belang. Ebenso sind die auf Matrizen zugeschnittenen Funktionen expm(A), logm(A) und sqrtm(A) in der Finanzmathematik kaum zu finden.

B **Matrixfunktionen**

gegeben: $A = [1\ \ 2.1\ \ -3\ \ 4.6; 5\ \ 4.5\ \ 6.2\ \ 0]$

$B = \text{abs}(A) \longrightarrow B =$

1.0000	2.1000	3.0000	4.6000
5.0000	4.5000	6.2000	0.0000

$B = \text{floor}(A) \longrightarrow B =$

1	2	−3	4
5	4	6	0

$C = \text{sign}(A) \longrightarrow C =$

1	1	−1	1
1	1	1	0

$B = \text{exp}(A) \longrightarrow B =$

2.7183	8.1662	0.0498	99.4843
148.4132	90.0171	492.7490	1.0000

Bearbeitung und Umgestaltung von Matrizen

L **Bearbeitung von Matrizen**

$[m, n] = \mathsf{size}(A)$	Feststellung des Typs der Matrix A: m Zeilen, n Spalten
$N = \mathsf{numel}(A)$	Anzahl der Elemente von A: mn
$A(i, j) = a$	Zuweisung bzw. Veränderung eines Elements der Matrix
$x = A(:, j)$	Spalte j als Spaltenvektor
$y = A(i, :)$	Zeile i als Zeilenvektor
$z = A(:)$	Verknüpfung aller Spaltenvektoren von A von links nach rechts untereinander zu einem Gesamt-Spaltenvektor der Länge mn
Teilmatrizen:	(nach der Löschung hat die Matrix wieder den Namen A)
$A(:, j) = [\,]$	Löschen einer Spalte bzw. einer Zeile
$A(i, :) = [\,]$	
$A(i, j) = [\,]$	Löschen der angegebenen Zeile und Spalte (wird benötigt zur Bildung der Adjunkte)
$A(:, k\colon l) = [\,]$	Löschen eines Blocks von Spalten bzw. von Zeilen
$A(r\colon s, :) = [\,]$	
$A(r\colon s,\, k\colon l) = [\,]$	Löschen der angegebenen Zeilen und Spalten

B **Bearbeitung von Matrizen**

A	gegebene Matrix vom Typ (50,4), z.B. Tabelle mit 50 Zeilen und 4 Spalten
$[m, n] = \mathsf{size}(A)$	$m = 50, n = 4$
$A(47, 3) = 3.876$	das Matrixelement wird ersetzt
$A(41, :) = [\,]$	Zeile 41 wird gestrichen; es entsteht wieder Matrix mit Namen A
$B = A(4 : 35, 1 : 3)$	Auswahl einer Teilmatrix B aus A unter Verwendung der Zeilen 4 bis 35 und der Spalten 1 bis 3
$C = B(:)$	die drei Spalten von B werden untereinander geschrieben; dieser Spaltenvektor wird C genannt

Erweiterungen von Matrizen

L **Erweiterung von Matrizen**

$B = [A; x], B = [x; A]$	Hinzufügen einer Spalte x rechts bzw. links von A
$B = [A \;\; x], B = [x \;\; A]$	Hinzufügen einer Zeile x unten bzw. oben
$B = [A(1\colon i, :);\;\; x;\;\; A(i + 1\colon \mathsf{end}, :)]$	Einfügen einer neuen Zeile x nach der Zeile i
$B = [A(:, 1\colon j)\;\; y\;\; A(:, i + 1\colon \mathsf{end})]$	Einfügen einer neuen Spalte y nach der Spalte j

L Umgestaltung von Matrizen

Zeilen-/Spaltentausch:

$B = \mathsf{circshift}(A, 1)$	letzte Zeile wird erste Zeile
$B = \mathsf{circshift}(A, -1)$	erste Zeile wird letzte Zeile
$B = \mathsf{circshift}(A, [0\ \ 1])$	letzte Spalte wird erste Spalte
$B = \mathsf{circshift}(A, [1\ \ 1])$	letzte Zeile und Spalte wird erste Zeile und Spalte
$B = \mathsf{fliplr}(A)$	Spiegelung der Matrix links/rechts
$B = \mathsf{flipud}(A)$	Spiegelung der Matrix oben/unten
$B = A'$	Transposition - Zeilen werden Spalten und umgekehrt
$B = \mathsf{rot90}(A, k)$	Rotation von A um k-mal 90° entgegen dem Uhrzeigersinn

Dreiecksmatrizen:

$D = \mathsf{triu}(A, k)$	obere Dreiecksmatrix bez. A ab Nebendiagonale k (auch $k < 0$ möglich)
$D = \mathsf{tril}(A, k)$	untere Dreiecksmatrix bez. A ab Nebendiagonale k (auch $k < 0$ möglich) auch für nichtquadratische Matrizen

Diagonale:

$d = \mathsf{diag}(A)$	Hauptdiagonale von A, links oben beginnend, auch für nichtquadratische Matrizen, Spaltenvektor

Deformationen:

$B = \mathsf{reshape}(A, k, l)$	Matrix A vom Typ (m, n) wird spaltenweise von links nach rechts umgeschrieben auf neue Matrix B vom Typ (k, l), wobei gelten muss: $kl = mn = \mathsf{numel}(A) = \mathsf{numel}(B)$

B Umgestaltung von Matrizen

Eingabe einer Matrix vom Typ $(3, 4)$:

$A = [1\ \ 2\ \ 3\ \ 4;\ \ 5\ \ 6\ \ 7\ \ 8;\ \ 9\ \ 10\ \ 11\ \ 12]$

Transposition:

$B = A'$: Ergebnis: $B = \begin{matrix} 1 & 5 & 9 \\ 2 & 6 & 10 \\ 3 & 7 & 11 \\ 4 & 8 & 12 \end{matrix}$

Rotation:

$C = \mathsf{rot90}(A, 1)$: Ergebnis: $C = \begin{matrix} 4 & 8 & 12 \\ 3 & 7 & 11 \\ 2 & 6 & 10 \\ 1 & 5 & 9 \end{matrix}$

Umwandlung von A in eine Matrix vom Typ $(2, 6)$:

$C = \mathsf{reshape}(A', 6, 2)'$ Ergebnis: $C = \begin{matrix} 1 & 2 & 3 & 4 & 5 & 6 \\ 7 & 8 & 9 & 10 & 11 & 12 \end{matrix}$

Diagonale:

$d = \mathsf{diag}(A)$ Ergebnis: $d = [1\ \ 6\ \ 11]'$

B **Umgestaltung von Matrizen**

Eingabe einer Matrix vom Typ $(3,4)$:
$A = [1\ 2\ 3\ 4;\ 5\ 6\ 7\ 8;\ 9\ 10\ 11\ 12]$

Bildung von Dreiecksmatrizen:

$B = \mathsf{triu}(A)$ Ergebnis: $B = \begin{matrix} 1 & 2 & 3 & 4 \\ 0 & 6 & 7 & 8 \\ 0 & 0 & 11 & 12 \end{matrix}$

$C = \mathsf{tril}(A)$ Ergebnis: $C = \begin{matrix} 1 & 0 & 0 & 0 \\ 5 & 6 & 0 & 0 \\ 9 & 10 & 11 & 0 \end{matrix}$

Spiegelungen:

$B = \mathsf{fliplr}(A)$ Ergebnis: $B = \begin{matrix} 4 & 3 & 2 & 1 \\ 8 & 7 & 6 & 5 \\ 12 & 11 & 10 & 9 \end{matrix}$

$C = \mathsf{flipud}(A)$ Ergebnis: $C = \begin{matrix} 9 & 10 & 11 & 12 \\ 5 & 6 & 7 & 8 \\ 1 & 2 & 3 & 4 \end{matrix}$

Zeilentausch:

$B = \mathsf{circshift}(A,1)$ Ergebnis: $B = \begin{matrix} 9 & 10 & 11 & 12 \\ 1 & 2 & 3 & 4 \\ 5 & 6 & 7 & 8 \end{matrix}$

Zeilen- und Spaltentausch: letzte Zeile wird erste, letzte Spalte wird erste

$B = \mathsf{circshift}(A,[1,1])$ Ergebnis: $B = \begin{matrix} 12 & 9 & 10 & 11 \\ 4 & 1 & 2 & 3 \\ 8 & 5 & 6 & 7 \end{matrix}$

Zusammenfügen von Matrizen und Blockmatrizen

L **Zusammenfügung von Matrizen**

$C = \mathsf{cat}(1, A1, A2, \ldots, Ar)$ $= \mathsf{horzcat}(A1, A2, \ldots, Ar)$ $= [A1\ \ A2 \ldots Ar]$ $= [A1, A2, \ldots, Ar]$	$A1, A2, \ldots, Ar$ nebeneinander
$C = \mathsf{cat}(2, A1, A2, \ldots, Ar)$ $= \mathsf{vertcat}(A1, A2, \ldots, Ar)$ $= [A1; A2; \ldots; Ar]$	$A1, A2, \ldots, Ar$ untereinander
$B = \mathsf{blkdiag}(A1, A2, \ldots, Ar)$	Blockmatrix: blockweise diagonale Anordnung von $A1, A2, \ldots, Ar$; der Rest wird mit Nullen aufgefüllt
$B = \mathsf{repmat}(A, m, n)$	Blockmatrix: Matrix A wird wiederholt m-mal untereinander und n-mal nebeneinander angeordnet
$H = [A\ B\ C;\ D\ F\ G]$	die angegebenen Matrizen bilden eine Blockmatrix mit 2 Zeilen und 3 Spalten

B **Zusammenfügung von Matrizen**

Eingabe: $A = [3\ 1; 2\ 2]$, $B = [0\ 3; 4\ 5]$

Ausgabe: $A = \begin{matrix} 3 & 1 \\ 2 & 2 \end{matrix}$, $B = \begin{matrix} 0 & 3 \\ 4 & 5 \end{matrix}$

$\mathsf{cat}(1, A, B)$ liefert: $\begin{matrix} 3 & 1 & 0 & 3 \\ 2 & 2 & 4 & 5 \end{matrix}$ — dies wird auch erreicht durch: $[A\ B], [A, B], \mathsf{horzcat}(A, B)$

$\mathsf{cat}(2, A, B)$ liefert: $\begin{matrix} 3 & 1 \\ 2 & 2 \\ 0 & 3 \\ 4 & 5 \end{matrix}$ — dies wird auch erreicht durch: $[A; B], \mathsf{vertcat}(A, B)$

$\mathsf{blkdiag}(A, B)$ liefert: $\begin{matrix} 3 & 1 & 0 & 0 \\ 2 & 2 & 0 & 0 \\ 0 & 0 & 0 & 3 \\ 0 & 0 & 4 & 5 \end{matrix}$ — Blockmatrix

$\mathsf{repmat}(A, 2, 2)$ liefert: $\begin{matrix} 3 & 1 & 3 & 1 \\ 2 & 2 & 2 & 2 \\ 3 & 1 & 3 & 1 \\ 2 & 2 & 2 & 2 \end{matrix}$ — Wiederholung

Zu beachten ist, dass im wesentlichen das Erscheinungsbild des MATLAB-Ergebnisfensters (command window) wiedergegeben wird und nicht vordergründig die traditionelle /Mathematik-typische Schreibweise von Matrizen und Vektoren.

Matrizenoperationen

L **Matrizenoperationen**

A, B gegebene Matrizen

$A + B, A - B$	Summe bzw. Differenz zweier Matrizen
$a * A$	a-Faches einer Matrix
$A * B$	Produkt zweier Matrizen
$A \wedge a$, a ganzzahlig	Potenz einer Matrix (a nicht ganzzahlig: Potenz komplexwertig)
$\mathsf{det}(A)$	Determinante $\lvert A \rvert$ einer quadratischen Matrix
$\mathsf{inv}(A)$	Inverse A^{-1} einer quadratischen Matrix
$A \backslash B = \mathsf{inv}(A) * B$	Linksmultiplikation mit der Inversen, also $A^{-1}B$
$A/B = A * \mathsf{inv}(B)$	Rechtsmultiplikation mit der Inversen, also AB^{-1}
$\mathsf{trace}(A)$	Spur; Summe der links oben beginnenden Elemente der Hauptdiagonale
$\mathsf{rank}(A)$	Rang von A: Maximalzahl linear unabhängiger Spalten von A

B **Matrizenoperationen**

Eingabe: $A = [1\ 3\ 2;\ 0\ 2\ 1;\ 3\ 2\ 3];\quad B = [2\ 1\ 0;\ 0\ 2\ 1;\ 0\ 1\ 3];$

$$A + B = \begin{matrix} 3 & 4 & 2 \\ 0 & 4 & 2 \\ 3 & 3 & 6 \end{matrix} \qquad A * B = \begin{matrix} 2 & 9 & 9 \\ 0 & 5 & 5 \\ 6 & 10 & 11 \end{matrix} \qquad B * A = \begin{matrix} 2 & 8 & 5 \\ 3 & 6 & 5 \\ 9 & 8 & 10 \end{matrix}$$

$\mathsf{det}(A) = 1 \qquad \mathsf{det}(B) = 10 \qquad \mathsf{rank}(A) = 3 \qquad \mathsf{rank}(B) = 3$

$$\mathsf{inv}(A) = \begin{matrix} 4 & -5 & -1 \\ 3 & -3 & -1 \\ -6 & 7 & 2 \end{matrix} \qquad \mathsf{inv}(B) = \begin{matrix} 0.5 & -0.3 & 0.1 \\ 0 & 0.6 & -0.2 \\ 0 & -0.2 & 0.4 \end{matrix}$$

$$A^2 = \begin{matrix} 7 & 13 & 11 \\ 3 & 6 & 5 \\ 12 & 19 & 17 \end{matrix} \qquad A^4 = \begin{matrix} 220 & 378 & 329 \\ 99 & 170 & 148 \\ 345 & 593 & 516 \end{matrix} \qquad A^{-3} = \begin{matrix} -2 & -6 & 3 \\ 9 & -20 & 0 \\ -9 & 27 & -2 \end{matrix}$$

$$A/B = \begin{matrix} 0.5 & 1.1 & 0.3 \\ 0 & 1 & 0 \\ 1.5 & -0.3 & 1.1 \end{matrix} \qquad A\backslash B = \begin{matrix} 8 & -7 & -8 \\ 6 & -4 & -6 \\ -12 & 10 & 13 \end{matrix}$$

Lineare Gleichungssysteme

Lösung linearer Gleichungssysteme in MATLAB

L **Lineare Gleichungssysteme**

$Ax = b$	lineares Gleichungssystem A Koeffizientenmatrix b Vektor der rechten Seiten, x Lösungsvektor
$r_A = \mathsf{rank}(A)$	$r_{Ab} = \mathsf{rank}([A\ b])$
Fall 1:	$r_A = r_{Ab}$ Lösung existiert berechne Matrix $R = \mathsf{null}(A, 'r')$
Fall 1a:	$R = [\,]$ leere Matrix, Lösung eindeutig, Lösung: $x = A\backslash b$
Fall 1b:	$R \neq [\,]$, Lösung mehrdeutig, ermittle $[r, s] = \mathsf{size}(R)$ r ist die Anzahl der Variablen s ist die Anzahl der frei wählbaren Parameter Lösung $x = A\backslash b + R * t$, $t = [t1, \ldots, ts]$ Parametervektor
Fall 2:	$r_A \neq r_{Ab}$ keine Lösung möglich: Näherung im Sinne von MKQ (Methode der kleinsten Quadratsumme): $\tilde{x} = A\backslash b$

Eine leere Matrix wird im Ergebnis der m-Funktion null angezeigt mit:
Empty matrix n−by−0.

Wenn ein lineares Gleichungssystem nicht lösbar ist, kann mit MATLAB also ohne zusätzlichen Aufwand eine "Näherungslösung" im Sinne der Methode der kleinsten Quadratsumme gefunden werden.

B Lineare Gleichungssysteme

eindeutig lösbares Gleichungssystem: Beispiel 1
Eingabe der Koeffizientenmatrix: $A = [3\ 2\ 1;\ 5\ 3\ 4;\ 2\ 1\ 4]$
Eingabe der rechten Seite: $b = [43\ 87\ 52]'$
$\mathsf{rank}(A) = 3,\ \mathsf{rank}([A\ b]) = 3 \longrightarrow$ Gleichungssystem lösbar
$\mathsf{null}(A,'r')$ Empty matrix: 3-by-0 $\longrightarrow$ Gleichungssystem eindeutig lösbar
$x = A\backslash b \longrightarrow$ Lösung des Gleichungssystems: $x = [5.0000\ 10.0000\ 8.0000]'$

bzw. $x = \begin{pmatrix} 5 \\ 10 \\ 8 \end{pmatrix}$

B Lineare Gleichungssysteme

eindeutig lösbares Gleichungssystem: Beispiel 2
Eingabe der Koeffizientenmatrix: $A = [3\ 1;\ 1\ -1;\ 2\ 3]$
(Koeffizientenmatrix hier nicht quadratisch, mehr Gleichungen als Unbekannte $\rightarrow$ Verdacht auf Unlösbarkeit)
Eingabe der rechten Seite: $b = [13\ 3\ 11]'$
$\mathsf{rank}(A) = 2,\ \mathsf{rank}([A\ b]) = 2 \longrightarrow$ Gleichungssystem (doch) lösbar
$\mathsf{null}(A,'r')$ Empty matrix: 2-by-0 $\longrightarrow$ Gleichungssystem eindeutig lösbar
$x = A\backslash b \longrightarrow$ Lösung des Gleichungssystems: $x = [4.0000\ 1.0000]'$

B Lineare Gleichungssysteme

mehrdeutig lösbares Gleichungssystem mit 1 Parameter:
Eingabe der Koeffizientenmatrix: $B = [3\ 2\ 1\ 1;\ 5\ 3\ 4\ 1;\ 2\ 1\ 4\ 0]$
Eingabe der rechten Seite: $b = [43\ 87\ 52]'$
$\mathsf{rank}(B) = 3,\ \mathsf{rank}([B\ b]) = 3 \longrightarrow$ Gleichungssystem lösbar
$R = \mathsf{null}(A,'r'),\ R \neq [\,] \longrightarrow$ Gleichungssystem mehrdeutig lösbar
$R = [1\ -2\ 0\ 1]'$
$[m,n] = \mathsf{size}(R),\ n = 1 \longrightarrow 1$ Parameter t
$x0 = B\backslash b,\ x0 = [10.0000\ 0\ 8.0000\ 5.0000]'$
$\longrightarrow$ Lösung des Gleichungssystems: $x = x0 + R * t$

bzw. $x = \begin{pmatrix} 10 & + & t \\ & & -2t \\ 8 & & \\ 5 & + & t \end{pmatrix}$, t reell

B Lineare Gleichungssysteme

mehrdeutig lösbares Gleichungssystem mit 2 Parametern:

Eingabe der Koeffizientenmatrix: $B = [3\ 2\ 1\ 1\ 0;\ 5\ 3\ 4\ 1\ 2;\ 2\ 1\ 4\ 0\ 1]$

Eingabe der rechten Seite: $b = [43\ 87\ 52]'$

$\mathsf{rank}(B) = 3,\ \mathsf{rank}([B\ b]) = 3 \longrightarrow$ Gleichungssystem lösbar

$R = \mathsf{null}(A,'r'),\ R \neq [\,] \longrightarrow$ Gleichungssystem mehrdeutig lösbar

$$R = \begin{pmatrix} 1 & -9 \\ -2 & 13 \\ 0 & 1 \\ 1 & 0 \\ 0 & 1 \end{pmatrix}, \quad [m,n] = \mathsf{size}(R),\ m = 5,\ n = 2 \longrightarrow 2 \text{ Parameter } u, v$$

$x0 = B\backslash b,\ x0 = [11.9231\ 0\ 7.2308\ 0\ -0.7692]'$

$\longrightarrow$ Lösung des Gleichungssystems: $x = x0 + R * [u\ \ v]'$

$$\text{bzw.} \quad x = \begin{pmatrix} 11.9231 & + & u & - & 9v \\ & & -2u & + & 13v \\ 7.2308 & & & + & v \\ & & u & & \\ -0.7692 & & & + & v \end{pmatrix}, \quad u, v \text{ reell}$$

B Lineare Gleichungssysteme

nicht lösbares Gleichungssystem:

Eingabe der Koeffizientenmatrix: $A = [3\ 2\ 1; 5\ 3\ 4; 2\ 1\ 4; 1\ 1\ 1]$

Eingabe der rechten Seite: $b = [43\ 87\ 52\ 70]'$

$\mathsf{rank}(A) = 3,\ \mathsf{rank}([A\ b]) = 4 \longrightarrow$ Gleichungssystem nicht lösbar

$\tilde{x} = A\backslash b$ liefert Näherungslösung im Sinne der Methode der kleinsten Quadratsumme, d.h. $(A\tilde{x} - b)^2$ ist minimal

$$\tilde{x} = \begin{pmatrix} -71.4902 \\ 121.5098 \\ 19.0588 \end{pmatrix}, \quad \text{vergleiche: } A\tilde{x} = \begin{pmatrix} 47.6078 \\ 83.3137 \\ 54.7647 \\ 69.0784 \end{pmatrix} \quad \text{mit} \quad b = \begin{pmatrix} 43 \\ 87 \\ 52 \\ 70 \end{pmatrix}$$

Achtung: Bei nichtlösbaren linearen Gleichungssystemen erscheint keine Fehlermeldung, sondern es wird eine Näherungslösung im Sinne der Methode der kleinsten Quadratsumme geliefert.

Statistik mit und Simulation von Matrizen

Statistische Kenngrößen von Matrizen

Wenn nur eine Stichprobe verarbeitet wird, darf der Wertevektor sowohl Zeilenvektor als auch Spaltenvektor sein. Sollen gleichzeitig mehrere Stichproben statistisch ausgewertet werden, dann sind diese in einer Matrix spaltenweise anzuordnen. Die statistischen Kenngrößen einer Matrix vom Typ (m, n) werden spaltenweise gebildet, d.h. jede Spalte wird als Stichprobe aufgefasst; das Ergebnis ist in der Regel ein Zeilenvektor vom Typ $(1, n)$.

L **Statistische Kenngrößen**

max(A)	Maximalwert jeder Spalte
min(A)	Minimalwert jeder Spalte
sort(A)	Sortierung der Elemente jeder Spalte aufsteigend (Ergebnis: Matrix)
sum(A)	Summe der Elemente jeder Spalte
cumsum(A)	Partialsummenvektor jeder Spalte (Ergebnis: Matrix)
prod(A)	Produkt der Elemente jeder Spalte
cumprod(A)	Partialproduktvektor jeder Spalte (Ergebnis: Matrix)
mean(A)	arithmetisches Mittel jeder Spalte
var(A)	Varianz jeder Spalte
std(A)	Standardabweichung jeder Spalte
median(A)	Median jeder Spalte
cov(A)	Kovarianzmatrix der als Spalten dargestellten Stichproben
corrcoef(A)	Matrix der Korrelationskoeffizienten der als Spalten dargestellten Stichproben

B **Statistische Kenngrößen**

Beispiel 1:

$x =$[6.4 7.7 8.2 9.3 9.5 9.9], $y =$[45 48 52 53 52 56]

mean(x) = 8.5, mean(y) = 51 median(x) = 8.7500 median(y) = 52

var(x) = 1.7480, var(y) = 15.2000 std(x) = 1.3221 std(y) = 3.8987

cov(x, y) = 1.7480 4.8600 corrcoef(x, y) = 1.0000 0.9429
4.8600 15.2000 0.9429 1.0000

Momente von x:

mean($x. \wedge 2$) = 73.7067 mean($x. \wedge 3$) = 650.3460 mean($x. \wedge 4$) = 5824.2977

Moment von $x * y$ bzw. $\frac{x}{y}$:

mean($x. * y$) = 437.5500 mean($x./y$) = 0.1659

B **Statistische Kenngrößen**

Beispiel 2:

Eingabe: $a = 1:100; A = [a; a. \wedge 2; a. \wedge 3]'$;
(Tabelle der Zahlen 1 bis 100
sowie deren Quadrat- und Kubikzahlen)

Ausgabe: $A =$

1	1	1
2	4	8
⋮	⋮	⋮
100	10000	1000000

Beispiele einiger Statistikfunktionen:

mean(A) = 50.5 3383.5 255025
var(A) = 841.666666666667 9146728.33333333 83706455116.6667
std(A) = 29.011491975882 3024.35585428258 289320.678688314
median(A) = 50.5 2550.5 128825.5
sum(A) = 5050 338350 25502500
corrcoef(A) =

1	0.968854470420498	0.91755196130346
0.968854470420498	1	0.986086875268002
0.91755196130346	0.986086875268002	1

Erzeugung zufälliger Vektoren und Matrizen

L **Simulation von Vektoren und Matrizen**

$A = R(n)$	zufällige Matrix vom Typ (n, n) mit Verteilung R
$A = R(m, n)$	zufällige Matrix vom Typ (m, n) mit Verteilung R
$A = R(m, 1)$	zufälliger Spaltenvektor der Länge m mit Verteilung R
$A = R(1, n)$	zufälliger Zeilenvektor der Länge n mit Verteilung R

Verteilungen R:

rand(.)	Gleichverteilung im Intervall [0;1)
randn(.)	Normalverteilung $N(0, 1)$

Die Statistics Toolbox enthält weitere m-Funktionen zur Erzeugung von Simulationen von Verteilungen, wie z.B. Exponentialverteilung, Chi-Quadratverteilung, Binomialverteilung, Poissonverteilung. Es ist in MATLAB möglich und teilweise sogar erforderlich, durch Programmierung spezielle Verteilungsgesetze zu erzeugen.

Zufällige Vektoren und Matrizen werden in der Finanzmathematik hauptsächlich zur Simulation zufälliger Prozesse (Kursverläufe) und zur Simulation von Optimierungsproblemen (Portfolio-Optimierung) verwendet.

B **Simulation von Vektoren und Matrizen**

z.B. Erzeugung von in [0,1) gleichverteilten Zufallszahlen:

Eingabe: $x = \mathsf{rand}(1,10)$
Ausgabe: $x =$ 0.6154 0.7919 0.9218 0.7382 0.1763 0.4057
0.9355 0.9169 0.4103 0.8936

Eingabe: $x = \mathsf{rand}(3,6)$
Ausgabe: $x =$ 0.8381 0.0196 0.6813 0.3795 0.8318 0.5028
0.7095 0.4289 0.3046 0.1897 0.1934 0.6822
0.3028 0.5417 0.1509 0.6979 0.3784 0.8600

Der Befehl rand(10,1) würde einen Spaltenvektor, rand(6,3) würde eine Matrix mit 6 Zeilen und 3 Spalten ergeben. Bei Wahl eines längeren Zahlenformats wäre die Ausgabe der Matrix teilweise unübersichtlich, weil die Zeilen auf dem Bildschirm zu kurz ausfallen.

Mehrdimensionale Felder in MATLAB

Eingabe mehrdimensionaler Felder

L **Eingabe von Feldern**

induktive Eingabe:
$A1, A2, \ldots, Ar$ gegebene Matrizen (zweidimensionale Felder) vom Typ (m,n)
$F = \mathsf{cat}(3, A1, A2, \ldots, Ar)$ dreidimensionales Feld vom Typ (m,n,r)
$F1, F2, \ldots, Fs$ gegebene dreidimensionale Felder vom Typ (m,n,r)
$G = \mathsf{cat}(4, F1, F2, \ldots, Fs)$ vierdimensionales Feld vom Typ (m,n,r,s) usw.

elementweise Eingabe:
Vorwahl der Dimension N und des Typs $(m1, m2, \ldots, mN)$
Erzeugung eines Platzhalter-Feldes F: $F = \mathsf{zeros}(m1, m2, \ldots, mN)$
Belegung aller $m1 \cdot m2 \cdots mN = \prod_{k=1}^{N} mk$ Elemente/Plätze,
beginnend mit $F(1,1,\ldots,1)$, $F(1,1,\ldots,2)$ bis $F(m1, m2, \ldots, mN)$

$N = \mathsf{ndims}(F)$ Abfrage der Dimension N von F
(für Vektoren und Matrizen ist $N = 2$)
$[m1, m2, \ldots, mN] = \mathsf{size}(F)$ Abfrage des Typs des Feldes F

B **Eingabe von Feldern**

Eingabe: 2 Matrizen vom Typ(2,2):

$$A1 = \begin{pmatrix} 3 & 2 \\ 1 & 0 \end{pmatrix}, A2 = \begin{pmatrix} 3 & 3 \\ 1 & 2 \end{pmatrix}$$

Ausgabe: dreidimensionales Feld vom Typ(2,2,2): $F = \mathsf{cat}(3, A1, A2)$

B

Eingabe von Feldern

Eingabe: 3 Matrizen vom Typ(2,2):

$$A1 = \begin{pmatrix} 3 & 2 \\ 1 & 0 \end{pmatrix}, A2 = \begin{pmatrix} 3 & 3 \\ 1 & 2 \end{pmatrix}, A3 = \begin{pmatrix} 1 & 2 \\ 1 & 1 \end{pmatrix}$$

Ausgabe: dreidimensionales Feld vom Typ(2,2,3):

$$F = \mathsf{cat}(3, A1, A2, A3)$$

Proben: $F(2,2,2) = 2$, $F(1,2,3) = 2$, $F(2,1,1) = 1$

Eingabe: 4 Tabellen (Matrizen) vom Typ(90,2):

$$A1 = [1:90; 101:190]', A2 = A1. \wedge 2, A3 = A1. \wedge 3, A4 = A1. \wedge 4$$

Ausgabe: dreidimensionales Feld vom Typ(90,2,4):

$$F = \mathsf{cat}(3, A1, A2, A3, A4)$$

$$\mathsf{ndims}(F) = 3, \mathsf{size}(F) = [90\ 2\ 4]$$

Eingabe von Feldern

Eingabe bzw. Erzeugung eines vierdimensionalen Feldes vom Typ (2,2,2,2):
Verknüpfung zweier dreidimensionaler Felder vom Typ (2,2,2)

Operationen in Feldern

Diese Operationen bearbeiten ein Feld (unär) bzw. verknüpfen zwei (binär) oder mehrere Felder so, dass jeweils Elemente des gleichen Platzes bearbeitet bzw. verknüpft werden. Sie sind auch auf ein- und zweidimensionale Felder (Vektoren und Matrizen) anwendbar. Es dürfen nur typgleiche Felder verknüpft werden.

M

Operationen in Feldern

F, G zwei gegebene Felder gleichen Typs

unäre Operationen:

$-F$	Vorzeichenwechsel
$a * F$, a relle Zahl	Vervielfachung
$F. \wedge a$	elementweises Potenzieren

binäre Operationen:

$F + G$, $F - G$	elementweises Addieren bzw. Subtrahieren
$F. * G$, $F./G$	elementweises Multiplizieren bzw. Dividieren

aber auch Funktionen:

fun(F)	elementweise Bildung von Funktionswerten, z.B. sin, cos, exp, log, sqrt, abs, usw. und verknüpft

Die Operationen $*, /, \backslash, \wedge$ sind nur für ein- und zweidimensionale Felder zulässig (unter besonderer Beachtung des Typs).

B **Operationen in Feldern**

Eingabe:	3 Matrizen vom Typ(2,2): $A1 = [3\ 2;\ \ 1\ 0]$; $A2 = [3\ 3;\ \ 1\ 2]$; $A3 = [1\ 2;\ \ 1\ 1]$
Ausgabe:	dreidimensionales Feld vom Typ(2,2,3): $F = \mathsf{cat}(3, A1, A2, A3)$
Vervielfachung:	$4 * F$, alle Feldelemente vervierfacht
Division durch Zahl:	$F/1.6$, alle Feldelemente durch 1.6 geteilt
elementweise Kehrwert:	$1./F$
elementweise Multiplikation:	$F. * F$, alle Feldelemente quadriert (bzw. in diesem Falle $F. \wedge 2$)
elementweise Addition:	$F + F + F + F$, entspricht $4 * F$
Funktionen:	
z.B. Exponentialfunktion:	$2. \wedge F$, elementweise Potenz
Logarithmus:	$\mathsf{log}(F)$, elementweise Logarithmus
Potenz:	$F. \wedge 1.4$, elementweises Potenzieren

Näherungslösungen nichtlinearer Gleichungen

Eine **Gleichung** $A(x) = B(x)$ enthält eine rellwertige Unbekannte (Bestimmungsgröße) x; A und B sind mathematische Ausdrücke, die neben Operatoren (Verknüpfungen arithmetischer Rechenoperationen sowie elementarer Standardfunktionen) und festen Zahlen auch die Unbekannte x enthalten. Eine Gleichung kann in der Form $f(x) = 0$ dargestellt werden; das Lösen einer Gleichung ist somit äquivalent mit der Nullstellenbestimmung für die Funktion $y = f(x)$. Eine Gleichung heißt **nichtlinear**, wenn sie nicht die Gestalt $ax + b = 0$ hat; gegebenenfalls kann eine Gleichung in eine lineare Gleichung umgewandelt werden (Linearisierung, Nutzung von Umkehrfunktionen).
An Näherungsverfahren zur Lösung nichtlinearer Gleichungen stehen zur Verfügung: das Halbierungsverfahren (Bisektionsverfahren), das Sekantenverfahren, die Regula falsi sowie das Newtonsche Tangentenverfahren; bekannt ist auch das (Fixpunkt-) Iterationsverfahren, das ausgehend von der Gleichungsdarstellung $x = g(x)$ (sofern eine Gleichung bequem so darstellbar ist) unter gewissen Bedingungen zur Lösung führt.

MATLAB verwendet in der m-Funktion fzero zunächst ein Suchverfahren ausgehend vom Startpunkt, um das Halbierungsverfahren bzw. eine Interpolation einleiten zu können (Funktionenwerte mit verschiedenem Vorzeichen).

L

Näherungslösungen von Gleichungen

Gleichung $f(x) = 0$
Bekanntgabe der Funktion in zwei Möglichkeiten

Möglichkeit A:
die Funktion f ist wie folgt mit einem markanten Namen (z.B. fun) in einem Verzeichnis (z.B. work) verfügbar zu halten, d.h. es muss ein Pfad bekannt sein (dies kann unter File/Set Path erledigt werden):
function $y = \text{fun}(x)$
$y = \ldots\ldots..$ (Funktionsausdruck)

$z =$ fzero(@fun, $x0$) Grundfunktion (einfachste Variante)
berechnet für gegebene Funktion fun und Startwert $x0$
einen Näherungswert z für die Lösung der Gleichung

Möglichkeit B:
Verwendung der MATLAB-Funktion inline, geeignet für einen kurzen Funktionsausdruck $f(x)$
$z =$ fzero(inline('.....Funktionsausdruck'), $x0$)

anstelle des Startwertes $x0$ darf ein Startintervall $[a\ b]$ verwendet werden

M

fzero

Grundfunktion:	$x =$ fzero($fun, x0$)
Vollfunktion:	$[x, fx, m, a] =$ fzero($fun, x0, par$)
Ausgabe:	x Näherungswert der Nullstelle, Lösung der Gleichung
	fx Funktionswert an der Nullstelle
	m Ausgabemarke
	a Ausgabeinformation (Anzahl der Iterationen, Name des Verfahrens)
Eingabe:	fun vorgegebene Funktion, siehe letzte Tafel oben
	$x0$ Startpunkt oder Startintervall $[ab]$
	par z.B. Aufforderung zur Ausgabetabelle, z.B. par=optimset('Display','iter')

Die Wahl des Startwertes entscheidet unter Umständen, ob die gewünschte Nullstelle/Lösung gefunden wird; deshalb sollte prinzipiell versucht werden, einen geeigneten Startwert anzugeben. Auch die Wahl eines Intervalls, in dem eine Nullstelle/Lösung erwartet wird, ist nicht unproblematisch; falls dieses Intervall keine Nullstelle/Lösung enthält, wird eine Fehlermeldung ausgegeben: fzero prüft, ob die Funktionswerte an den Intervallenden verschiedenes Vorzeichen haben. Enthält das Intervall eine Nullstelle/Lösung, die gleichzeitig relative Extremstelle ist, so wird diese nur erkannt, wenn sie auf einem Intervallende liegt. Enthält das Intervall mehrere Nullstellen/Lösungen, so wird höchstens eine erkannt; deshalb sollte prinzipiell versucht werden, das Intervall so kurz wie möglich anzugeben, so dass lediglich eine Nullstelle enthalten ist.

B **Näherungslösungen von Gleichungen**

Die Gleichung $f(x) = \cos(x) - \frac{x}{10} = 0$ hat 7 (reelle) Lösungen; sie liegen sämtlich im Intervall $[-10\ 8]$.

Funktionsdeklaration in einem Verzeichnis:

```
function z = fun(x)
z = cos(x) - x/10;
```

z = fzero(@fun, 1)	$z = 1.4276$
z = fzero(@fun, 6)	$z = 5.2671$
z = fzero(@fun, [1 2])	$z = 1.4276$
z = fzero(inline('cos(x) - x/10'), 1)	$z = 1.4276$
z = fzero(inline('cos(x) - x/10'), 5)	$z = 5.2671$
z = fzero(inline('cos(x) - x/10'), -4)	$z = -4.2711$
z = fzero(inline('cos(x) - x/10'), [1 2])	$z = 1.4276$
z = fzero(inline('cos(x) - x/10'), [0 1])	Fehlermeldung
z = fzero(inline('cos(x) - x/10'), [-10 8])	$z = 1.4276$

(es wird nur eine Lösung angegeben)

B **Näherungslösungen von Gleichungen**

```
x = fzero('cos(x) - 0.1 * x', 1.4, optimset('Display','iter'))
```

Ausgabe:

Func-count	x	$f(x)$	Procedure
1	1.4	0.0299671	initial
2	1.3604	0.0728053	search
3	1.4396	-0.0131375	search

Looking for a zero in the interval [1.3604, 1.4396]

4	1.42749	6.53434e-005	interpolation
5	1.42755	5.00897e-008	interpolation
6	1.42755	-5.85643e-015	interpolation
7	1.42755	-2.77556e-017	interpolation
8	1.42755	6.66134e-016	interpolation

Zero found in the interval: [1.3604, 1.4396].

$z =$

1.4276

Speziell für den Fall, dass die Gleichung eine algebraische Gleichung ist - Nullstellenbestimmung bei einem Polynom - gibt es die nachfolgende MATLAB-Funktion **roots**. Sie ermittelt alle komplexwertigen Nullstellen des Polynoms.

Näherungslösungen für Nullstellen von Polynomen

L **Polynome**

$p = [a_n \ a_{n-1} \dots a_1 \ a_0]$	Eingabe eines Polynoms in Gestalt des Zeilen- oder Spaltenvektors der Koeffizienten, beginnend mit der höchsten Variablenpotenz
$p = \mathsf{poly}([w_1 \ w_2 \ \dots w_n])$	Eingabe eines Polynoms bei Vorgabe der (i.Allg. komplexwertigen) Nullstellen des Polynoms (p Zeilenvektor)
$y = \mathsf{polyval}(p, x)$	berechnet Funktionswerte des Polynoms $p = [...]$ an den Stützstellen $x = [...]$ (x, y beide Spalten- bzw. beide Zeilenvektoren)
$r = \mathsf{polyfit}(x, y, n)$	erzeugt die Koeffizienten des Regressionspolynoms vom Grade n bei Vorgabe der N Messpunkte (x, y), $n \leq N$ (r Zeilenvektor)
$w = \mathsf{roots}(p)$	berechnet die (i.Allg. komplexwertigen) Nullstellen des Polynoms p (w Spaltenvektor)

Die Prozedur **roots** ermittelt für Polynome in Zinsraten- bzw. Renditeberechnungen sämtliche Nullstellen; aus diesen muss dann die betreffende/passende Nullstelle ausgewählt werden: negative und nichtreelle Werte scheiden aus.

B **Polynome**

Beispiel 1: Sparprozess:

jeweils am 1.1.: 2003 2.000 €, 2004 3.000 €, 2005 4.000 €, 2006 5.000 €, 2007 6.000 €; Endbetrag 2008 22.000 €.

Wie groß ist der Zinssatz?

Bilanz (in 1000 €): $22 = 2q^5 + 3q^4 + 4q^3 + 5q^2 + 6q$ (q Aufzinsungsfaktor)

$\rightarrow p = [2 \ 3 \ 4 \ 5 \ 6 \ -22]$

$w = \mathsf{roots}(p)$

Ausgabe:

$w = [-1.5707 + 1.0287i \quad -1.5707 - 1.0287i \quad 0.3016 + 1.7070i \quad 0.3016 - 1.7070i \quad 1.0383]'$

Polynom hat 5 Nullstellen (davon 4 komplexe, welche hier keine Bedeutung haben); einzige reelle Nullstelle: 1.0383, d.h. Zinssatz 3,83%

B **Polynome**

Beispiel 2: Rentenzahlungen aus einer Summe von 200.000 €:
jeweils am 1.1. im Jahresabstand: 50.000 €, 50.000 €, 45.000 €, 45.000 €, 40.000 €

Wie groß ist der Zinssatz?

Bilanz (in 1000 €): $200 = 50 + 50v + 45v^2 + 45v^3 + 40v^4$ (v Abzinsungsfaktor)

$\rightarrow p = [40 \;\; 45 \;\; 45 \;\; 50 \;\; -150]$

$w =$ roots(p)

Ausgabe:

$w = [-1.6836 \quad -0.1837 + 1.5401i \quad -0.1837 - 1.5401i \quad 0.9259]'$

Polynom hat 4 Nullstellen (davon 2 komplexe und eine reelle negative, welche hier keine Bedeutung haben)

einzige positive reelle Nullstelle: 0.9259 → Kehrwert 1.0800, d.h. Zinssatz 8,00%

Datenausgabe in MATLAB

 **Datenausgabe**

Datenausgabe auf Bildschirm:

a	unformatierte Ausgabe der Variablen a (Zahl, String, Feld,...)
fprint()	formatierte Ausgabe (Tabelle) der Variablen a

Datenausgabe auf Datei:

save filename.mat a -ascii	speichert Variable a im ASCII-Format in Datei filename.mat
save('C:\pfad\filename.mat','a')	speichert Variable a in Datei im genannten Verzeichnis
save('filename')	speichert alle im Workspace vorhandenen Variablen in Datei
load('filename')	lädt die in der Datei gespeicherten Variablen in den Workspace
print Gerät C:\pfad\plotname.eps	speichert Grafik im genannten Verzeichnis (Gerät: -deps schwarz-weiß-PostScript -depsc Color-PostScript)

Es ist für eine korrekte Pfadführung bei der Ein- und Ausgabe von Variablen und Grafiken zu sorgen; empfehlenswert sind spezielle Verzeichnisse (mit einprägsamen Namen), in denen Variable und Grafiken abgelegt werden. Zur Erzeugung von Grafiken siehe nächstes Kapitel.

Grafische Darstellungen

Grafikfunktionen in MATLAB

MATLAB enthält eine Vielzahl von Grafikfunktionen, wobei für die Zwecke finanzmathematischer Darstellungen nur eine kleine Auswahl beschrieben werden soll; eine vollständige Auskunft enthält die MATLAB-Dokumentation sowie das Handbuch "Using MATLAB Graphics".

Mit der nachfolgenden plot-Funktion besteht die Möglichkeit der Darstellung einer oder mehrerer Funktionen $x = f(t)$ gleichzeitig. Dabei sind unterschiedliche Kurvenmarkierungen und Farben möglich. Die t-Skala ergibt sich aus dem vordefinierten t-Raster; die x-Skala richtet sich nach den berechneten Funktionswerten.

Darstellung einer Zeitfunktion - kartesische Koordinaten

M **plot**

Grundfunktion: plot(t, x)
Vollfunktion: plot$(t, x1, 'f1 : s1', t, x2, 'f2 : s2', \ldots, t, xk, 'fk : sk')$
Ausgabe: Bildfläche figure mit Nummer
Eingabe: t vorher definiertes Raster der unabhängigen Veränderlichen als Vektor (Zeile oder Spalte) Anfang:Schrittweite:Ende
$x, x1, \ldots, xk$ vorher definierte Funktion/-en: $x = f(t)$ usw.
$f1, \ldots, fk$ Kurvenfarbe, wählbar aus: k,w,c,m,y,r,g,b für schwarz,weiß,cyan,magenta,gelb,rot,grün,blau
$s1, \ldots, sk$ Linienstil oder Kurvenmarkierung, siehe folgende Tafeln

In plot(t, x) kann anstelle von t das Raster $a : \Delta : b$, anstelle von x kann die Funktion $f(t)$ eingetragen werden. a und b sind linker bzw. rechter Randwert, Δ ist die Schrittweite.

Linienstile und Kurvenmarkierungen

Linienstile

'$-$' durchgehende Linie	'.' dickpunktierte Linie
'$--$' gestrichelte Linie	'$+$' punktweise Kreuzmarkierungen
':' punktierte Linie	'o' punktweise Kreise
'$-.$' Punkt-Strich-Linie	'$*$' punktweise Sterne

Weitere Möglichkeiten der Kurvenmarkierung bestehen in: square (Quadrat), diamond (Quadrat auf der Spitze), pentagram (fünfstrahliger Stern), hexagram (sechsstrahliger Stern) sowie ∧,v,<,> (Dreiecksformen).

B **plot**

Darstellung einer Funktion/Kurve
Beispiel 1:
t =0:0.01:3; x = cos(t); plot(t, x)
oder
plot(0:0.01:3, cos(t)) Standard: durchgehende Linie
plot(0:0.01:3, cos(t), ' : ') punktierte Linie

Beispiel 2:
x =-3:0.05:3; y = 1/sqrt(2 * pi) * exp($-t.\wedge 2/2$); plot(x, y)

B **plot**

Erzeugung einer Figur mit t=0:0.01:3; plot(t, cos(t))

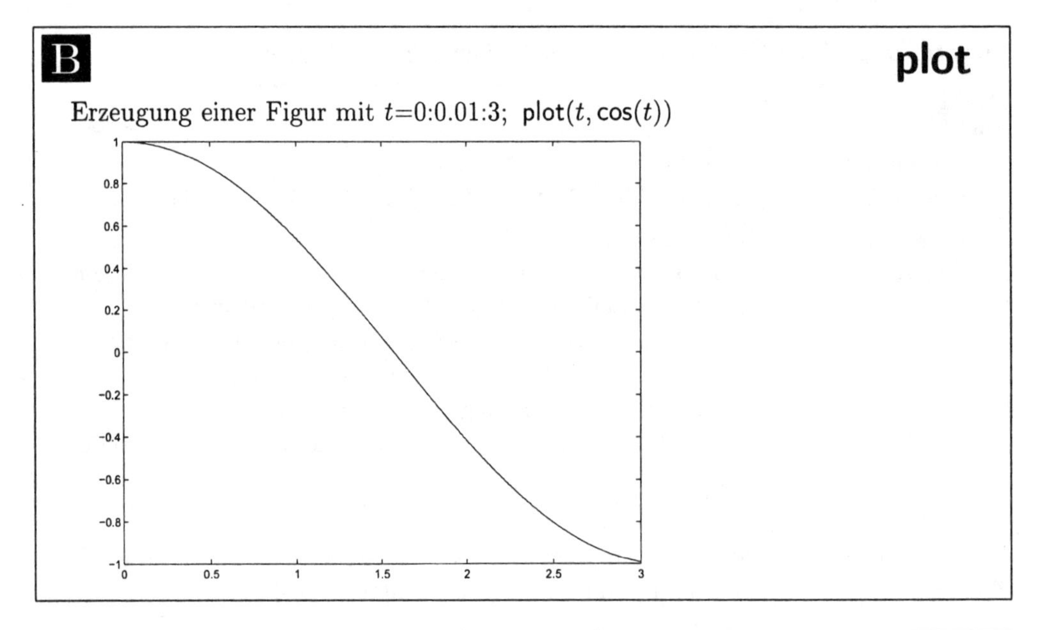

B **plot**

Darstellung mehrerer Funktionen/Kurven:
Beispiel 3:
t =0:0.01:3; x = cos(t); y = sin(t); plot(t, x, t, y,'− − ')
oder
plot(0:0.01:3, cos(t), 0:0.01:3, sin(t), '− −')
cos(t) durchgehende Linie sin(t) gestrichelte Linie

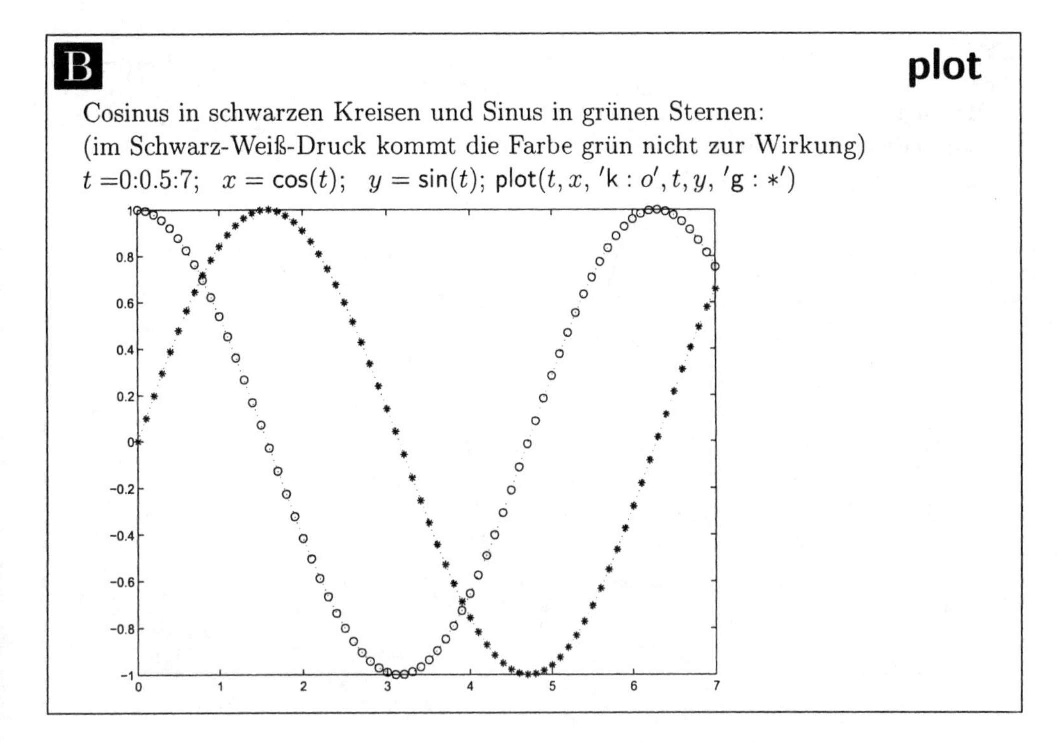

MATLAB hält außer plot eine weitere Grafikfunktion fplot bereit, mit der komfortabel ein oder mehrere Funktionsgrafen in einem vorgegebenen x-y-Rahmen dargestellt werden können.

Darstellung einer Funktion einer unabhängigen Variablen

M **fplot**

Grundfunktion 1:	fplot('fun', [a b]) Grafik der Funktion fun in den x-Grenzen a und b
Grundfunktion 2:	fplot('fun', [a b c d]) Grafik der Funktion fun in den x-Grenzen a und b sowie in den y-Grenzen c und d
Vollfunktion:	fplot('[$f1, ..., fk$]', [a b c d], par) Grafik der Funktionen $f1...fk$ in den x-Grenzen a und b sowie in den y-Grenzen c und d; außerdem können weitere Parameter par eingetragen werden
Eingabe:	fun bzw. $f1, ..., fk$ Funktionsausdrücke $f(x)$; anstelle von 'fun' kann die vorbereitete Funktion fun in der Form @fun eingegeben werden a, b bzw. a, b, c, d x- bzw. x, y-Grenzen

B **fplot**

Beispiel 1:
Darstellung der Cosinus-Funktion
fplot('cos(x)', [−8 8 − 1.1 1.1])

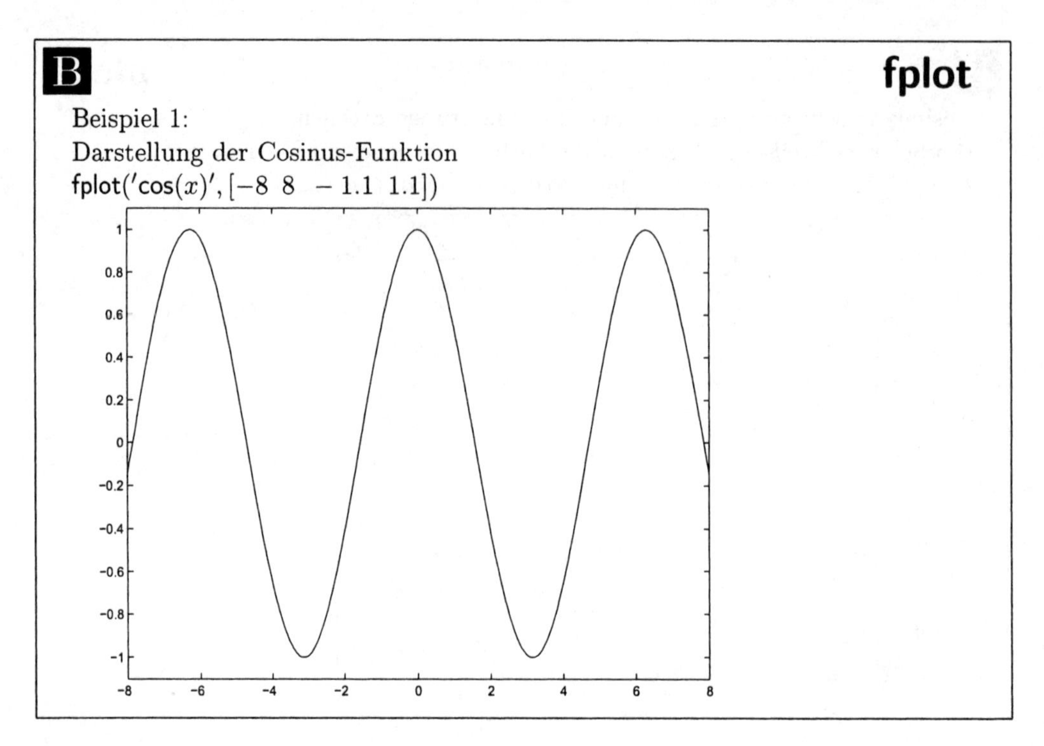

B **fplot**

Beispiel 2:
Darstellung der Funktionen $y = \cos(x)$ und $y = \sin^2(x)$
fplot('[cos(x), sin(x) * sin(x)]', [−8 8 − 1.1 1.1])

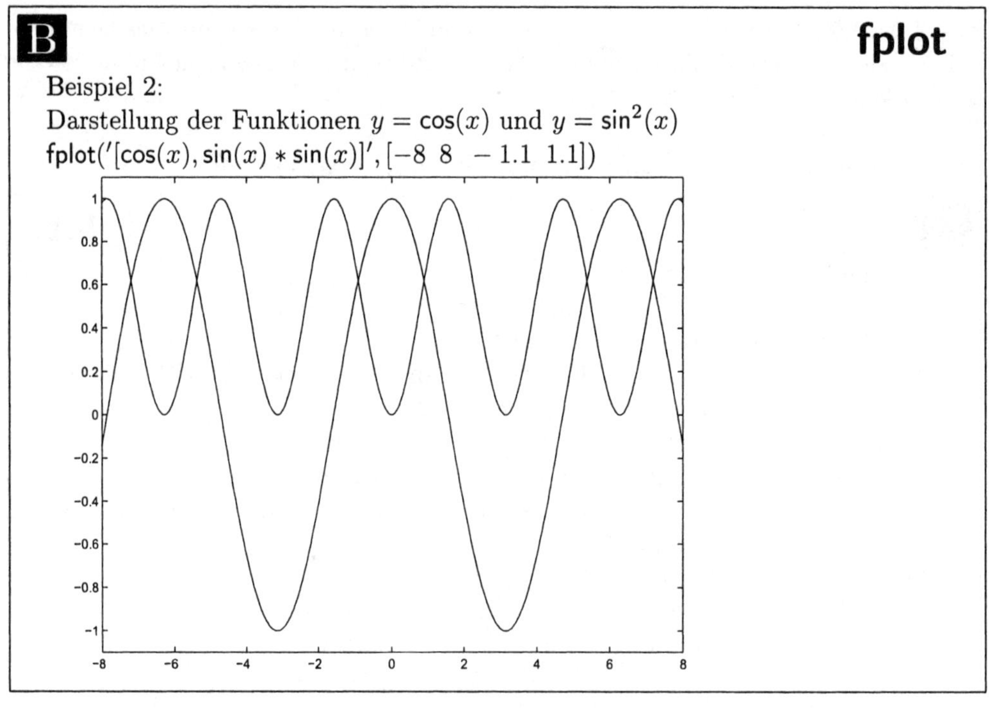

Mit der MATLAB-Grafik-Funktion subplot besteht die Möglichkeit, mehrere Bildfelder untereinander und/oder nebeneinander zu setzen.

Erzeugung mehrerer Bildtafeln

M **subplot**

Funktion: subplot(m, n, k)
m Bilder untereinander und n Bilder nebeneinander;
mit $k = 1 \ldots m \cdot n$ werden die Bilder zeilenweise durchgezählt
auf jedes subplot(.) folgt eine komplette Grafikanweisung mit plot

B **subplot**

Anordnung von 2 Feldern untereinander und 4 Feldern nebeneinander:
subplot$(2, 4, 1)$...subplot$(2, 4, 8)$

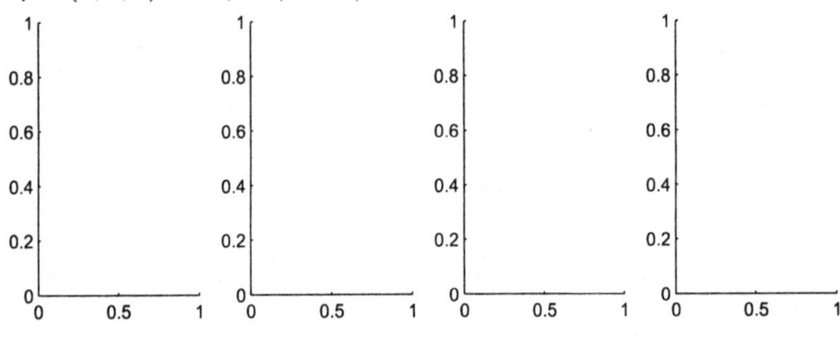

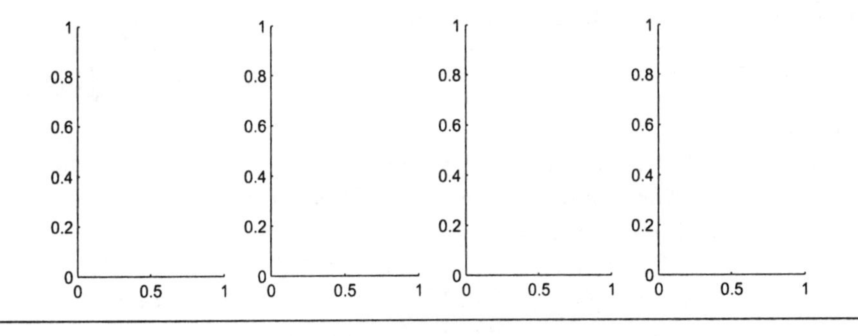

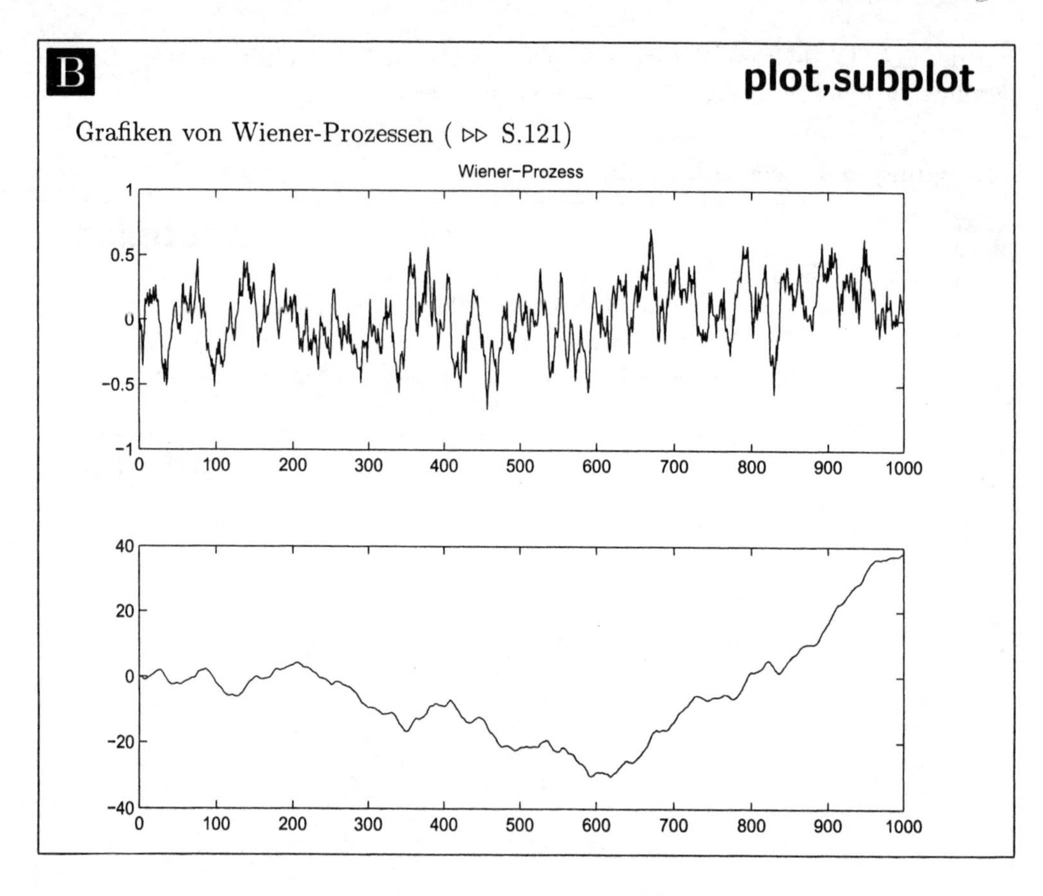

Darstellung einer Funktion in Parameterform

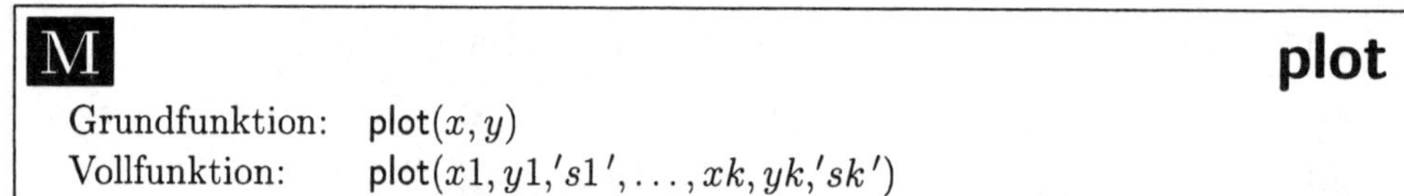

Grundfunktion: plot(x, y)

Vollfunktion: plot$(x1, y1, 's1', \ldots, xk, yk, 'sk')$

Eingabe: t vorher definiertes Raster des Parameters als (Zeilen-)Vektor $a : \Delta : b$

$x = f(t), y = g(t)$

bzw. $x1 = f1(t), y1 = g1(t), \ldots, xk = fk(t), yk = gk(t)$

Parameterdarstellungen der Funktionen/Kurven

$'s1', \ldots, 'sk'$ Kurvenmarkierungen

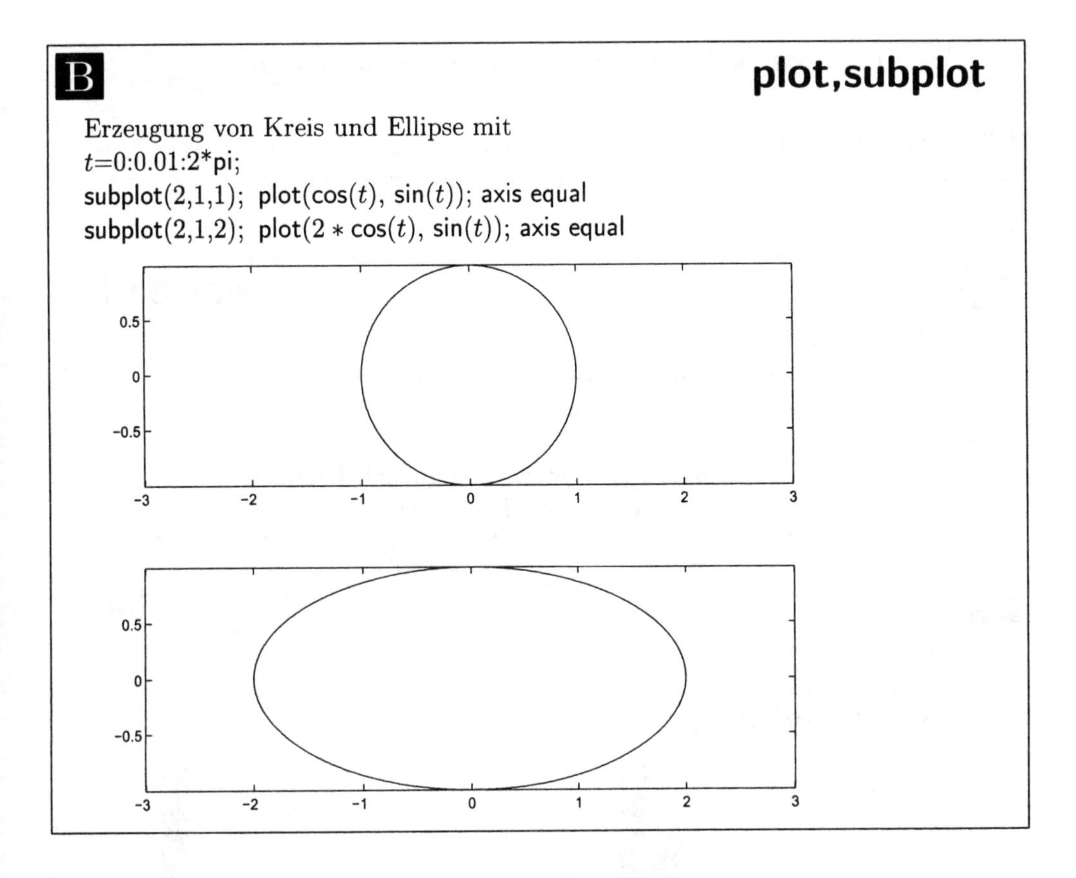

B **plot,subplot**

Erzeugung von Kreis und Ellipse mit
t=0:0.01:2*pi;
subplot(2,1,1); plot(cos(t), sin(t)); axis equal
subplot(2,1,2); plot(2 * cos(t), sin(t)); axis equal

Ergänzungen zur Grafikfunktion plot

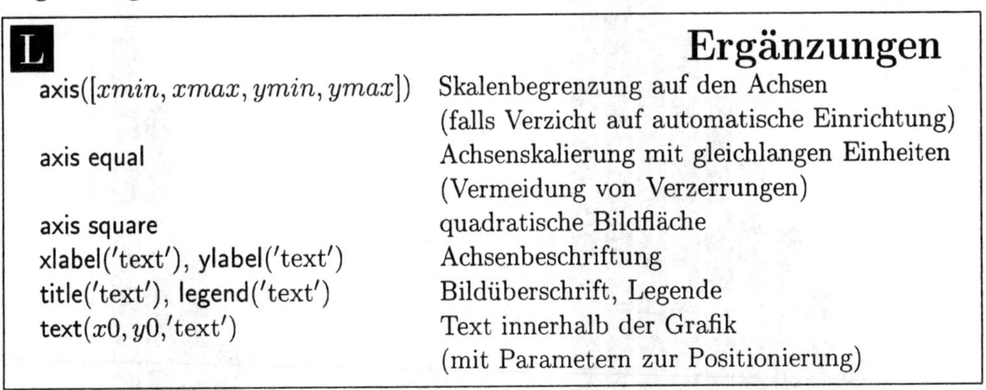

L **Ergänzungen**

axis([$xmin, xmax, ymin, ymax$])	Skalenbegrenzung auf den Achsen (falls Verzicht auf automatische Einrichtung)
axis equal	Achsenskalierung mit gleichlangen Einheiten (Vermeidung von Verzerrungen)
axis square	quadratische Bildfläche
xlabel('text'), ylabel('text')	Achsenbeschriftung
title('text'), legend('text')	Bildüberschrift, Legende
text($x0, y0$,'text')	Text innerhalb der Grafik (mit Parametern zur Positionierung)

Zu weiteren Möglichkeiten der Ausgestaltung von Bildern/figürlichen Darstellungen siehe Handbuch "Using MATLAB graphics".

Spezielle Grafikfunktionen für statistische Darstellungen

Balken-/Säulendiagramme sind Standardbilder zur Darstellung statistischer Datenmengen; dafür hält MATLAB eine Vielzahl von Gestaltungsmöglichkeiten bereit.

Zweidimensionales Balkendiagramm

M **bar,barh**

Funktion:	bar(x)
Ausgabe:	Balkendiagramm (vertikal) als Figur mit Nummer
Eingabe:	x Vektor (Zeile oder Spalte), Messreihe: $x = [x1 \dots xn]$
Funktion:	barh(x)
Ausgabe:	Balkendiagramm (horizontal) als Figur mit Nummer
Eingabe:	x Vektor (Zeile oder Spalte), Messreihe: $x = [x1 \dots xn]$

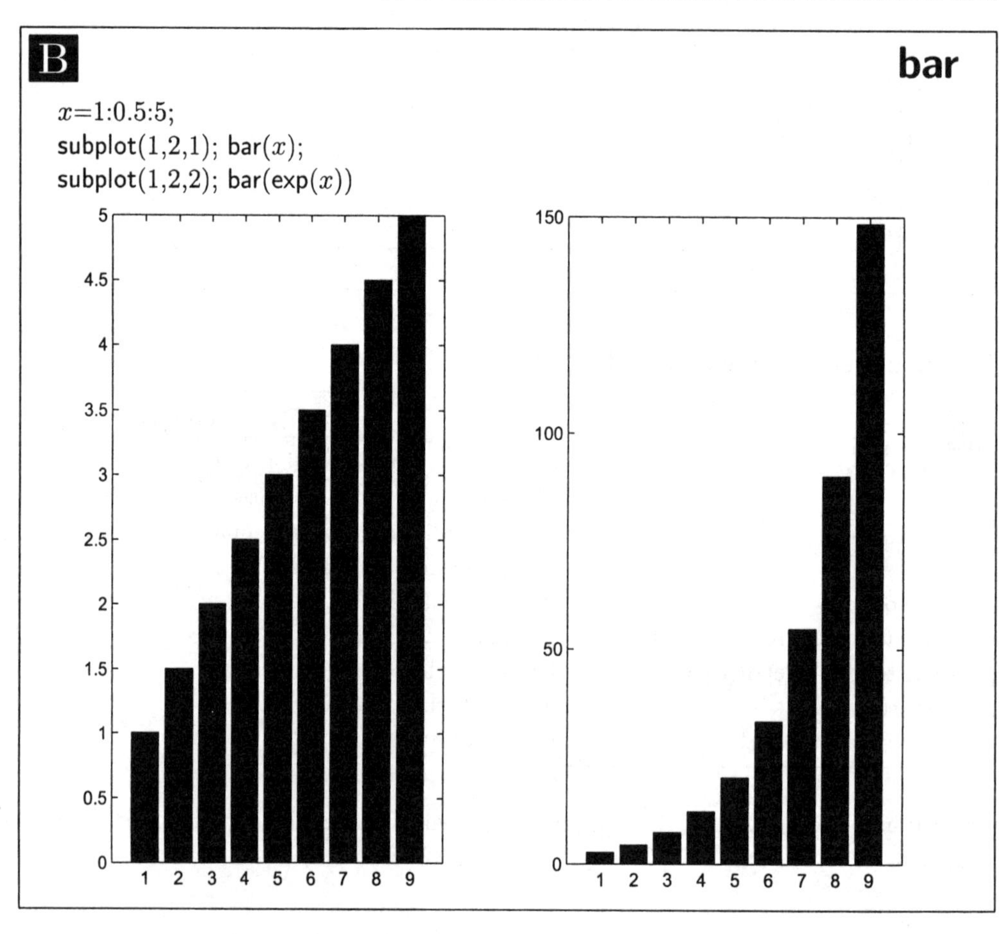

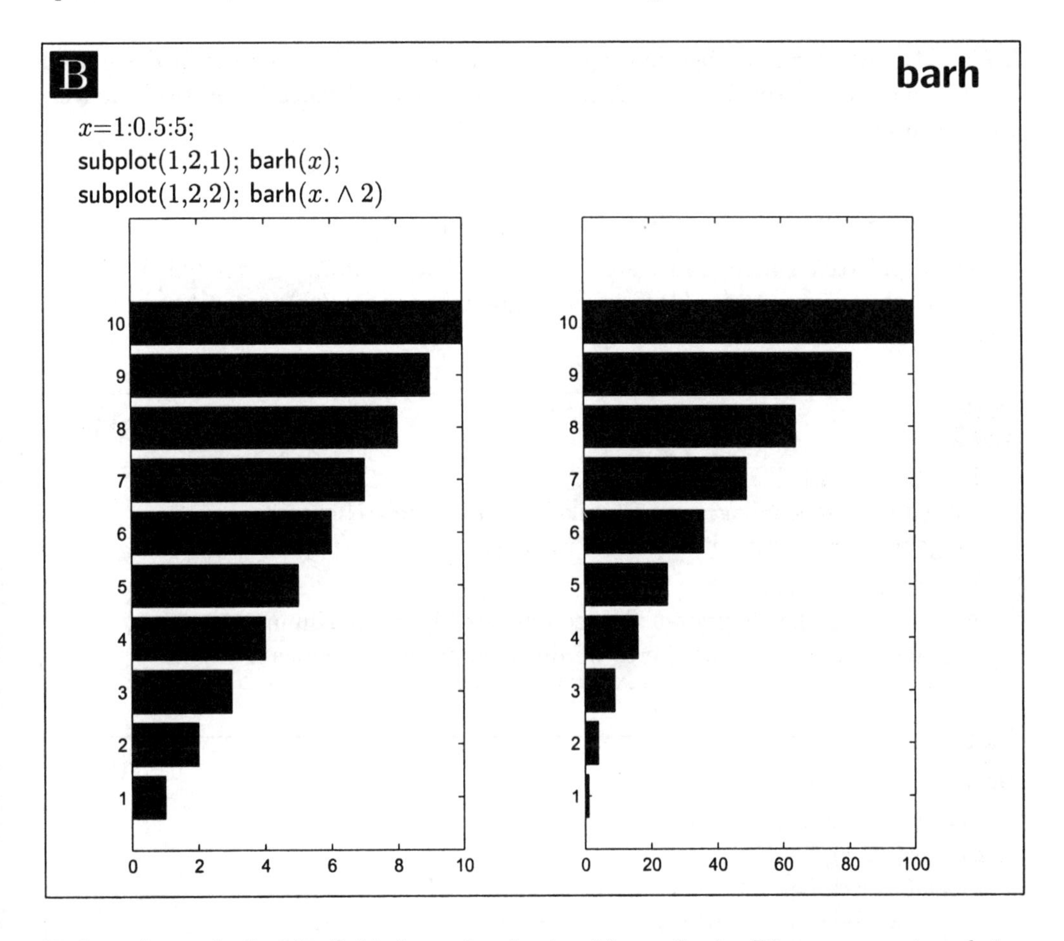

Es besteht auch die Möglichkeit, mehr als eine Messreihe im Diagramm unterzubringen. Dabei treten die Messwerte gruppenweise oder gestapelt, farblich oder schraffiert unterschieden, auf. Zur Auswahl der Farben kann colormap dienen - siehe nachfolgende Tafel.

Auswahl einer Farbpalette zur Gestaltung und Abgrenzung von Flächenstücken

Funktion: colormap('typ')

Typen: hot, cold, gray, jet, bone, hsv, copper, colorcube, prism
spring, summer, autumn, winter

Mit colormap('typ') wird die Farbpalette für die folgenden Bilder eingestellt, ggf. bis zum nächsten Farbbefehl.

MATLAB enthält zur Farbgestaltung viele weitere Möglichkeiten; die in der obigen Tafel enthaltenen Farbpaletten decken den alltäglichen Gebrauch für statistische Darstellungen ab.

Zweidimensionales Balkendiagramm - gruppiert

Unter gruppierten Daten sind Datenmengen in Matrizenform zu verstehen, die unterschiedlich gefärbt oder schraffiert, sehr gut mit den m-Funktionen bar bzw. barh erhalten werden können.

M **bar,barh**

Funktion:	bar(x)
Ausgabe:	Balkendiagramm (vertikal) als Figur mit Nummer
Eingabe:	x Matrix; die Werte werden spaltenweise gruppiert
Funktion:	barh(x)
Ausgabe:	Balkendiagramm (horizontal) als Figur mit Nummer
Eingabe:	x Matrix; die Werte werden spaltenweise gruppiert

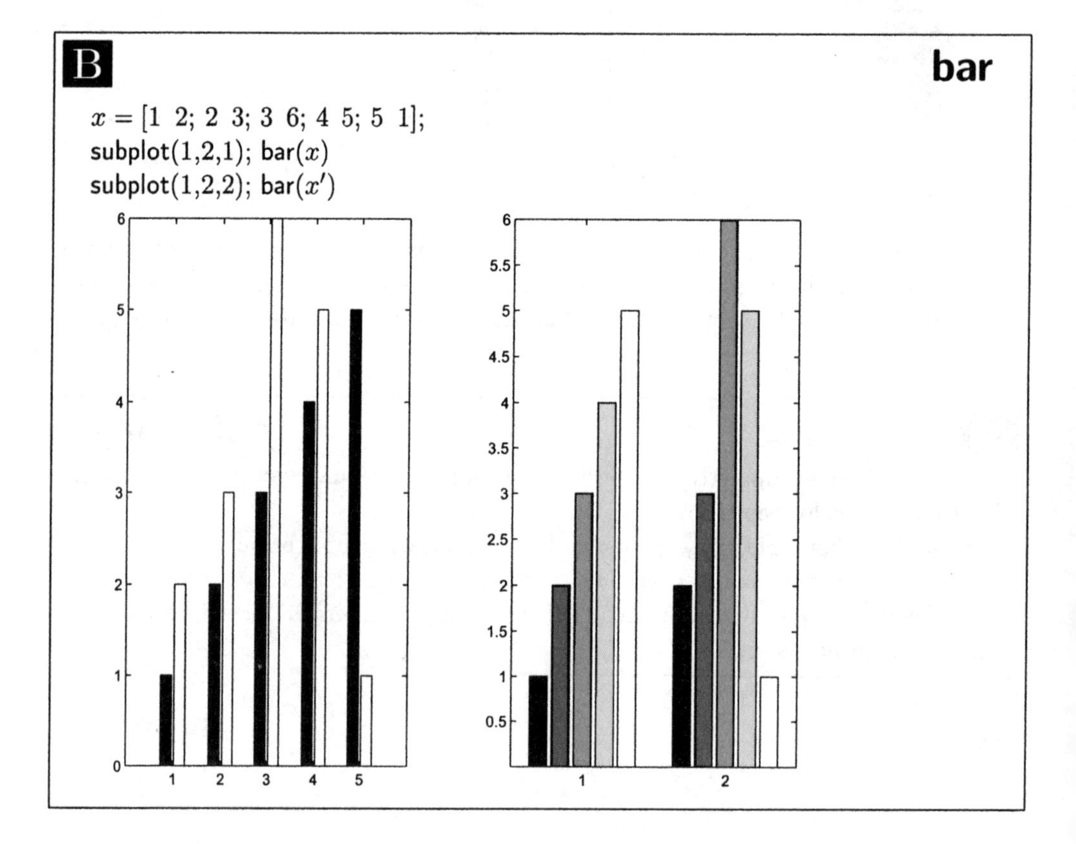

Zweidimensionales Balkendiagramm - gestapelt

M **bar,barh**

Funktion:	bar(x,'stack')
Ausgabe:	Balkendiagramm (vertikal) als Figur mit Nummer
Eingabe:	x Matrix; die Werte werden spaltenweise gestapelt
Funktion:	barh(x,'stack')
Ausgabe:	Balkendiagramm (horizontal) als Figur mit Nummer
Eingabe:	x Matrix; die Werte werden spaltenweise gestapelt
	mit dem Zusatz **stack** wird die Stapelung angewiesen

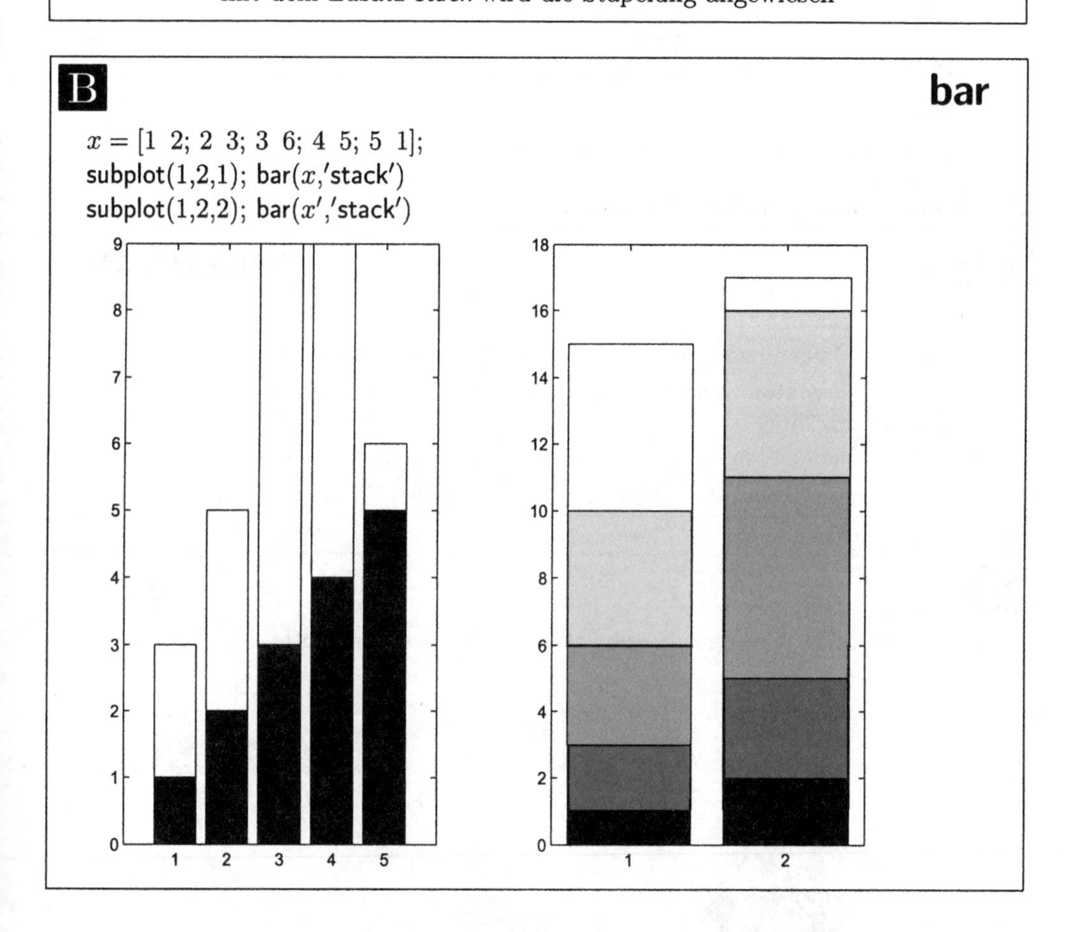

B **barh**

$x = [1\ 2;\ 2\ 3;\ 3\ 6;\ 4\ 5;\ 5\ 1]$;
subplot(1,2,1); barh(x,'stack'); subplot(1,2,2); barh(x','stack')

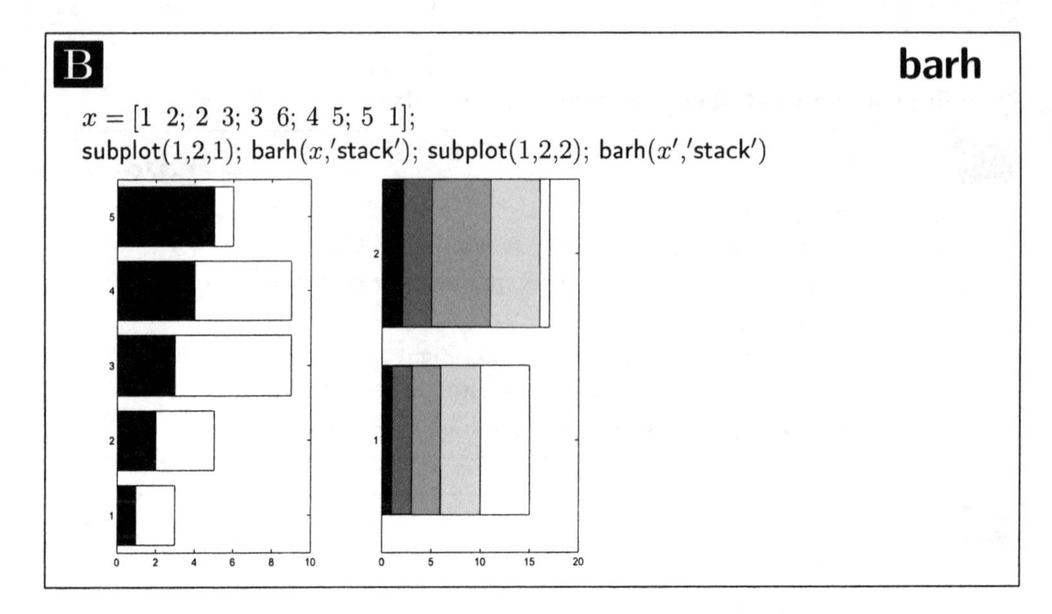

Dreidimensionales Balkendiagramm

M **bar3,bar3h**

Funktion:	bar3(x)
Ausgabe:	Balkendiagramm (vertikal) als Figur mit Nummer
Eingabe:	x Vektor (Zeile oder Spalte), Messreihe: $x = [x1 \ldots xn]$
Funktion:	bar3h(x)
Ausgabe:	Balkendiagramm (horizontal) als Figur mit Nummer
Eingabe:	x Vektor (Zeile oder Spalte), Messreihe: $x = [x1 \ldots xn]$

B **bar3**

$x = [1\ 2;\ 2\ 3;\ 3\ 6;\ 4\ 5;\ 5\ 1]$; subplot(1,2,1); bar3($x$); subplot(1,2,2); bar3($x'$);

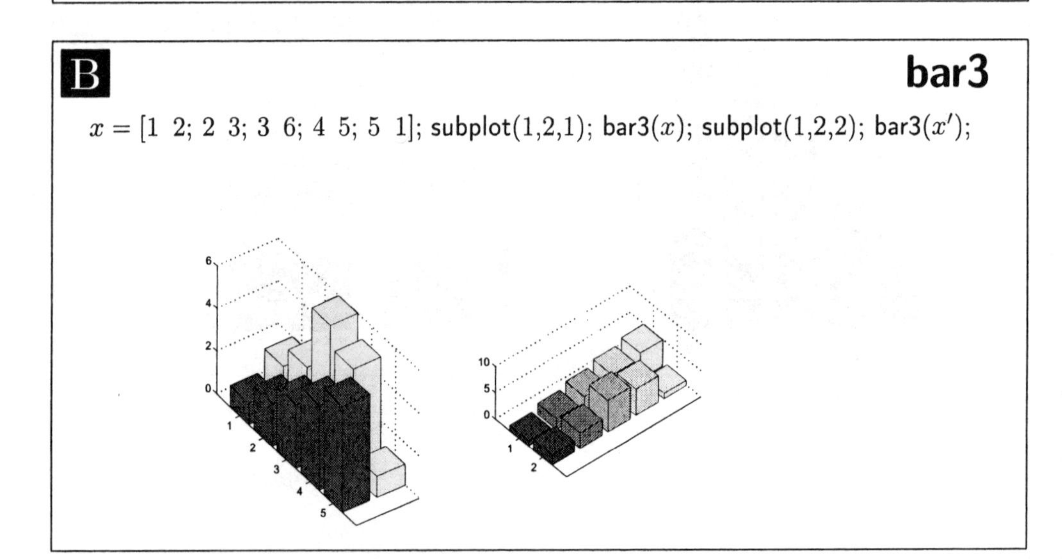

Kreisdiagramm

Mit dem Kreis-/Tortendiagramm können insbesondere nominale Merkmale (Merkmale, die nur eine Aufzählung ohne Anordnung zulassen) dargestellt werden.

M **pie**

Funktion	pie(x)
Ausgabe	Kreisdiagramm (ggf. mit durch colormap vorgegebenen Farben) die Sektoren sind mit Prozentangaben beschriftet
Eingabe	x Vektor/Messreihe positiver Werte $x1, \ldots, xn$ falls $\sum xk \geq 1$: Normierung auf 1 falls $\sum xk < 1$: Kreisdiagramm mit Lücke

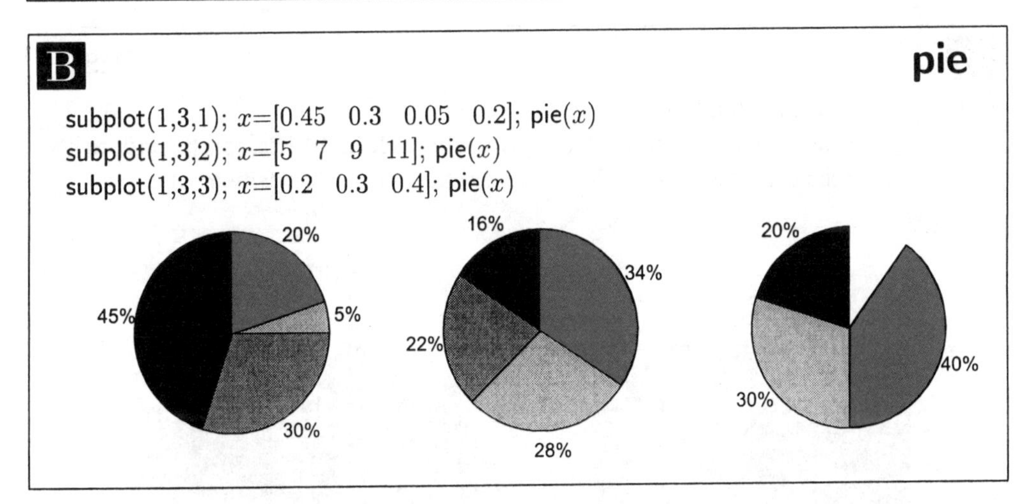

Bei den Kreisdiagrammen besteht ebenfalls die Möglichkeit, eine passende Beschriftung und Wertebezeichnung beizufügen; dies ist nicht ganz unkompliziert - siehe hierfür die Ausführungen im Handbuch "Using MATLAB Graphics". Auch eine dreidimensionale Darstellung des Kreisdiagramms ist möglich (pie3(x)).

Eine größere Datenmenge kann gruppiert als Histogramm dargestellt werden. Dabei ist es möglich, mehrere Spalten einer Tabelle (Matrix) gleichzeitig im Histogramm unterzubringen.

Histogramm

M **hist**

Grundfunktion	hist(x)
Vollfunktion	hist(x[, n]) bzw. hist(x[, y])
Ausgabe:	Histogramm als Figur
Eingabe:	x (Zeilen- oder Spalten-)Vektor oder Matrix vom Typ (r, s) (s verschiedenfarbige Balken als Gruppe unmittelbar nebeneinander, r Anzahl der Werte pro Matrixspalte) [n Anzahl der Balken (bzw. Balkengruppe) des Histogramms, {10} y Zeilenvektor für horizontale Skalierung, {automatisch gemäß Wertebereich von x}]

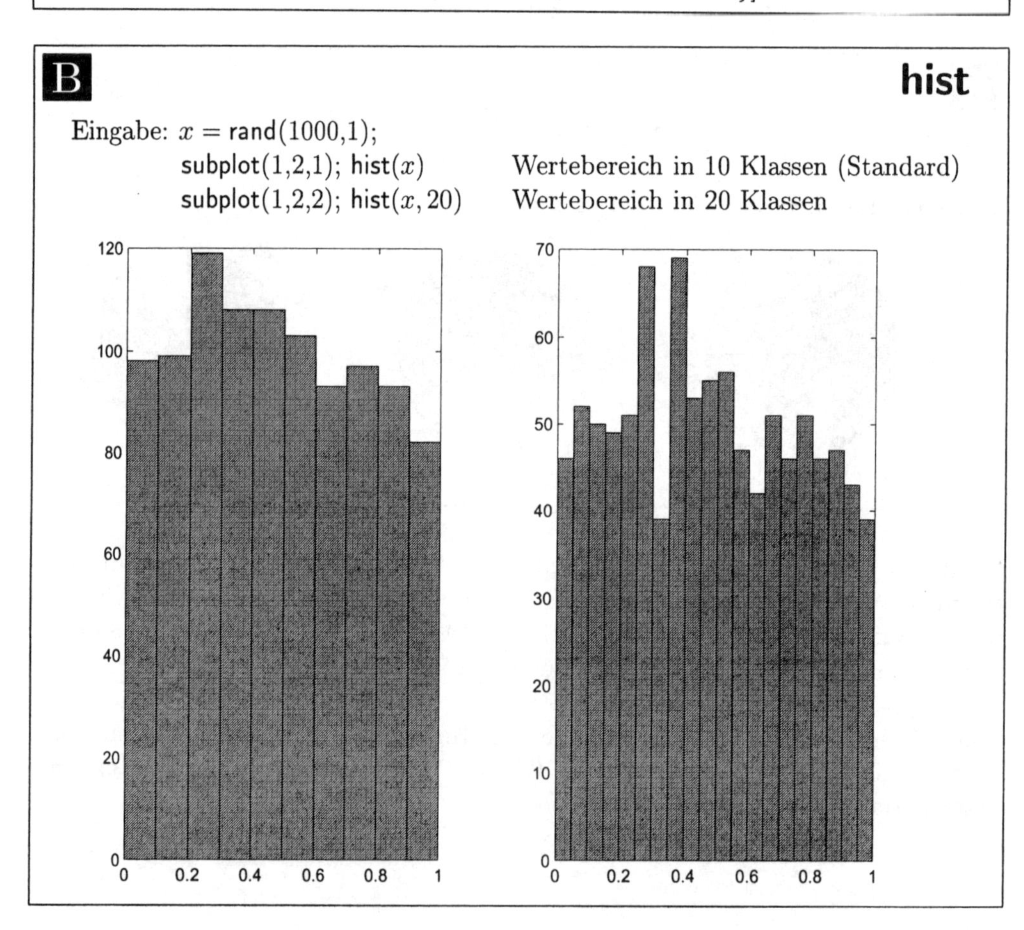

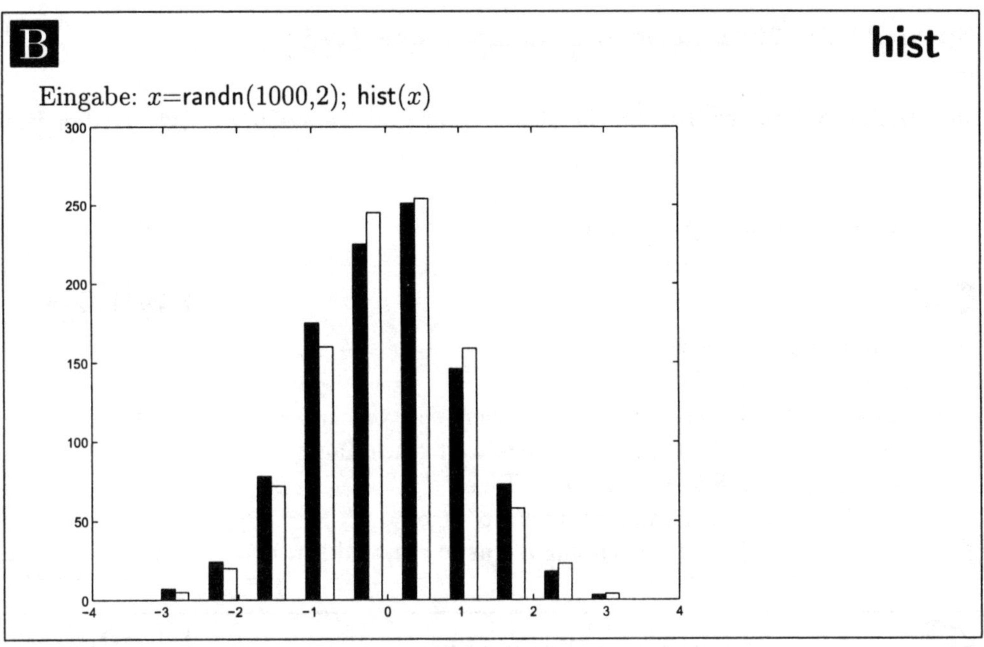
B
hist
Eingabe: x=randn(1000,2); hist(x)
300
250
200
150
100
50
0
-4
-3
-2
-1
0
1
2
3
4

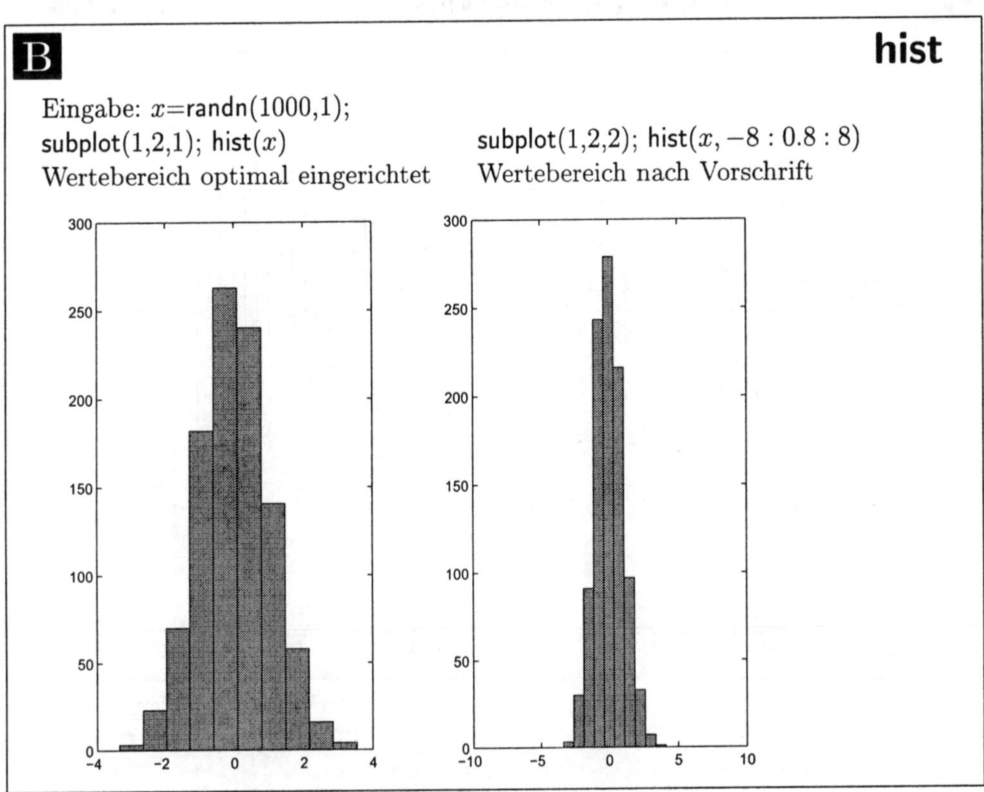
B
hist
Eingabe: x=randn(1000,1);
subplot(1,2,1); hist(x)
Wertebereich optimal eingerichtet
subplot(1,2,2); hist($x, -8 : 0.8 : 8$)
Wertebereich nach Vorschrift
300
250
200
150
100
50
0
-4
-2
0
2
4
300
250
200
150
100
50
0
-10
-5
0
5
10

Spezielle Grafikfunktionen in der Finance Toolbox

Die MATLAB Finance Toolbox beinhaltet grafische Darstellungsmöglichkeiten von Tageskursen: highlow, candle, bolling.

Hoch-Tief-Eröffnung-Schluss-Karte

M **highlow**

Grundfunktion	highlow(h, t, s)
Vollfunktion	highlow(h, t, s[, e,'f'])
Ausgabe:	Darstellung des täglichen Wertverlaufs eines Wertpapiers
Eingabe:	h, t Höchst- und Tiefstwert eines Tages s Schlusswert eines Tages [e Eröffnungswert eines Tages, f Farbe (auch nur Buchstabe: r,b,g,k,c,m)]

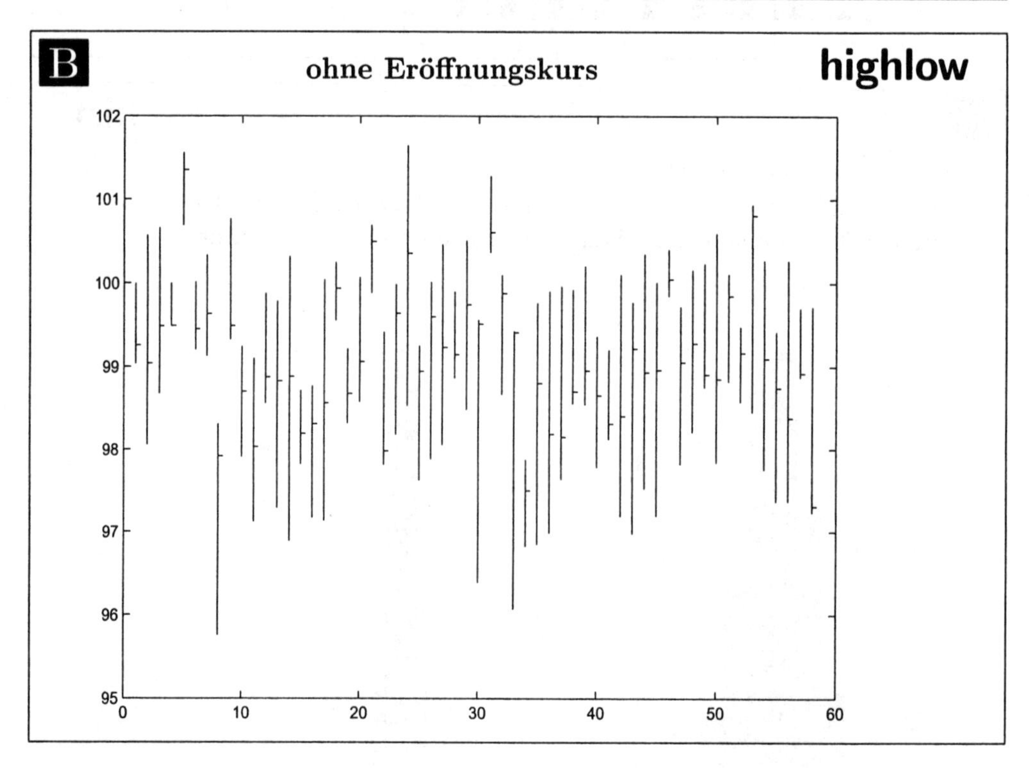

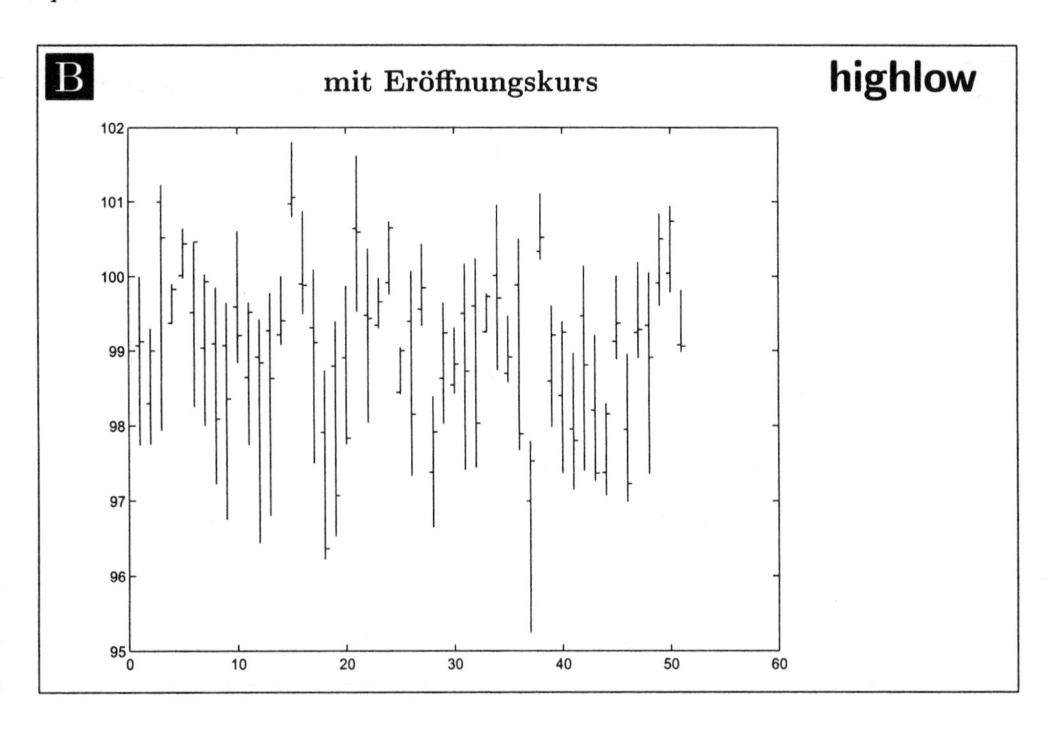

Kerzen-Karte

Gegenüber der Grafik-Funktion highlow ist die Darstellung des Kursverlaufs sowie der täglichen zeitlichen (Anfang und Ende) und größenmäßigen (Höchstwert und Tiefstwert) Randwerte mit der Grafik-Funktion candle markanter.

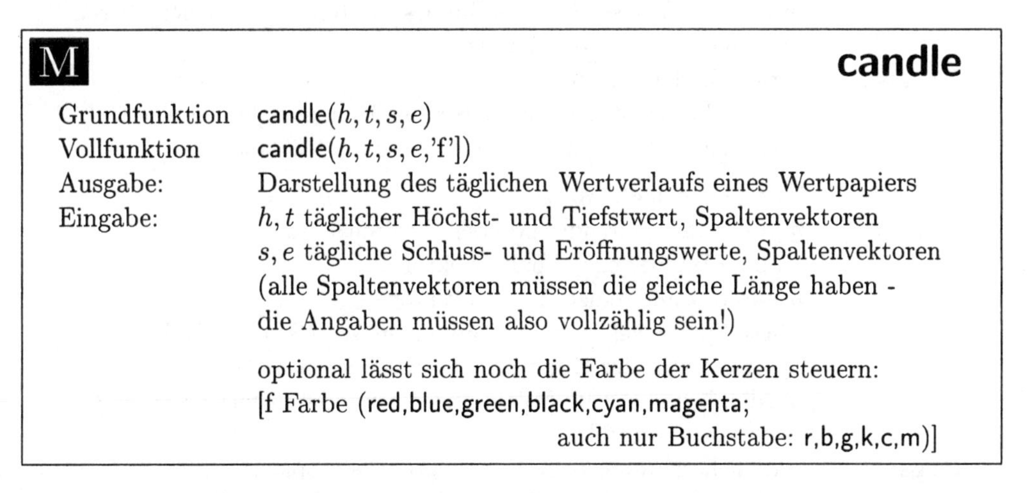

M **candle**

Grundfunktion	candle(h, t, s, e)
Vollfunktion	candle(h, t, s, e,'f'])
Ausgabe:	Darstellung des täglichen Wertverlaufs eines Wertpapiers
Eingabe:	h, t täglicher Höchst- und Tiefstwert, Spaltenvektoren s, e tägliche Schluss- und Eröffnungswerte, Spaltenvektoren (alle Spaltenvektoren müssen die gleiche Länge haben - die Angaben müssen also vollzählig sein!)
	optional lässt sich noch die Farbe der Kerzen steuern: [f Farbe (red,blue,green,black,cyan,magenta; auch nur Buchstabe: r,b,g,k,c,m)]

Die Kerze ist gefüllt, falls am besagten Tag der Schlusspreis größer als der Eröffnungspreis ist; andernfalls ist die Kerze leer. Die "Dochte" nach oben und unten zeigen den Höchst- und Tiefstpreis am selbigen Tag an.

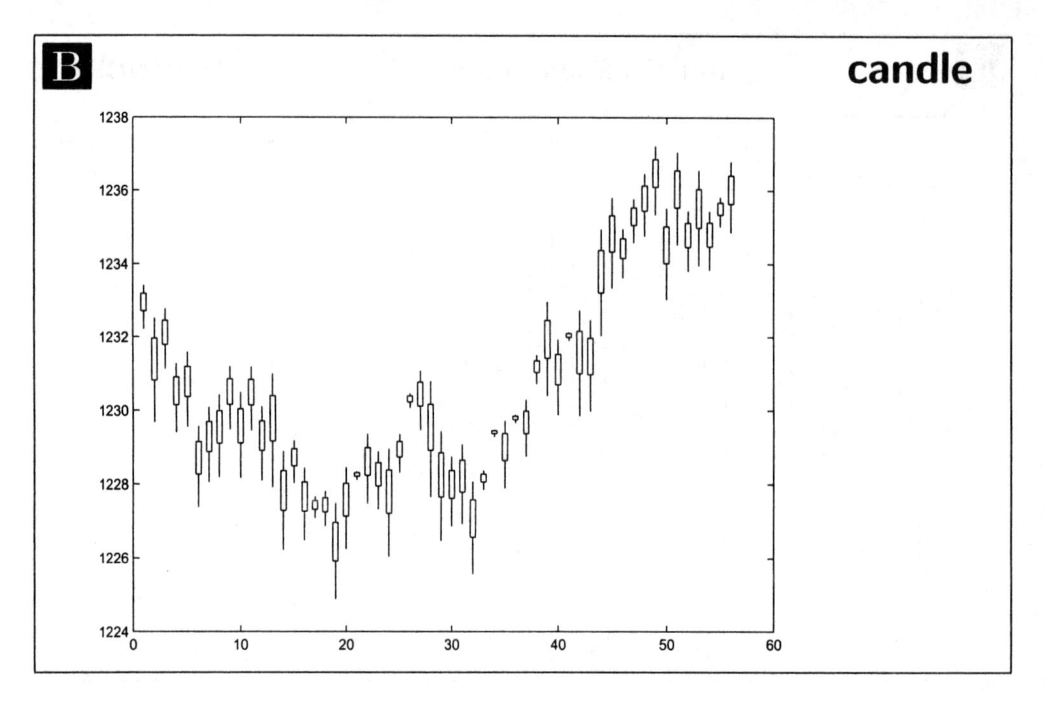

Bollinger-Karte

M **bolling**

Funktion 1: bolling(x, m, a)
Ausgabe: Grafik des Kursverlaufes von x und des gleitenden Mittels der letzten m Tage sowie eines Bandes, bestehend aus einer oberen und einer unteren Bandgrenze
Eingabe: x tägliche Kurswerte (z.B. Schlusskurse), Spaltenvektor
m Anzahl der Stützstellen ("Fenster") für das gleitende Mittel
a Gewichtsfaktor zur Bildung des gleitenden Mittels

Funktion 2: $[g, o, u]$=bolling(x, m, a)
Ausgabe: g Werte des gleitenden Mittels, Spaltenvektor
o obere Bandgrenze, Spaltenvektor
u untere Bandgrenze, Spaltenvektor
(diese Spaltenvektoren sind um einen Wert kürzer als der Spaltenvektor der Kurswerte x - am Beginn des Kursverlaufes werden das gleitende Mittel und die Bandgrenzen aus kürzeren "Fenstern" ermittelt)
Eingabe: x tägliche Kurswerte (z.B. Schlusskurse), Spaltenvektor
m Anzahl der Stützstellen für das gleitende Mittel
a Gewichtsfaktor zur Bildung des gleitenden Mittels

bolling

Verwendung des Gewichtsfaktors:
$a = 0$: alle Tage haben das gleiche Gewicht,
$0 < a$: Gewichtsverteilung: $\dfrac{k^a}{\sum\limits_{k=1}^{m} k^a}, \quad k = 1, \ldots, m$

Berechnung des gleitenden Mittels:
wie üblich als gewichtetes Mittel eines "Fensters" der Kurswerte
Berechnung der Bandgrenzen:
Dieses Band ist ein 2σ-Band, wobei σ die Standardabweichung im gleitenden Mittel ist; die halbe Bandbreite wird wie folgt angesetzt: zweifaches gewichtetes Mittel der Standardabweichungen für die vom gleitenden Mittel erfassten Kurswerte.

bolling

Funktion 1:

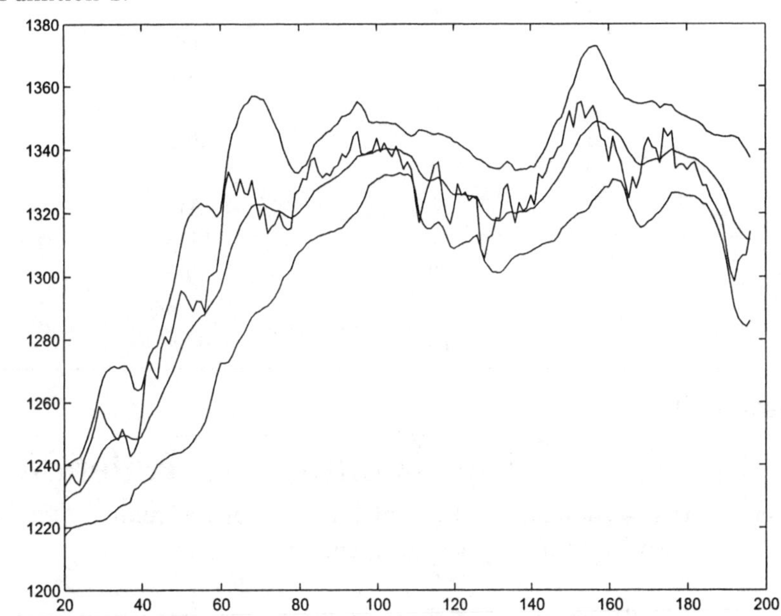

Funktion 2:
Es werden drei Spaltenvektoren ausgegeben: gleitendes Mittel, obere und untere Bandgrenze.

Datumfunktionen

In der finanzmathematischen Software spielen die Datumfunktionen eine wichtige Rolle: das Wechselspiel zwischen verbalen Bezeichnungen und Konventionen sowie numerischen Zuordnungen muss zweifelsfrei funktionieren. So erhalten sowohl die Wochentage als auch die Monate (englischsprachige) Abkürzungen mit drei Buchstaben und eine Ordnungsnummer (vor allem der Wochenbeginn muss klar geregelt sein! - in Deutschland beginnt die Kalenderwoche mit einem Montag, aber in MATLAB ist der Sonntag der erste Tag der Woche). Des Weiteren ist festzulegen, wie die Monatslängen und Schalttage verarbeitet werden: die sogenannte Tageszählung.

Bezeichnungen, Tageszählung und Datumformate

Liste der Wochentage und Monate

L **Wochentags- und Monatsnummer**

Wochentagsnummer	Wochentag	Monatsnummer	Monat
1	Sun	1	Jan
2	Mon	2	Feb
3	Tue	3	Mar
4	Wed	4	Apr
5	Thu	5	May
6	Fri	6	Jun
7	Sat	7	Jul
		8	Aug
		9	Sep
		10	Oct
		11	Nov
		12	Dec

Basis der Tageszählung

L **Tageszählung im Kalender**

Basisnummer	Tage im Monat	Tage im Jahr	Bezeichnung
0	kalendergenau	kalendergenau	act/act
1	30	360	30/360
2	kalendergenau	360	act/360
3	kalendergenau	365	act/365

In vielen finanzmathematischen Funktionen mit Datumangaben wird die Basisnummer 0 als Standard (default) benutzt: kalendergenau heißt Berücksichtigung der Monatslängen und eventueller Schalttage.

In einigen m-Funktionen ist eine Marke für die sogenannte Monatsende-Regel enthalten: diese Regel wird dann angewendet, falls das Fälligkeitsdatum eines Papiers auf ein Monatsende eines Monats fällt, der 30 oder weniger Tage hat; diese Marke ist 0 zu setzen, wenn die Zahlung stets auf den gleichen Tag im Monat fallen soll; diese Marke ist 1 zu setzen, wenn die Zahlung stets auf den Monatsletzten fallen soll.

Datumfunktionen - Teil 1

Datumformate

L **Datumformat**

Auswahl Listennummer	Formatbeschreibung	
0	16-Jan-2002 16:20:32	Tag-Monat-Jahr Stunde:Minute:Sekunde
1	16-Jan-2002	Tag-Monat-Jahr
2	01/16/02	Monat/Tag/Jahr
3	Jan	Monat (3 Buchstaben)
5	1	Monatsnummer
7	16	Tagesnummer
8	Wed	Wochentag (3 Buchstaben)
10	2002	Jahr (4 Ziffern)
11	02	Jahr (2 Ziffern)
13	16:20:32	Stunde:Minute:Sekunde
15	16:20	Stunde:Minute
17	Q1-02	Quartal-Jahr
18	Q1	Quartal

MATLAB enthält neben der Möglichkeit der Angabe eines Kalenderdatums als String auch die Möglichkeit der Angabe einer Zahl im MATLAB-Datumsystem. Beginnend mit dem Tage von Christi Geburt (0) am 1. Januar des Jahres 1 werden alle Tage fortlaufend durchgezählt; so ist dann z.B. der 16. Januar 2002 (als String in MATLAB '16-jan-2002') gleichbedeutend mit 731232 (als Zahl). Zusätzlich kann die Uhrzeit hinzugefügt werden, also ist der 16. Januar 2002, 0 Uhr MEZ gleichbedeutend mit 731232.0; der 16. Januar 2002, 16:20:32 Uhr ist gleichbedeutend mit 731232.680926. Das MATLAB-Datumsystem ist nicht auf eine Weltzeit (z.B. UT - Universal Time) eingerichtet.

Bei der Eingabe eines Datum ist die in Deutschland gebräuchliche Schreibweise Tag (Zahl zweistellig, ggf. einstellig) - Monat (String 3 Buchstaben groß oder klein geschrieben) - Jahr (Zahl vierstellig oder zweistellig) - Listennummer 1 - zu empfehlen. Die Verwendung der Schreibweise Monat/Tag/Jahr sollte man nur dann verwenden, wenn irrtümliche Anwendungen ausschließbar sind.

Führende Nullen bei den Tages- oder Monatsnummern müssen bei Eingaben nicht berücksichtigt werden, werden aber in der Ausgabe angezeigt.

M **clock,date,now,today**

clock	[Jahr Monat Tag Stunde Minute Sekunde] - Vektor
date	'dd-mmm-yyyy' - String
now	t aktuelles Datum und Uhrzeit im MATLAB-Datumsystem: (Anzahl der Tage seit Christi Geburt inkl. Uhrzeit)
today	t aktuelles Datum im MATLAB-Datumsystem: (Anzahl der Tage seit Christi Geburt)

Die MATLAB-Funktion clock liefert einen 6-stelligen Zahlenvektor als Zeitangabe inkl. Uhrzeit, während date einen String als Datumangabe liefert. Andererseits liefert now eine Zahl im MATLAB-Datumsystem als Zeitangabe inkl. Uhrzeit, während today lediglich eine (ganze) Zahl im MATLAB-Datumsystem als Tagesnummer liefert.

 **clock,date,now,today**

clock = 2002.00 1.00 16.00 16.00 20.00 32.00
date =16-Jan-2002
now = $7.3123e+005$ im format short g (zu ungenau!)
now = 731232.68 im format bank
now = 731232.680925926 im format long g
today = 731232

Datumfunktionen - Teil 2

Die nachfolgenden MATLAB-Funktionen werden ergänzend genannt; sie sind in bestimmten Problemstellungen sehr nützlich.

M **day, month, year, weekday**

day	Tageszahl im Monat	$n =$ day(d)
month	Monatszahl	$[m, mmm] =$ month(d) m Zahl: Monatsnummer $(1, 2, \ldots, 12)$ mmm String: Kürzel des Monatsnamens
year	Jahreszahl	$y =$ year(d)
weekday	Wochentag	$[w, www] =$ weekday(d) w Zahl: Wochentagsnummer $(1, 2, \ldots, 7)$ www String: Kürzel des Wochentagsnamens 1=Sun,2=Mon,3=Tue,4=Wed,5=Thu,6=Fri,7=Sat

d Datum-Nummer oder Datum-String

M datevec, yeardays, yearfrac, eomdate eomday

datevec	Datumvektor	$[y, m, d, h, u, s]$ = datevec(d) y Jahreszahl, m Monatsnummer d Tagesnummer im Monat, h Stunde u Minute, s Sekunde (auf Hundertstel)
yeardays	Anzahl Tage im Jahr	n = yeardays(y) y Jahreszahl
yearfrac	Jahresanteil	ν = yearfrac(d_1, d_2[, b])
eomdate	letzter Tag im Monat	l = eomdate(y, m)
eomday	Anzahl Tage im Monat	n = eomday(y, m)

d, d_1, d_2 Datum-Nummer oder Datum-String, b Tageszählbasis

B day, month, year, weekday, datevec yeardays, yearfrac, eomdate, eomday

day('16-Jan-2002') = 16, day(731232) = 16
$[m, mmm]$ = month('16-Jan-2002') → $m = 1, mmm$ ='Jan'
year('16-Jan-2002 16:20:32') = 2002, year(731232.6809) = 2002
$[w, www]$ = weekday('16-Jan-2002') → $w = 4, www$ ='Wed'
$[y, m, d, h, u, s]$ = datevec('16-Jan-2002 16:20:32')
→ $y = 2002, m = 1, d = 16, h = 16, u = 20, s = 32$
yeardays(2002) = 365
yearfrac('16-Jan-2002','31-Dec-2002') = 0.9562
yearfrac('16-Jan-2002','31-Dec-2002', 1) = 0.9583
yearfrac('31-Dec-2002','16-Jan-2002') = −0.9562 bei rückläufigen Daten
eomdate(2002, 1) = 731247, eomday(2002, 1) = 31

B day, month, year, weekday, datevec yeardays, yearfrac, eomdate, eomday

t = datevec(now)
Ergebnis Zeilenvektor: t = 2003 4 24 10 54 18.4899978637695
und bedeutet: 24.04.2003, 10:54:18.49
a=yearfrac('01-Jan-2003 0:0:0',now)
Ergebnis Jahresanteil von Jahresanfang bis jetzt - wie oben angegeben:
a=0.477957207318523

M months, lweekday, nweekday

months Anzahl der vollen Monate zwischen zwei Daten
$m =$ months($d_1, d_2[, e]$)
d_1, d_2 Datum-Nummer oder Datum-String
e Monatsletzte-Marke

falls d_1, d_2 Monatsletzte sind und der Endmonat kürzer als der Anfangsmonat ist: $e = 1$ macht den letzten zum vollen Monat $\{1\}$, $e = 0$ sonst

lweekdate letzter vorgegebener Wochentag im Monat
$d =$ lweekdate($w, y, m[, g]$)
w Wochentag-Nummer oder Wochentag-String
y Jahr, m Monat
g Wochentag nach w im gleichen Monat: $\{0\}$

nweekdate n-tes Vorkommen eines gegebenen Wochentages im Monat
$d =$ nweekdate($n, w, y, m[, g]$)
n n-tes Vorkommen, $n = 1, 2, \ldots, 5$
w Wochentag-Nummer oder Wochentag-String
y Jahr, m Monat
g Wochentag nach w im gleichen Monat: $\{0\}$

Die m-Funktion months zählt Monatslängen und nicht volle Kalendermonate. Falls in der m-Funktion lweekdate noch im gleichen Monat ein bestimmter Wochentag g verlangt wird, kann der gesuchte Wochentag der vorletzte in diesem Monat sein; dies trifft analog für nweekdate zu. Falls in der m-Funktion nweekdate ein Wochentag nicht fünfmal vorkommt, erscheint 0 bzw. das fehlerhafte Datum 00-Jan-0000 (das ist das Startdatum im MATLAB-Datumsystem).

B months, lweekday, nweekday

$m =$ months('2-Jan-2002','6-Jul-2002'), $m = 6$
$m =$ months('1/2/2002','7/6/2002'), $m = 6$
$m =$ months(731218,731403), $m = 6$
Vorsicht bei Datumumkehr: $m =$ months(731403, 731218), $m = -6$
$m =$ months('31-Jan-2002','30-Apr-2002'), $m = 3$
$m =$ months('31-Jan-2002','30-Apr-2002',1), $m = 3$
$m =$ months('31-Jan-2002','30-Apr-2002',0), $m = 2$
$d =$ lweekdate(4, 2002, 9), $d = 731456$ letzter Mittwoch im September 2002
$d =$ datestr(lweekdate(4, 2002, 9)), d =25-Sep-2002
$d =$ datestr(lweekdate(4, 2002, 9, 1)), d =18-Sep-2002
$d =$ nweekdate(1, 4, 2002, 9), $d = 731463$ erster Mittwoch im September 2002
$d =$ datestr(nweekdate(1, 4, 2002, 9)), d =04-Sep-2002

Tagdifferenzen

Jahresanteile zwischen gegebenen Tagen in Abhängigkeit von der Tageszählbasis

L **Jahresanteile**

Bezeichnungen		$(t_1, m_1, j_1), (t_2, m_2, j_2)$ Start- bzw. Enddatum n_1, n_2 Anzahl der Tage im Start- bzw. Endjahr T_1, T_2 Start- bzw. Endtag in einem kalendergenauen Tagzählsystem (siehe m-Funktion daysact)
Basis 0	act/act	$t = \frac{B_{j_1+1} - t_1}{n_1} + j_2 - j_1 - 1 + \frac{t_2 - B_{j_2}}{n_2}$
Basis 1	30/360	$t = \frac{1}{360}\left[360(j_2 - j_1) + 30(m_2^* - m_1) + (t_2^* - t_1^*)\right]$ $t_1^* = t_1 + l(m_1) - 30,\ t_2^* = t_2 - 30\max(0, t_2 - 30)$ $m_2^* = m_2 + \max(0, t_2 - 30)$
Basis 2	act/360	$t = \frac{T_2 - T_1}{360}$
Basis 3	act/365	$t = \frac{T_2 - T_1}{365}$

M **daysdif**

Grundfunktion	$n =$ daysdif(t_1, t_2)
Vollfunktion	$n =$ daysdif$(t_1, t_2[, b])$
Ausgabe	n Anzahl der Tage zwischen zwei Tagesangaben
Eingabe	t_1, t_2 Datumabgaben im MATLAB-Datumsystem als String oder als Tagesnummer [$b = 0, 1, 2, 3$ Tageszählbasis {0}]

B **daysdif**

n =daysdif('2-Jan-2002','06-Jul-2002'), $n = 185$
n =daysdif('2-Jan-2002','06-Jul-2002',1), $n = 184$

M **daysact**

Grundfunktion	$n =$ daysact(t)
Vollfunktion	$n =$ daysact(t_1, t_2) daysact(t_1, t_2)=daysdif$(t_1, t_2, 0)$
Ausgabe	n Nummer des Tages im MATLAB-Datumsystem bzw. Tagdifferenz (in Analogie zu daysdif im Basisfall 0)
Eingabe	t, t_1, t_2 Datumangaben als String oder als Tagesnummer

B **daysact**

n =daysact('2-Jan-2002'), $n = 731218$
n =daysact('2-Jan-2002','06-Jul-2002'), $n = 185$
n =daysdif('2-Jan-2002','06-Jul-2002',0), $n = 185$

 **days360, days365**

days360(t_1, t_2)=daysdif($t_1, t_2, 1$)   days365(t_1, t_2)=daysdif($t_1, t_2, 3$)

Die m-Funktion days365 verwendet die Tageszählung in Nicht-Schaltjahren, aber ansonsten die korrekten Monatslängen (im Februar stets 28).

B **days360, days365**

n =days360('26-Feb-2002','02-Mar-2002'), $n = 6$
n =days360('26-Feb-2004','02-Mar-2004'), $n = 6$
n =days365('26-Feb-2002','02-Mar-2002'), $n = 4$
n =days365('26-Feb-2004','02-Mar-2004'), $n = 4$

Datumkonvertierung

Konvertierung eines Datum-String (ggf. inkl. Uhrzeit) in eine Datumnummer gemäß MATLAB-Datumsystem

 **datenum**

Funktion	t = datenum(s)
Ausgabe	t Datumnummer als Zahl
Eingabe	s Datumangabe als String im Datumformat 0,1 oder 2

B **datenum**

datenum('16-Jan-2002') = 731232
datenum('16-Jan-2002') = 731232
datenum('16-Jan-2002 16:20:32') = 7.3123e + 005 im format short
datenum('16-Jan-2002 16:20:32') = 731232.680925926 im format long g
datenum('01/16/2002') = 731232
datenum('01/16/02') = 731232
datenum('01/16/02 16:20:32') = 731232.680925926

Konvertierung einer Datumnummer (ggf. inkl. Uhrzeit) in einen Datum-String

M **datestr**

Funktion	s = datestr(t, D)
Ausgabe	s Datumangabe passend zur Datumnummer und zum gewünschten Datumformat - String
Eingabe	t Datumnummer: $t = 367$ für 01.01.0001, 00.00 Uhr UT (Universal Time)
	D Datumformat gemäß Listennummer 0 - 18 (siehe ▷▷ S.57)

Ein Datum-String ist in unterschiedlichen Formaten verwendbar, z.B. bei der Tagesangabe: '16-Jan-2002' oder '16-jan-2002' oder '1/16/2002'. Die nachfolgende Liste macht die Möglichkeiten zusammen mit Uhrzeiten, Wochentagen, Quartalen usw. deutlich.

Anmerkung: Die Eingabe eines Datums mit der in Deutschland üblichen Datumangabe 'dd.mm.yy' bzw. 'dd.mm.yyyy' führt zu einem Fehler und ist deshalb zu vermeiden. Hingegen wird MATLAB bei der Eingabe eines Datums mit einer Tagesnummer größer als 30 oder 31 bzw. kleiner als 1 nicht stutzig (z.B. '100-Apr-2000'); ein Fehler im Monatsnamen oder in der Monatsnummer wird jedoch angezeigt; also: Datumangaben sorgfältig verwenden!

B **datestr**

```
datestr(731232.68093, 0) =16-Jan-2002 16:20:32
datestr(731232.68093, 1) =16-Jan-2002
datestr(731232.68093, 2) =01/16/02
datestr(731232.68093, 3) =Jan
datestr(731232.68093, 4) =J
datestr(731232.68093, 5) =01
datestr(731232.68093, 6) =01/16
datestr(731232.68093, 7) =16
datestr(731232.68093, 8) =Wed
datestr(731232.68093, 10) =2002
datestr(731232.68093, 18) =Q1
datestr(731232, 0) =16-Jan-2002  00:00:00
```

Das Softwarepaket EXCEL arbeitet mit einem anderen Datum-System als MATLAB. Die nachfolgenden MATLAB-Funktionen erlauben die Umwandlung der jeweiligen Tagesnummern.

B **datestr**

now=731756.454380671
datestr(now)= 24-Jun-2003 10:54:18
datestr(now+1)= 25-Jun-2003 10:54:18
datestr(now+366)= 24-Jun-2004 10:54:18

Konvertierung einer MATLAB-Datumnummer in eine EXCEL-Datumnummer

M **m2xdate**

Grundfunktion	x = m2xdate(t)
Vollfunktion	x = m2xdate(t[, w])
Ausgabe	x Datumnummer in EXCEL
Eingabe	$t, t > 0$ Datumnummer in MATLAB
	[$w = 0$ EXCEL-Datumsystem: 1 $\Longleftrightarrow$ '31-Dec-1899 00:00:00'
	$w = 1$ EXCEL-Datumsystem: 1 $\Longleftrightarrow$ '2-Jan-1904 00:00:00', {0}]

B **m2xdate**

m2xdate(731232) = 37272 $\Longleftrightarrow$ '16-Jan-2002'
m2xdate(731232.68093) = 37272.68093 $\Longleftrightarrow$ '16-Jan-2002 16:20:32
m2xdate(731232, 1) = 35810
m2xdate(693961) = 1 $\Longleftrightarrow$ '31-Dec-1899' m2xdate(693960) = 0
m2xdate(500000) = −193960 $\Longleftrightarrow$ '13-Dec-1368'
m2xdate(datenum('16-Jan-2002 16:20:32')) = 37272.680925926

Konvertierung einer EXCEL-Datumnummer in eine MATLAB-Datumnummer

M **x2mdate**

Grundfunktion	t = x2mdate(x)
Vollfunktion	t = x2mdate(x[, w])
Ausgabe	t Datumnummer in MATLAB
Eingabe	$x, x > 0$ Datumnummer in EXCEL
	[$w = 0$ EXCEL-Datumsystem: 1 $\Longleftrightarrow$ 31-Dec-1899 00:00:00
	$w = 1$ EXCEL-Datumsystem: 1 $\Longleftrightarrow$ 02-Jan-1904 00:00:00, {0}]

x2mdate

x2mdate(37272) = 731232 $\Longleftrightarrow$ 16-Jan-2002
x2mdate(37272.68093) = 731232.68093 $\Longleftrightarrow$ 16-Jan-2002 16:20:32
x2mdate(35810, 1) = 731232
x2mdate(1) = 693960 $\Longleftrightarrow$ 31-Dec-1899
datestr(x2mdate(37272.68093)) = 16-Jan-2002 16:20:32

Geschäftsdatumfunktionen

Die in MATLAB enthaltenen Geschäftsdatumfunktionen basieren auf dem US-Geschäftskalender; die m-Funktion holidays enthält einen Datensatz von US-Feiertagen und Nicht-Handelstagen des New York Stock Exchange für die Jahre 1950 bis 2030, so dass bezüglich des US-Börsenhandels Geschäftstage und geschäftsfreie Tage auseinander gehalten werden können.

Eine analoge Verfahrensweise für Deutschland sollte mit Hilfe eines passenden Datensatzes (z.B. german_holidays) bereit gestellt werden:

- feste Feiertage: 1.1., 1.5., 3.10., 25.12., 26.12.
- bewegliche Feiertage: Karfeitag, Ostersonntag, Ostermontag, Himmelfahrt, Pfingstsonntag, Pfingstmontag.

Dieser Datensatz sollte außerdem eine Auswahlmöglichkeit für regionale Feiertage haben:

- feste Feiertage: 6.1., 15.8., 31.10.
- bewegliche Feiertage: Fronleichnam, Allerheiligen, Buß- und Bettag.

Die folgenden m-Funktionen sind vom US-Geschäftskalender abhängig und müssten also für die Verwendbarkeit in Deutschland (bzw. im EU-Bereich) modifiziert werden; sie enthalten die m-Funktion holidays für die US-Feiertage, die sehr leicht gegen eine andere (deutsche, deutsch-regionale oder eine EU-) m-Funktion ausgetauscht werden kann.

M

holidays, isbusday, busdate
fbusdate, lbusdate

holidays	listet die US-Feiertage bzw. Nicht-Handelstage des New York Stock Exchange auf
isbusday	prüft, ob ein Datum ein Geschäftstag ist
busdate	gibt den nächsten bzw. vorangegangenen Geschäftstag an
fbusdate	gibt den monatsersten Geschäftstag an
lbusdate	gibt den monatsletzten Geschäftstag an

B **holidays**

Angabe der US-Feiertage zwischen dem 4.4. und 31.12.2003
datestr(holidays('04-Apr-2003','31-Dec-2003'))=
18-Apr-2003
26-May-2003
04-Jul-2003
01-Sep-2003
27-Nov-2003
25-Dec-2003

Nochmals: Zweckmäßig ist hier der Ersatz der m-Funktion **holidays** durch eine passende Funktion **german_holidays** mit den bundesdeutschen Feiertagen.
Die folgenden m-Funktionen trennen lediglich die Wochentage Montag bis Freitag (Werktage) von Samstag und Sonntag; Feiertage bleiben unberücksichtigt:

M **datewrkdy, wrkdydif**

datewrkdy	gibt eine vorgegebene Anzahl der nächsten bzw. vorangegangenen Werktage an
wrkdydif	gibt die Anzahl der Werktage zwischen zwei Daten an, einschließlich Anfangs- und Enddatum

Beide Funktionen gestatten manuell den Abzug einer bestimmten Anzahl von Feiertagen.

B **busdate,fbusdate,...,datewrkdy, wrkdydif**

isbusday('16-Mar-2003')=0 (kein Geschäftstag - hier Sonntag)
isbusday('19-Mar-2003')=1 (Geschäftstag - hier Mittwoch)

datestr(busdate('16-Mar-2003'))=17-Mar-2003
datestr(fbusdate(2003,3))=03-Mar-2003
datestr(lbusdate(2003,3))=31-Mar-2003

datewrkdy('16-Mar-2003',15))=731675
datestr(datewrkdy('16-Mar-2003',15))=04-Apr-2003
datestr(datewrkdy('16-Mar-2003',-15))=24-Feb-2003
datestr(datewrkdy('16-Mar-2003',262))=04-Apr-2004
wrkdydif('16-Mar-2003','31-Dec-2003')=208
wrkdydif('16-Mar-2003','31-Dec-2002')=-54

M **datemnth**

Grundfunktion	t=datemnth(d, n)
Vollfunktion	t=datemnth($d, n[, m, b, em]$)
Ausgabe	t Datum des Tages, welcher einen Abstand von n Monaten vom Tag mit dem Datum d hat (Datumnummer)
Eingabe	d Ausgangsdatum (Datumstring oder Datumnummer) n Anzahl der Monate (vorwärts, oder rückwärts mit Minuszeichen) [m Marke: $m = 0$ t hat gleiche Tagesnummer wie d, {0} $m = 1$ t ist der Erste des betreffenden Monats $m = 2$ t ist der Letzte des betreffenden Monats b Tageszählbasis, {0}, ⊳⊳ S.56 em Monatsende-Regel, {0}, ⊳⊳ S.57]

Ausgangsdatum und Anzahl der Monate (sowie ebenso die weiteren Eingabegrößen) können auch als Spaltenvektoren vorgegeben werden; dann ist das Ergebnis ein Spaltenvektor.
Besonderheit: die gleiche Tagesnummer wird nur dann gewählt, wenn sie im betreffenden Monat existiert, ansonsten wird der Monatsletzte angegeben.

B **datemnth**

t=datemnth('23-Feb-2003',5)	t=731785
t=datestr(datemnth('23-Feb-2003',5))	t=23-Jul-2003
t=datestr(datemnth('31-Jan-2003',1))	t=28-Feb-2003
t=datestr(datemnth('31-Jan-2003',-4))	t=30-Sep-2002
t=datestr(datemnth('31-Jan-2003',120))	t=31-Jan-2013
t=datestr(datemnth('23-Feb-2003',5,1))	t=01-Jul-2003
t=datestr(datemnth('23-Feb-2003',5,2))	t=31-Jul-2003
t=datestr(datemnth(['23-Feb-2003';'24-May-2003'],5,2))	t=31-Jul-2003 31-Oct-2003
t=datestr(datemnth(['23-Feb-2003';'24-May-2003'],[5;9],2))	t=31-Jul-2003 29-Feb-2004

Abschreibungen

Lineare Abschreibung

Unter Abschreibung (Absetzung für Abnutzung - AfA) wird die Verteilung einer einmaligen Ausgabe (Anschaffungswert) für ein Betriebsmittel auf eine Anzahl von Perioden verstanden. Sie erfassen in der Kostenrechnung des Unternehmens den Wertverlust in den Abrechnungsperioden. Entscheidend für die Erfassung der Abschreibungsbeträge sind folgende Komponenten: Schätzung der Nutzungsdauer (Laufzeit, Lebensdauer), Schätzung des Restwertes nach Ablauf der Nutzungsdauer, Schätzung des Wiederbeschaffungswertes.

Lineare Abschreibung

Bei der linearen Abschreibung wird der abzuschreibende Betrag gleichmäßig auf die Perioden verteilt, in denen das Betriebsmittel benutzt wird.

depstln

Funktion	$a = \mathsf{depstln}(k_0, k_R, n)$
Ausgabe	a Abschreibungswert pro Periode
Eingabe	k_0 Anschaffungswert/-kapital
	k_R Restwert/-kapital nach Ablauf der Nutzungsdauer/Laufzeit
	n Laufzeit

depstln

Formel $a = \frac{k_0 - k_R}{n}$

depstln

$\mathsf{depstln}(10000, 0, 10) = 1000.00$
$\mathsf{depstln}(10000, 1000, 10) = 900.00$

Degressive Abschreibungen

Abschreibungen heißen **degressiv**, falls die Abschreibungsbeträge eine fallende Folge bilden; andernfalls heißen die Abschreibungen **progressiv**. Der Standardfall ist die degressive Abschreibung; nur diese wird mit den m-Funktionen depgendb, depfixdb und depsoyd unterstützt.

Geometrisch-degressive Abschreibung mit gegebener Abschreibungsrate

Bei der geometrisch-degressiven Abschreibung wird vom jeweiligen aktuellen Restwert ein gleichbleibender Prozentsatz (bzw. eine Abschreibungsrate) abgeschrieben. Der Restwert 0 wird damit nie erreicht, doch die unten gegebene Prozedur regelt dies durch eine geeignete Anpassung in der letzten Abschreibungsperiode. Die Abschreibungsbeträge bilden eine geometrische Folge (exponentiell fallend), ggf. abgesehen vom unterjährlichen Anfang und Ende sowie von der Restwertauffüllung am Ende.

M **depgendb**

Funktion $\boldsymbol{a}=$ depgendb(k_0, k_R, n, α)
Ausgabe $\boldsymbol{a}$ (Zeilen-)Vektor der Abschreibungsbeträge
Eingabe k_0 Anschaffungs-/Anfangswert
k_R Restwert am Ende der Laufzeit
n Laufzeit/Nutzungsdauer
α Abschreibungskennzahl pro Periode
(die Verwendung von α ist gewöhnungsbedürftig!)

 **depgendb**

Formel $i = \frac{\alpha}{n}$ Abschreibungsrate, $100i$ Abschreibungsprozentsatz
$\boldsymbol{a}= [a_1, a_2, \cdots, a_n]$
$a_1 = k_0 \cdot i$
$a_k = (1-i)^{k-1} \cdot a_1$ für $k = 2, 3, \ldots$
falls $a_1 + a_2 + \cdots + a_n > k_0 - k_R$, dann wird Gesamt-Abschreibungsbetrag $k_0 - k_R$ vor Ablauf der Laufzeit erreicht; in diesem Falle wird Index r gesucht, so dass $a_1 + \cdots + a_{r-1} \leq k_0 - k_R$ und $a_1 + \cdots + a_r > k_0 - k_R$. Dann wird gesetzt:
$a_r = (k_0 - k_R) - (a_1 + \cdots + a_{r-1})$ und $a_{r+1}, \ldots, a_n = 0$
falls $a_1 + a_2 + \cdots + a_n \leq k_0 - k_R$, dann schöpft die Summe der Abschreibungsbeträge den Gesamt-Abschreibungsbetrag nicht aus; in diesem Fall wird gesetzt: $a_n = (k_0 - k_R) - (a_1 + \cdots + a_{n-1})$

 **depgendb**

depgendb(10000, 1000, 10, 2)
=2000.00 1600.00 1280.00 1024.00 819.20 655.36 524.29 419.43
335.54 342.18
(der Abschreibungsprozentsatz beträgt hier 20%; der letzte Abschreibungsbetrag ist so eingerichtet, dass die Summe der Abschreibungsbeträge und der Restwert insgesamt den Anschaffungswert ergeben)

B **depgendb**

depgendb(10000, 0, 10, 2)
= 2000.00 1600.00 1280.00 1024.00 819.20 655.36 524.29 419.43
335.54 1342.18
(der letzte Abschreibungsbetrag enthält den Restwert)

depgendb(10000, 0, 10, 1)
= 1000.00 900.00 810.00 729.00 656.10 590.49 531.44 478.30 430.47 3874.20
(der letzte Abschreibungsbetrag enthält den Restwert)

depgendb(10000, 0, 20, 2)
= 1000.00 ... (wie oben) 430.47 387.42 348.68 313.81 282.43 254.19 228.77
205.89 185.30 166.77 150.09 1350.85
(die Abschreibungsrate ist durchgehend 10%, der letzte Abschreibungsbetrag ist der Restwert)

depgendb(10000, 2000, 5, 1)
= 2000.00 1600.00 1280.00 1024.00 2096.00
(die Abschreibungskennzahl ist so eingerichtet, dass sich auch hier der Abschreibungsprozentsatz 20% ergibt)

Während mit der m-Funktion depgendb eine geometrisch-degressive Abschreibung mit festlegbarer Abschreibungsrate nutzbar ist, erlaubt die folgende m-Funktion depfixdb eine geometrisch-degressive Abschreibung, bei der sich die Abschreibungsrate so einrichtet, dass in der vorgegebenen Laufzeit der vorgegebene Startbetrag auf den vorgegebenen Restwert abgeschrieben wird.

Geometrisch-degressive Abschreibung bei nicht vorgegebener Abschreibungsrate

M **depfixdb**

Grundfunktion	$a =$ depfixdb(k_0, k_R, n, s)
Vollfunktion	$a =$ depfixdb($k_0, k_R, n, s[, m]$)
Ausgabe	a Abschreibungsbeträge - Zeilenvektor a_1 ist der Abschreibungsbetrag im ersten Jahr (Grundfunktion) bzw. im angebrochenen ersten Jahr (Vollfunktion)
Eingabe	k_0 Anschaffungs-/Anfangswert k_R Restwert/-kapital am Ende der Laufzeit n Nutzungsdauer/Laufzeit (in Jahren) s Berechnungszeitraum ohne Beachtung der Laufzeit [m Anzahl der Monate im ersten Abschreibungsjahr, {12}]

F **depfixdb**

Grundformel
$$\boldsymbol{a} = [a_1, a_2, \cdots, a_n]$$
$$a_1 = k_0(1-v),\ v = \left(\frac{k_R}{k_0}\right)^{\frac{1}{n}}$$
$$a_k = a_1 v^{k-1} \text{ für } k = 2, 3, \ldots, n$$

Vollformel
$$\boldsymbol{a} = [a_1, a_2, \cdots, a_n]$$
$$a_1 = k_0(1-v)\frac{m}{12} \text{ (einfache Verzinsung)}$$
$$a_2 = (k_0 - a_1)(1-v),\ v = \left(\frac{k_R}{k_0}\right)^{\frac{1}{n}}$$
$$a_k = a_2 v^{k-2} \text{ für } k = 3, 4, \ldots, n$$

Bemerkung zu s: es gilt: $a_1 + a_2 + \cdots + a_n = k_0 - k_R$
angezeigt wird jedoch $a_1, a_2, \ldots, a_s$

$$a_s = \begin{cases} 0 & \text{für } \sum_{k=1}^{s-1} a_k \geq k_0 - k_R \\ \left(k_0 - \sum_{k=1}^{s-1} a_k\right) \cdot (1-v) \cdot \frac{12 - (m \bmod 12)}{12} & \text{sonst} \end{cases}$$

Die Abschreibungsrate wird nicht explizit angegeben, ergibt sich aber bei Verwendung der Grundfunktion aus $100 \cdot \frac{k_0 - a_1}{k_0}$, bzw. bei Verwendung der Vollfunktion, sofern die Nutzungsdauer dafür ausreicht, aus $100 \cdot \frac{a_2 - a_3}{a_2}$.

B **depfixdb**

depfixdb$(10000, 1000, 10, 10) =$ 2056.72 1633.71 1297.70 1030.80 818.79
650.39 516.62 410.37 325.97 258.93

depfixdb$(10000, 1000, 10, 10, 4) =$ 685.57 1915.71 1521.71 1208.73 960.13
762.66 605.80 481.21 382.24 202.41

(der letzte Abschreibungsbetrag bezieht sich auf 8 Restmonate in der 10-jährigen Laufzeit, wobei dort einfache Verzinsung gilt)

depfixdb$(10000, 1000, 10, 5) =$ 2056.72 1633.71 1297.70 1030.80 818.79

(die Abschreibungsbeträge werden nur für die ersten 5 Jahre angegeben)

depfixdb$(10000, 1000, 10, 15) =$ 2056.72 1633.71 $\cdots$ 258.93 205.67 163.37
129.77 103.08 0

(die Abschreibungsbeträge werden für 15 Jahre angegeben; dabei wird der angegebene Restwert nach 10 Jahren erreicht)

B **depfixdb**

Abschreibungsplan bei geometrisch-degressiver Abschreibung mit Angabe der Restwerte

Abschreibungsbeträge: $a =$ depfixdb(10000,1000,10,10)

Restwerte am Ende jedes Jahres: $r = 10000$ - cumsum(a)

Jahresnummern: $n = (1992 : 2001)'$ (als Spaltenvektor)

Ausgabe: $n \quad a \quad r$ (ohne Überschriften)

Jahr	Abschreibungsbetrag	Restwert
1992.00	2056.72	7943.28
1993.00	1633.71	6309.57
1994.00	1297.70	5011.87
1995.00	1030.80	3981.07
1996.00	818.79	3162.28
1997.00	650.39	2511.89
1998.00	516.62	1995.26
1999.00	410.37	1584.89
2000.00	325.97	1258.93
2001.00	258.93	1000.00

Abschreibungsrate: $\frac{a_1}{k_0} = 20.57\%$

Für den Abschreibungsplan wurde das Format format bank gewählt. Aus diesem Grund sind auch die Jahresnummern mit 2 Dezimalstellen behaftet. Auf spezielle Formatierungsbefehle soll hier verzichtet werden.

Arithmetisch-degressive Abschreibung - Abschreibungsplan

Bei der arithmetisch-degressiven Abschreibung fallen die Abschreibungsbeträge wie eine linear fallende arithmetische Folge.

L **Arithmetisch-degressive Abschreibung**

Laufzeit	n
Anschaffungswert, Restwerte	$k_0, k_i, i = 1 \dots n$
Endrestwert (Schrottwert)	$k_n = k_R$
Abschreibungsbeträge	$a_i = a_1 - (i-1)d, \quad i = 1 \dots n, \quad 0 < d < \frac{a_1}{n-1}$
	Forderung an $a_1 : a_1 > \frac{k_0 - k_R}{n}$
Restwerte	$k_i = k_0 - na_1 - \frac{n(n-1)d}{2}$

Spezialfall der arithmetisch-degressiven Abschreibung: digitale Abschreibung. In diesem Falle ist $d = \frac{a_1}{n}$.

M **depsoyd**

Funktion $\boldsymbol{a}=$ depsoyd(k_0, k_R, n)
Ausgabe $\boldsymbol{a}=[a_1, a_2, \ldots, a_n]$ Abschreibungsbeträge
Eingabe k_0 Anschaffungs-/Anfangswert
k_R Restwert nach Ablauf der Laufzeit
n Laufzeit/Nutzungsdauer

F **depsoyd**

Formel $a_i = (n-i+1)\frac{k_0 - k_R}{\binom{n+1}{2}}, \quad i = 1 \ldots n$ $\quad \sum_{i=1}^{n} a_i = k_0 - k_R$

B **depsoyd**

depsoyd$(10000, 1000, 10) =$ 1636.36 1472.73 1309.09 1145.45 981.82
818.18 654.55 490.91 327.27 163.64

depsoyd$(10000, 0, 8) =$ 2222.22 1944.44 1666.67 1388.89 1111.11 833.33
555.56 277.78

B **depsoyd**

Abschreibungsplan bei arithmetisch-degressiver Abschreibung mit Angabe der Restwerte:
Abschreibungsbeträge: $a =$ depsoyd(10000,1000,10)' als Spaltenvektor
Restwerte am Ende des Jahres: $r = 10000 -$ cumsum(a) als Spaltenvektor
Jahresnummern: $n = (1:10)'$

Jahr	Abschreibungsbetrag	Restwert
1.00	1636.36	8363.64
2.00	1472.73	6890.91
3.00	1309.09	5581.82
4.00	1145.45	4436.36
5.00	981.82	3454.55
6.00	818.18	2636.36
7.00	654.55	1981.82
8.00	490.91	1490.91
9.00	327.27	1163.64
10.00	163.64	1000.00

Verbleibender Rest-Abschreibungsbetrag

M **deprdv**

Funktion	$b = \text{deprdv}(k_0, k_R, S)$
Ausgabe	b verbleibender Rest-Abschreibungsbetrag nach Abzug bisheriger Abschreibungsbeträge
Eingabe	k_0 Anschaffungs-/Anfangswert
	k_R Restwert nach Ablauf der Laufzeit/Nutzungsdauer
	S Summe bisheriger Abschreibungsbeträge

F **deprdv**

Formel $b = k_0 - k_R - S$

ggf. über andere Abschreibungsfunktionen berechnen:

$S = a_1 + a_2 + \cdots + a_r$

Progressive Abschreibungen

Arithmetisch-progressive Abschreibung

L **Arithmetisch-progressive Abschreibung**

k_0, k_R	Anschaffungswert, End-Restwert (Schrottwert)
n	Laufzeit der Abschreibung
$a_i = a_1 + (i-1)d, \ i = 1 \ldots n$	Abschreibungsbeträge (steigen linear)
$a_1 = \frac{k_0 - k_R}{n} - \frac{n-1}{2}d$	1. Abschreibungsbetrag
	d frei wählbar, aber so, dass $a_1 > 0$

Die MATLAB Toolbox Finance beinhaltet keine m-Funktion für die arithmetisch-progressive Abschreibung.

B **Arithmetisch-progressive Abschreibung**

in MATLAB: Konstruktion einer passenden Funktion

```
function a = arithprogr(k0, kR, n, d)
a(1) = (k0 - kR)/n - (n - 1)/2 * d;
if a(1) > 0
        for k = 2 : n   a(k) = a(k - 1) + d   end
else
        disp('d falsch gewählt!')
end
```

Zins und Zinseszins

In diesem Kapitel werden zur Einübung in MATLAB und zur Darstellung einfacher finanzmathematischer Problemstellungen kleine Programme aufgestellt. In den nachfolgenden Kapiteln werden im wesentlichen nur die verfügbaren MATLAB-Funktionen aus der Financial Toolbox (ohne Programme aufzustellen) besprochen.

Zinsrechnung

Zins ist der Preis/die Gebühr für zeitweilig überlassene Vermögenswerte/Geld/Kapitalien. **Zinsen** bedeutet mehrmaliges/periodisches Zahlen des Zinses. Die Finanzmathematik beschäftigt sich mit den Varianten der Zinsberechnung und der damit verbundenen Bewegung von Kapitalien.

Begriffe der Zinsrechnung

L **Zins**

K_0	Barwert des Kapitals/Anfangskapital/Grundwert des Kapitals
$K_n, K_t, K(t)$	Kapitalwert zum Zeitpunkt n bzw. t, ggf. Endwert des Kapitals
T	Zinsperiode (Standard: 1 Jahr)
p	Zinssatz, Zins für 100 Geldeinheiten in einer Zinsperiode (Zusatz p.a., falls Zinsperiode 1 Jahr)
i	Zinsrate: $i = \frac{p}{100}$
Laufzeit der Überlassung	Datumangaben bzw. Länge eines Zeitintervalls, gemessen in Zinsperioden
unterjährliche Verzinsung	Zinsperiode ist Teil eines Jahres (üblich: Halbjahr, Quartal, 2 Monate, Monat)
nachschüssige Verzinsung	Verzinsung am Ende der Zinsperiode
vorschüssige Verzinsung	Verzinsung zu Beginn der Zinsperiode
Diskont	Zins vom Endwert (entsprechender Zinssatz: Diskontsatz)

Gelegentlich wird statt Zinssatz der Begriff Zinsfuß verwendet. Die Verzinsung wird als Prozess in vorwärtiger Zeitrichtung, die Diskontierung in rückwärtiger Zeitrechnung verstanden.

Einfacher Zins

Bei einfacher Verzinsung mit Laufzeiten über mehrere Zinsperioden werden die Zinserträge nicht dem Kapital hinzugeschlagen. Damit entsteht ein lineares Problem.

L **einfacher Zins**

n	Laufzeit in Zinsperioden (Standard Zinsperiode: Jahr)
K_0, K_n	Barwert und Endwert des Kapitals
p	Zinssatz pro Zinsperiode (Standard: p.a. - per annum)
i	Zinsrate pro Zinsperiode: $i = \frac{p}{100}$

Vier Grundaufgaben - nachschüssige Verzinsung:

(1) $K_n = K_0 \cdot (1 + in)$	K_n gesucht, K_0, n, i gegeben
(2) $K_0 = \frac{K_n}{1 + in}$	K_0 gesucht, K_n, n, i gegeben
(3) $i = \frac{\frac{K_n}{K_0} - 1}{n}$	i bzw. p gesucht, K_0, K_n, n gegeben
(4) $n = \frac{\frac{K_n}{K_0} - 1}{i}$	n gesucht, K_0, K_n, p gegeben

Vier Grundaufgaben - vorschüssige Verzinsung:

(1) $K_n = \frac{K_0}{1 - in}$	K_n gesucht, K_0, n, i gegeben
(2) $K_0 = K_n \cdot (1 - in)$	K_0 gesucht, K_n, n, i gegeben
(3) $i = \frac{1 - \frac{K_0}{K_n}}{n}$	i bzw. p gesucht, K_0, K_n, n gegeben
(4) $n = \frac{1 - \frac{K_0}{K_n}}{i}$	n gesucht, K_0, K_n, p gegeben

Die vier Grundaufgaben mit der vorschüssigen Verzinsung entsprechen dem Problem der Diskontierung eines Kapitals. Die einfache Verzinsung findet vor allem bei Laufzeiten, die innerhalb einer Zinsperiode liegen, Verwendung (unterjährliche Laufzeiten - Stückzinsen). In diesem Falle ist es wichtig, wie die unterschiedlichen Monatslängen eines Jahres bzw. Schalttage berücksichtigt werden (Datumfunktionen ▷▷ S.56).

L **einfacher Zins**

t	Laufzeit, gemessen als Anteil einer Zinsperiode
K_0, K_t	Barwert und Endwert des Kapitals
p	Zinssatz pro Zinsperiode (Standard: p.a. - per annum)
i	Zinsrate pro Zinsperiode: $i = \frac{p}{100}$
Formel	$K_t = K_0 \cdot (1 + it)$
spezielle Form	$K_t = K_0 \cdot \left(1 + i\frac{m}{360}\right)$ bzw. $K_0 \cdot \left(1 + \frac{p}{100}\frac{m}{n}\right)$
	m Anzahl der Tage und n Tage im Jahr gem. Tageszählbasis

Zinseszins

Bei der Verzinsung mit dem Zinseszins werden anfallende Zinsen dem Kapital hinzugeschlagen. Damit entsteht ein exponentielles/geometrisches Problem.

L

Zinseszins

n	Laufzeit in Zinsperioden (Standard Zinsperiode: Jahr)
K_0, K_n	Barwert und Endwert des Kapitals
p	Zinssatz pro Zinsperiode (Standard: p.a. - per annum)
$i = \frac{p}{100}$	Zinsrate
$q = 1 + \frac{p}{100}$, $v = \frac{1}{q}$	Aufzinsungsfaktor, Abzinsungsfaktor
$d = 1 - v$	Diskontrate
$100 \cdot d$	Diskontsatz

Vier Grundaufgaben - nachschüssige Verzinsung:

(1) $K_n = K_0 \cdot (1+i)^n$	K_n gesucht, K_0, n, p gegeben
(2) $K_0 = \dfrac{K_n}{(1+i)^n}$	K_0 gesucht, K_n, n, p gegeben
(3) $i = \sqrt[n]{\dfrac{K_n}{K_0}}$ $p = 100 \cdot i$	p gesucht, K_0, K_n, n gegeben
(4) $n = \dfrac{\ln\left(\dfrac{K_n}{K_0}\right)}{\ln(1+i)}$	n gesucht, K_0, K_n, p gegeben

Vier Grundaufgaben - vorschüssige Verzinsung:

(1) $K_n = \dfrac{K_0}{(1-d)^n}$	K_n gesucht, K_0, n, p gegeben
(2) $K_0 = K_n \cdot (1-d)^n$	K_0 gesucht, K_n, n, p gegeben
(3) $d = 1 - \sqrt[n]{\dfrac{K_0}{K_n}}$ $p = 100 \cdot i$	p gesucht, K_0, K_n, n gegeben
(4) $n = \dfrac{\ln\left(\dfrac{K_0}{K_n}\right)}{\ln(1-d)}$	n gesucht, K_0, K_n, p gegeben

M

n	Laufzeit in Zinsperioden (Standard: Jahr)
$K0, Kn$	Barwert und Endwert des Kapitals
p	Zinssatz pro Zinsperiode (Standard: p.a. - per annum)
$q = 1 + p/100$	Aufzinsungsfaktor

Vier Grundaufgaben - nachschüssig:

(1) $Kn = K0 * (q \wedge n)$	Kn gesucht, $K0, n, p$ gegeben
(2) $K0 = Kn/(q \wedge n)$	$K0$ gesucht, Kn, n, p gegeben
(3) $p = \big((Kn/K0) \wedge (1/n) - 1\big) * 100$	p gesucht, $K0, Kn, n$ gegeben
(4) $n = \big(\log(Kn) - \log(K0)\big)/\log(q)$	n gesucht, $K0, Kn, p$ gegeben

Beispiel 1:
Ein Geldbetrag von € 2500 wird 5 Jahre quartalsweise mit 1% verzinst.
Wie hoch ist der Endbetrag?
$K0 = 2500$, $n = 20$, $p = 1 \rightarrow q = 1.01$ $\quad Kn = 2500 * (1.01 \wedge 20) = 3050.48$

Beispiel 2:
Welcher Geldbetrag muss angelegt werden, damit in 10 Jahren bei einer Verzinsung von 5% p.a. ein Betrag von € 30000,00 entsteht?
$Kn = 30000$, $n = 10$, $p = 5 \rightarrow q = 1.05$ $\quad K0 = 30000/(1.05 \wedge 10) = 18417.40$

Beispiel 3:
Eine Bank verspricht, ein angelegtes Kapital in 15 Jahren zu verdoppeln.
Welchem Zinssatz p.a. entspricht das?
$Kn/K0 = 2$, $n = 15$ $\quad q = 2 \wedge (1/15) = 1.0473, p = 100 * (q - 1) = 4.73$

Beispiel 4:
Welche Laufzeit (in Jahren) ist erforderlich, damit ein Kapital von € 80000 bei einer Verzinsung von 6% p.a. auf € 150000 wächst?
$K0 = 80000$, $Kn = 150000$, $p = 6 \rightarrow q = 1.06$
$n = (\log(Kn) - \log(K0))/\log(q) = 10.79$

Beispiel zum Zinssatz bei Diskontierung:
Bei der Entgegennahme eines Darlehens von € 50000, Laufzeit 1 Jahr, werden € 2800 als Gebühr einbehalten und nur € 47200 ausgezahlt. Dies ist eine vorschüssige Zinsleistung (ein Diskont). Welchem Zinssatz p.a. entspricht das?
$K0 = 47200$, $\quad Kn = 50000$, $\quad p = (Kn/K0 - 1) * 100$
$p = (50000/47200 - 1) * 100 = 5.93$

Unterjährliche Verzinsung

Erfolgt der Zinszuschlag zum Kapital mehrfach und äquidistant innerhalb einer Zinsperiode, dann heißt diese Verzinsung unterjährlich. Dabei entsteht der Effekt, dass die wahre (genannt: effektive) Zinsrate pro Zinsperiode größer ist als die angegebene (genannt: nominelle) Zinsrate pro Zinsperiode.

unterjährliche Verzinsung

i	(nominelle) Zinsrate p.a.
m	Anzahl der Jahresteile (üblich: 1,2,4,6,12)
$i_m = \frac{i}{m}$	relative unterjährliche Zinsrate
$i_{eff} = (1 + i_m)^m - 1$	effektive Zinsrate p.a.
$p_{eff} = 100 \cdot i_{eff}$	Effektivzinssatz, Rendite p.a.
$\widehat{i_m} = \sqrt[m]{1+i} - 1$	äquivalente unterjährliche Zinsrate
Grenzfall $m \to \infty$	stetige Verzinsung (für stetige Modelle der Finanzmathematik) hier benutzen: $\lim\limits_{m\to\infty}(1+\frac{i}{m})^m = e^i$

Stetige Verzinsung

stetige Verzinsung

i, t	Zinsrate p.a., (stetige) Laufzeit
$K_t = K_0 e^{it}$	Endwert bei stetiger Verzinsung
$\delta = \ln(1+i)$, $i = e^\delta - 1$	Zinsintensität

Bei der stetigen Verzinsung tritt die Tageszählbasis in den Hintergrund; trotzdem bleibt wichtig, auf welcher Grundlage die Zeit t als Jahresanteil ermittelt wird. Die stetige Verzinsung ist Voraussetzung für stetige stochastische Prozesse und ist damit Basis vieler moderner Finanzinstrumente.

B

Welche effektiven Jahreszinssätze ergeben sich aus einem Nominalzinssatz von 6% p.a. bei Unterteilung in Halbjahre, Quartale, Doppelmonate, Monate sowie bei stetiger Verzinsung?

Eingabe: $pnom = 6$, $m = [1\ \ 2\ \ 4\ \ 6\ \ 12]$

in MATLAB: $peff = ((1 + pnom./m/100).\wedge m - 1) * 100$

$peff(\mathsf{length}(m) + 1) = (\mathsf{exp}(pnom/100) - 1) * 100$

Ergebnis: $peff =$ 6.0000 6.0900 6.1364 6.1520 6.1678 6.1837

Gemischte Verzinsung

Bei der gemischten Verzinsung erfolgt die Verzinsung über volle Zinsperioden gemäß geometrischer (exponentieller) Verzinsung - Zinseszinsformel; in den anteiligen Perioden zu Beginn und am Ende erfolgt einfache (lineare) Verzinsung.

L **gemischte Verzinsung**

$K0, KE$	Barwert und Endwert des Kapitals
$t0, tE$	Kalenderdaten für Beginn und Ende der Laufzeit
$t1, t2$	Kalenderdaten für Jahresende des ersten angebrochenen Jahresanteils und für Jahresende des letzten vollen Jahres
n	Anzahl der vollen Jahre
p	Zinssatz p.a.

$n = \mathsf{year}\,(tE) - \mathsf{year}\,(t0) - 1$

$KE = K0*(1+\mathsf{yearfrac}(t0, t1)*p/100)*(1+p/100) \wedge n$
$*(1+\mathsf{yearfrac}(t2, tE)*p/100)$

$\mathsf{function}\ tn = \mathsf{yearend}(y)$ %(y Jahreszahl zwischen 1900 und 2099)
$N = 694326;\quad Y = 1900;\quad d = y - Y;\quad D = \mathsf{floor}\,(d * 365.25);$
$tn = N + D;$

Die als String eingegebenen Kalenderdaten werden mit der MATLAB-Funktion datenum in Tagesnummern umgewandelt und weiter verarbeitet. Zur Ermittlung der Tagesnummer des letzten Kalendertages eines Jahres wird die (private) m-Funktion yearend eingeführt.

B

Beispiel 1:
Ein Kapital von € 8000 wird am 10.08.2002 angelegt und jeweils an den Jahresenden und am Ende der Laufzeit mit $p = 5\%$ verzinst. Welcher Betrag ist am 15.11.2007 entstanden?
Eingaben:
$t0$= '10-Aug-2002'; $t1$= '31-Dec-2002'; $t2$= '31-Dec-2006';
tE= '15-Nov-2007'; $n = 4$; $p = 5$; $K0 = 8000$
Ergebnis mit format bank :
$KE = 8000*(1+\mathsf{yearfrac}(t0, t1)*p/100)*(1+p/100) \wedge n$
$*(1+\mathsf{yearfrac}(t2, tE)*p/100)$
$KE = 10347.79$

B

Beispiel 2:
Ein Kapital von € 8000,00 wird am 10.08.2002 mit einer Verzinsung von 5% p.a. angelegt; die Laufzeit soll beim Erreichen von € 10000,00 beendet sein. An welchem Tag ist das?
Eingaben:
tA= '10-Aug-2002'; *t*1= '31-Dec-2002'; $p = 5$; $K0 = 8000$; $KE = 10000$
Ergebnis: 04-Mar-2007

MATLAB-Programm:

```
T1 = yearend (year (tA));   t1 = datestr (T1);   K = [];
N = ceil ((log (KE) − log (K0))/log (1 + p/100)) + 2;
for n = 0 : N
      k = K0 * (1 + yearfrac (t0, t1) * p/100) * (1 + p/100) ∧ n;
      K = [K; k];   end
n = 1;
while K(n) < KE      n = n + 1;      end
M = n−1;   f = (KE − K(M))/(K(M+1) − K(M));   F = ceil (f * 365.25);
T2 = T1 + floor ((M − 1) * 365.25);   TE = T2 + F;
tE = datestr (TE)
```

B

Beispiel 3:
Ein Kapital von € 8000,00 wird am 10.08.2002 angelegt und am 03.03.2008 mit € 10000,00 ausgezahlt. Welcher Zinssatz (in % p.a.) liegt bei gemischter Verzinsung vor?
Eingaben:
*t*0= '10-Aug-2002'; *tE*= '03-Mar-2008'; $K0 = 8000$; $KE = 10000$
Ergebnis: 4.0860

MATLAB-Programm:

```
t1 = datestr (yearend (year (t0)));   tV = datestr (yearend (year (tE) − 1));
n = year (tE) − year (t0) − 1;   f0 = yearfrac (t0, t1);   fE = yearfrac (tV, tE);
t = n + f0 + fE;      a = 0;   b = 20;
for m = 1 : 50           % Bisektionsverfahren
      c = (a + b)/2;
      za = K0 * (1 + a/100 * f0) * (1 + a/100) ∧ n * (1 + a/100 * fE) − KE;
      zb = K0 * (1 + b/100 * f0) * (1 + b/100) ∧ n * (1 + b/100 * fE) − KE;
      zc = K0 * (1 + c/100 * f0) * (1 + c/100) ∧ n * (1 + c/100 * fE) − KE;
      if za * zc < 0   b = c;
      elseif zb * zc < 0   a = c;   end
p = c
```

Grundlage der geometrischen Verzinsung ist die stetige Verzinsung: die beim Zinseszins entstehende geometrische Folge der Kapitalwerte geht über in eine Exponentialfunktion. Dies kann auch bei der gemischten Verzinsung verwendet werden: Zur näherungsweisen Berechnung des Zinssatzes besteht die Möglichkeit, die Jahresanteile zu Beginn und am Ende der Laufzeit mit Hilfe der geometrischen (exponentiellen) Verzinsung anzubinden. Die Laufzeitlänge in Jahren berechnet MATLAB aus Laufzeitbeginn und Laufzeitende mittels yearfrac.

L

geometrische Verzinsung

$K_t = K_0 e^{\delta t}$ — geometrische Verzinsung (Formel für stetige Verzinsung)

$\delta = \ln(1+i),\ i = e^{\delta} - 1$ — Zinsintensität und Zinsrate

K_0, K_E — Barwert und Endwert des Kapitals
t_0, t_E — Kalenderdaten für Beginn und Ende der Laufzeit
p, δ — Zinssatz bzw. Zinsintensität p.a.

D Tagesdifferenz (Laufzeitlänge in Tagen) zwischen t_0 und t_E
b mittlere Anzahl der Tage pro Jahr (365.25)
$t = D/b;\quad \delta = (\ln(K_E) - \ln(K_0))/t;$
$p = 100 \cdot (e^{\delta} - 1)$

B

Beispiel 1:
Ein Kapital von € 8000,00 wird am 10.08.2002 angelegt und am 03.03.2008 mit € 10000,00 ausgezahlt. Welcher Zinssatz (in % p.a.) liegt bei geometrischer Verzinsung vor?
Eingaben:
t0= '10-Aug-2002'; *tE*= '03-Mar-2008'; $K0 = 8000$; $KE = 10000$;
MATLAB-Schritte:
$t = \mathsf{yearfrac}\,(t0, tE)$; $\quad delta = (\mathsf{log}\,(KE) - \mathsf{log}\,(K0))/t$;
$p = 100 * (\mathsf{exp}\,(delta) - 1)$; $\quad p = 4.0897$

Beispiel 2:
Ein Kapital von € 8.000,00 wird am 10.08.2002 mit einem Zinssatz von 4% p.a. bei geometrischer Verzinsung angelegt. An welchem Tag ist das Kapital auf € 10.000,00 angewachsen?
Eingaben: *t0*= '10-Aug-2002'; $K0 = 8000$; $KE = 10000$; $p = 4$;
MATLAB-Schritte:
$t = \mathsf{log}(KE/K0)/\mathsf{log}(1 + p/100)$; $\quad t = 5.6894$
tt=yearfrac('10-Aug-2002','18-Apr-2008'); tt=5.6885 ⟶ 18-Apr-2008

Cash Flows

Unter einem Cash Flow versteht man eine Zahlungsserie: ausgehend von einem Sockelwert werden zu bestimmten Zeitpunkten Ein- und Auszahlungen (Zu- und Abgänge) getätigt, die sich abhängig von Zeitintervallen durch Zinsbeträge verändern. Grundlage eines Cash Flow ist das Äquivalenzprinzip der Finanzmathematik.

L

Äquivalenzprinzip

Zwei Zahlungsströme (Cash Flows) $A_{t_1}, \ldots, A_{t_n}$ und $B_{u_1}, \ldots, B_{u_m}$ heißen äquivalent, bezogen auf eine Zinsintensität δ oder eine Zinsrate i, wenn gilt

$$\sum_{i=1}^{n} A_{t_i} \mathrm{e}^{-\delta t_i} = \sum_{j=1}^{m} B_{u_j} \mathrm{e}^{-\delta u_j} \quad \text{oder} \quad \sum_{i=1}^{n} A_{t_i} (1+i)^{-t_i} = \sum_{j=1}^{m} B_{u_j} (1+i)^{-u_j}$$

L

Cash Flow

Begriffe: $[0, T]$ Zeitabschnitt, gemessen mit der Einheit Zinsperiode

$A_{t_1}, A_{t_2}, \ldots, A_{t_n}$ Einzahlungen (Zugänge)
zu den Zeitpunkten $0 \leq t_1 < t_2 < \cdots < t_n \leq T$

$B_{u_1}, B_{u_2}, \ldots, B_{u_m}$ Auszahlungen (Abgänge)
zu den Zeitpunkten $0 \leq u_1 < u_2 < \cdots < u_m \leq T$

p Zinssatz, konstant im gesamten Zeitabschnitt,
bzw. Aufzinsungsfaktor q oder Abzinsungsfaktor $v = \frac{1}{q}$,
bezogen auf eine vereinbarte Zinsperiode, in der Regel 1 Jahr

Kenngrößen: **Barwert** B: Gesamtbetrag aller Ein- und Auszahlungen, abgezinst auf den Startpunkt (Zeitpunkt 0)

Endwert E: Gesamtbetrag aller Ein- und Auszahlungen, aufgezinst auf den Zeitpunkt T

Formel:

$$B = \left[A_{t_1} w(t_1) + \cdots + A_{t_n} w(t_n)\right] - \left[B_{u_1} w(u_1) + \cdots + B_{u_m} w(u_m)\right] = \sum_{k=1}^{n} A_{t_k} w(t_k) - \sum_{l=1}^{m} B_{u_l} w(u_l),$$

wobei die Faktoren $w(t)$ durch den Verzinsungsmodus festgelegt sind, also z.B. $w(t) = v^t$

$$E = \left[A_{t_1} w^*(t_1) + \cdots + A_{t_n} w^*(t_n)\right] - \left[B_{u_1} w^*(u_1) + \cdots + B_{u_m} w^*(u_m)\right] = \sum_{k=1}^{n} A_{t_k} w^*(t_k) - \sum_{l=1}^{m} B_{u_l} w^*(u_l),$$

wobei die Faktoren $w^*(t)$ durch den Verzinsungsmodus festgelegt sind, also z.B. $w^*(t) = q^{T-t}$
(an dieser Stelle sind Feinheiten zu beachten, etwa jährliche Verzinsung, unterjährliche Verzinsung, stetige Verzinsung usw.)

Die obige Tafel enthält nur die zeitdiskrete Version, d.h. Ein- und Auszahlungen erfolgen nur zu diskreten (hier endlich vielen) Zeitpunkten. Der Unterschied zwischen Einzahlungen und Auszahlungen ist verzichtbar: es reichen Zahlungen unter Beachtung des Vorzeichens. Die zeitstetige Version enthält anstelle von Summen von Ein- und Auszahlungen Integrale; auf diesen Fall wird hier nicht eingegangen, siehe dazu die angegebene Literatur.

Skizze der Zahlungsfolge eines Cash Flow: Barwert-Version

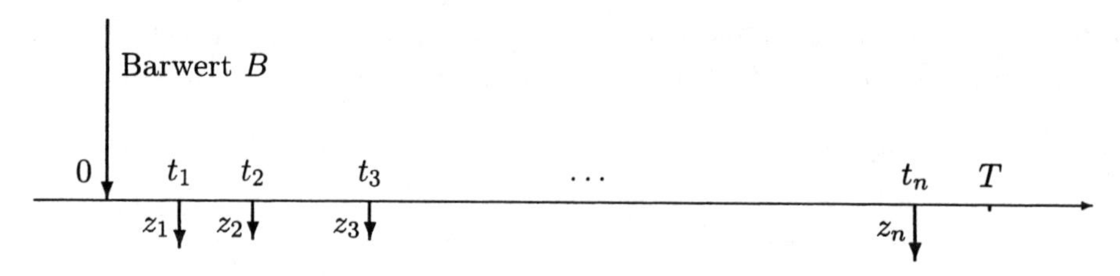

Skizze der Zahlungsfolge eines Cash Flow: Endwert-Version

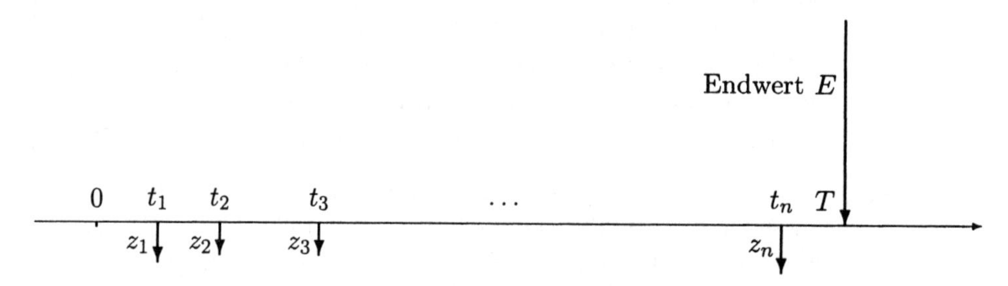

Skizze der Zahlungsfolge eines Cash Flow: beliebiger Zeitpunkt T^*

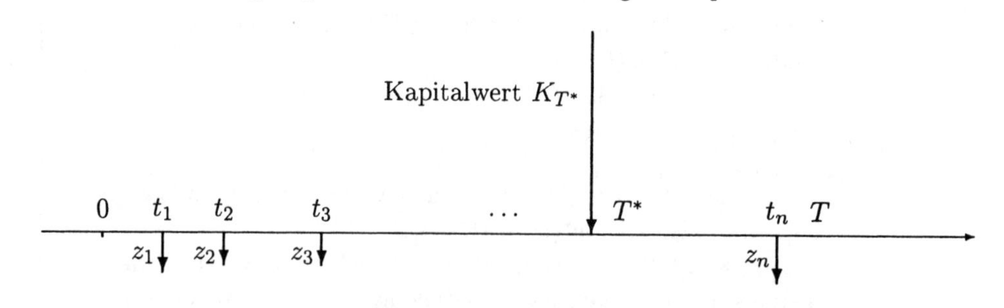

Rentenrechnung

Eine Rente ist eine Folge von Zahlungen in äquidistanten Zeitabständen, also ein Spezialfall eines Cash Flow. Im klassischen Fall sind die Rentenzahlungen konstant. Nachfolgend der "klassische" Formelapparat.

Kenngrößen nachschüssiger und vorschüssiger Renten

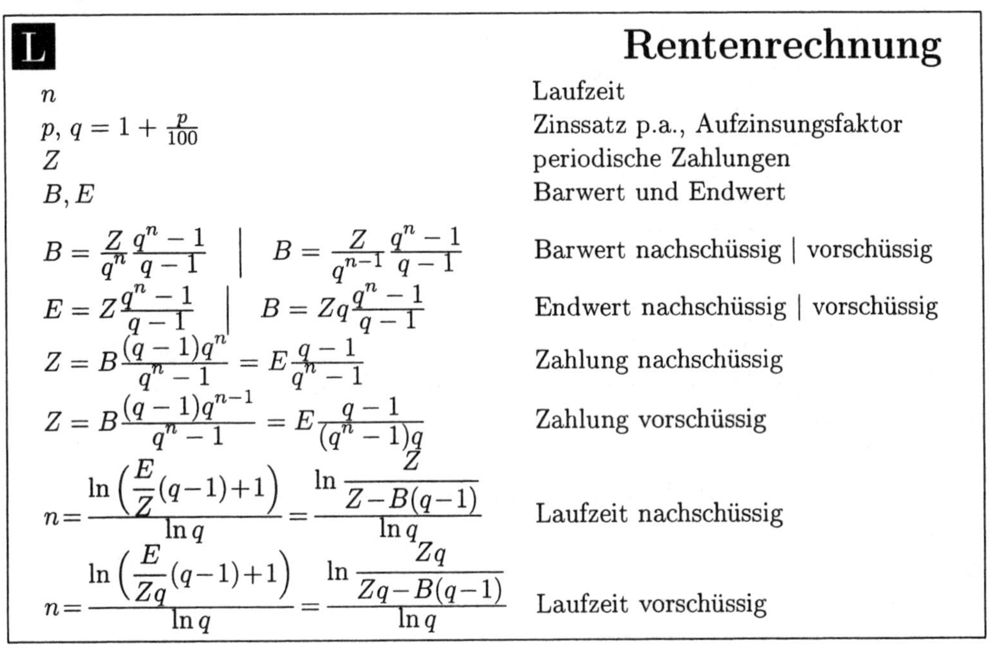

L **Rentenrechnung**

n	Laufzeit
$p,\ q = 1 + \frac{p}{100}$	Zinssatz p.a., Aufzinsungsfaktor
Z	periodische Zahlungen
B, E	Barwert und Endwert
$B = \frac{Z}{q^n}\frac{q^n-1}{q-1} \;\Big|\; B = \frac{Z}{q^{n-1}}\frac{q^n-1}{q-1}$	Barwert nachschüssig | vorschüssig
$E = Z\frac{q^n-1}{q-1} \;\Big|\; B = Zq\frac{q^n-1}{q-1}$	Endwert nachschüssig | vorschüssig
$Z = B\frac{(q-1)q^n}{q^n-1} = E\frac{q-1}{q^n-1}$	Zahlung nachschüssig
$Z = B\frac{(q-1)q^{n-1}}{q^n-1} = E\frac{q-1}{(q^n-1)q}$	Zahlung vorschüssig
$n = \frac{\ln\left(\frac{E}{Z}(q-1)+1\right)}{\ln q} = \frac{\ln\frac{Z}{Z-B(q-1)}}{\ln q}$	Laufzeit nachschüssig
$n = \frac{\ln\left(\frac{E}{Zq}(q-1)+1\right)}{\ln q} = \frac{\ln\frac{Zq}{Zq-B(q-1)}}{\ln q}$	Laufzeit vorschüssig

Die Berechnung von Barwert und Endwert eines Rentenkapitals kann über die MATLAB-Funktionen pvfix bzw. fvfix erfolgen, während für die Berechnung von Zahlungen und der Laufzeit keine MATLAB-Funktionen vorliegen.

B **Rentenrechnung**

Beispiel 1:
Welche nachschüssigen Zahlungen müssen erfolgen, wenn nach 18 Jahren bei einer Verzinsung von 6% ein Kapital von € 200000 vorliegen soll?
in MATLAB: $Z = E * (q-1)/q \wedge \{n-1\}$
Eingabe: $E = 200000$; $n = 18$; $p = 6$; $\rightarrow q = 1.06$
Ergebnis: $Z = 6471.31$
Beispiel 2: "ewige" Rente
Wie viele Jahre kann aus einem Kapital von € 500.000 bei einer Verzinsung zu 7% p.a. eine jährliche Rente von € 30.000 entnommen werden?
in MATLAB: die Formel für die Laufzeit bei vorschüssiger Verzinsung liefert einen Fehler, weil der Logarithmus einer negativen Zahl nicht erklärt ist

Rentenrechnung

Beispiel 3: Über wie viele Jahre kann aus einem Kapital von € 120000, sofort beginnend, eine jährliche Rente von € 10000 bei einer Verzinsung von 5% gezahlt werden? Wie groß ist der Restbetrag des Kapitals nach der letzten vollen Zahlung?
in MATLAB: $n = (\mathsf{log}(Z * q) - \mathsf{log}(Z * q - B * (q - 1)))/\mathsf{log}(q)$
Eingabe: $Z = 10000$, $B = 120000$, $q = 1.05$
Ausgabe: $n = 17.37$
in MATLAB: $k = \mathsf{floor}(n - 1)$
$R = 120000 * q \wedge k - 10000 * (q \wedge \{k + 1\} - 1)/(q - 1)$
Ausgabe: $R = 3541.29$

Barwert eines Cash Flow

Zunächst ein Spezialfall: nur Einzahlungen oder nur Auszahlungen, alle Zahlungen gleich groß, Zeitpunkte äquidistant und passend zur Zinsperiode. Dies ist der klassische Fall der Rentenrechnung.

Barwert einer periodischen Serie konstanter Zahlungen

M

pvfix

Grundfunktion	$B = \mathsf{pvfix}(i, n, R)$
Vollfunktion	$B = \mathsf{pvfix}(i, n, R[, f, w])$
Ausgabe	B Barwert der Gesamtzahlung
Eingabe	$i = \frac{p}{100}$ Zinsrate in der Zinsperiode, p Zinssatz
	n Anzahl der Zinsperioden = Anzahl der Zahlungen
	R konstante Zahlung pro Zinsperiode
	[f Restwert nach der letzten Zahlung, $\{0\}$
	$w = 0$ nachschüssig, $w = 1$ vorschüssig, $\{0\}$]

Zur Erinnerung: In den beiden letzten Zeilen der obigen Tafel stehen optionale Eintragungen bei den Funktionsargumenten. Wenn sie nicht verwendet werden, werden die vorgesehenen Standardwerte (siehe jeweils unter {.}) automatisch benutzt; andernfalls sind die weiteren Plätze zu füllen: entweder nur der erste optionale Platz oder beide oder, falls nur der zweite optionale Platz benötigt wird, ist auch der erste Platz einzutragen, in der Regel dann dessen Standardwert bzw. an dessen Stelle eckige Klammern [ ]. Diese Bemerkung gilt analog auch für den Fall, dass mehrere optionale Größen verwendet werden dürfen.

pvfix

Grundformel: $B = \frac{R}{i}\left(1 - (\frac{1}{1+i})^n\right) = R \cdot v\frac{1-v^n}{1-v}, \quad v = \frac{1}{1+i} = \frac{1}{1+\frac{p}{100}}$

Vollformel: $B = \frac{R}{i}(1+wi)\left(1 - (\frac{1}{1+i})^n\right) + f(\frac{1}{1+i})^n$
$= R\left(v + w(1-v)\right)\frac{1-v^n}{1-v} + fv^n$

Die Grundformel gestattet die Berechnung des nachschüssigen Rentenbarwertes für eine Rente mit konstanten Zahlungen. Die Vollformel enthält zusätzlich noch den vorschüssigen Fall ($w = 1, f = 0$).

pvfix

Barwert von 5 nachschüssig mit 6% verzinsten Jahreszahlungen zu je € 2400
pvfix(0.06, 5, 2400) = pvfix(0.06, 5, 2400, 0, 0) = 10109.67
dieser Barwert bei vorschüssiger Verzinsung
pvfix(0.06, 5, 2400, 0, 1) = 10716.25
Barwert mit zusätzlichem Sockelbetrag von €10000 nachschüssig verzinst
pvfix(0.06, 5, 2400, 10000) = pvfix(0.06, 5, 2400, 10000, 0) = 17582.25
dieser Barwert bei vorschüssiger Verzinsung
pvfix(0.06, 5, 2400, 10000, 1) = 18188.84
Barwert von 60 nachschüssig mit 0,5% verzinsten Monatszahlungen zu je € 200
pvfix(0.06/12, 5*12, 200) = pvfix(0.06/12, 5*12, 200, 0, 0) = 10345.11

Beispiele zum Rentenbarwert

pvfix

Beispiel 1:
Barwert einer sofort beginnenden und 15 Jahre lang jährlich erfolgenden Zahlung von € 15.000 bei einer Verzinsung von 6%:
pvfix(0.06, 15, 15000, 0, 1) = 154424.76

Beispiel 2:
Die Zahlung setze erst ein Jahr später ein:
pvfix(0.06, 15, 15000, 0, 0) = pvfix(0.06, 15, 15000) = 145683.73
(Dies ist übrigens der um 6% abgezinste Wert aus Beispiel 1)

Beispiel 3:
Am Ende bleibe ein Restwert von € 5.000 übrig (sofort beginnende Zahlung):
pvfix(0.06, 15, 15000, 5000, 1) = 156511.08

pvfix

Beispiel 4:
Bei der Anlage eines Geldbetrages als Kapitalstock für eine Rente wird vereinbart: 15 Jahre Aufschub des Beginns der Zahlungen, dann 20 Jahre lang jährliche Zahlung von € 24.000 bei einer Verzinsung von 5%. Welcher Geldbetrag (= Barwert) ist erforderlich?

$\mathsf{pvfix}(0.05, 20, 24000, 0, 1) * 1.06 \wedge (-15) = 151062.31$

(der vorschüssige Rentenbarwert wird zusätzlich um weitere 15 Jahre abgezinst)

Barwert einer unregelmäßigen Serie von Zahlungen

M

pvvar

Grundfunktion	$B = \mathsf{pvvar}(\boldsymbol{R}, i)$
Vollfunktion	$B = \mathsf{pvvar}(\boldsymbol{R}, i[, d])$
Ausgabe	B Barwert aller n Zahlungen
Eingabe	$\boldsymbol{R}$ Zahlungsvektor: $[R_1\ R_2\ \ldots\ R_n]$
	$i = \frac{p}{100}$ Zinsrate in der Zinsperiode, p Zinsfuß
	[$\boldsymbol{d}$ Datumvektor: $[d_1; d_2; \ldots; d_n]$
	{Datumdifferenzen gleich Zinsperioden}]

Die Grundfunktion gestattet im Gegensatz zu pvfix nichtkonstante Zahlungen; die Hinzunahme der Option Datumvektor in der Vollfunktion gestattet darüber hinaus die Wahl beliebiger Zeitpunkte (Tage). Die Verzinsung ist bei pvvar stets nachschüssig.

pvvar

Vereinbarungen:

$d_2 - d_1, d_3 - d_1, \ldots, d_n - d_1$ Datumsdifferenzen bez. des Startdatums

$v = \frac{1}{1+i}$ Abzinsungsfaktor

Grundformel:

$$B = R_1 + R_2\frac{1}{1+i} + R_3(\frac{1}{1+i})^2 + \cdots + R_n(\frac{1}{1+i})^{n-1} = \sum_{k=1}^{n} R_k(\frac{1}{1+i})^{k-1}$$

$$= R_1 + R_2 v + R_3 v^2 + \cdots + R_n v^{n-1} = \sum_{k=1}^{n} R_k v^{k-1}$$

Vollformel:

$$B = R_1 + R_2(\frac{1}{1+i})^{d_2-d_1} + R_3(\frac{1}{1+i})^{d_3-d_1} + \cdots + R_n(\frac{1}{1+i})^{d_n-d_1}$$

$$= R_1 + R_2 v^{d_2-d_1} + R_3 v^{d_3-d_1} + \cdots + R_n v^{d_n-d_1} = \sum_{k=1}^{n} R_k v^{d_k-d_1}$$

B **pvvar**

Barwert einer zeitlich regelmäßigen Zahlungsserie
pvvar([500 400 300 200 100],0.06)=1391.49
Barwert einer zeitlich unregelmäßigen Zahlungsserie
pvvar([500 400 300 200 100],0.06,['12-Jan-2002';'06-Jun-2002';...
'13-Oct-2002';'31-May-2003';'14-Nov-2003'])=1452.39
oder besser: $\boldsymbol{R}$=[500 400 300 200 100], $\boldsymbol{d}$=['12-Jan-2002'
'06-Jun-2002'
'13-Oct-2002'
'31-May-2003'
'14-Nov-2003']
pvvar($\boldsymbol{R}$, 0.06,$\boldsymbol{d}$) = 1452.39

Hier ist sehr sorgfältig mit dem Einsatz der Datumfunktionen umzugehen; es sind die Informationen im vorangehenden Kapitel zu beachten.

Endwert eines Cash Flow

Endwert einer periodischen Serie konstanter Zahlungen

M **fvfix**

Grundfunktion	E = fvfix(i, n, R)
Vollfunktion	E = fvfix($i, n, R[, b, w]$)
Ausgabe	E Endwert des Gesamtkapitals
Eingabe	$i = \frac{p}{100}$ Zinsrate in der Zinsperiode, p Zinsfuß
	n Anzahl der Zinsperioden = Anzahl der Zahlungen
	R konstante Zahlung pro Zinsperiode
	$[b$ Anfangsbestand des Kapitals, $\{0\}$
	$w = 0$ nachschüssig, $w = 1$ vorschüssig, $\{0\}]$

F **fvfix**

Grundformel: $B = \frac{R}{i}\Big((1+i)^n - 1\Big) = R \cdot \frac{q^n-1}{q-1}, \qquad q = 1+i = 1+\frac{p}{100}$

Vollformel:

$$B = \frac{R}{i}(1+wi)\Big((1+i)^n - 1\Big) + b(1+i)^n$$
$$= R\Big(1 + w(q-1)\Big)\frac{q^n-1}{q-1} + bq^n$$

Die Grundformel gestattet die Berechnung des nachschüssigen Rentenendwertes für eine Rente mit konstanten Zahlungen. Die Vollformel enthält zusätzlich noch den vorschüssigen Fall ($w = 1, b = 0$).

B **fvfix**

Endwert von 5 nachschüssig mit 6% verzinsten Jahreszahlungen zu je € 2400
fvfix(0.06, 5, 2400) = fvfix(0.06, 5, 2400, 0, 0) = 13529.02
dieser Barwert bei vorschüssiger Verzinsung
fvfix(0.06, 5, 2400, 0, 1) = 14340.76
Endwert mit zusätzlichem Kapital von €10000 bei nachschüssiger Verzinsung
fvfix(0.06, 5, 2400, 10000) = fvfix(0.06, 5, 2400, 10000, 0) = 26911.28
dieser Endwert bei vorschüssiger Verzinsung
fvfix(0.06, 5, 2400, 10000, 1) = 27723.02
zum Vergleich:
Endwert von 60 nachschüssig mit 0,5% verzinsten Monatszahlungen zu je € 200
fvfix(0.06/12, 5*12, 200) = fvfix(0.06/12, 5*12, 200, 0, 0) = 13954.01

Beispiele zum Rentenendwert

 **fvfix**

Beispiel 1:
Endwert einer sofort beginnenden und 18 Jahre lang jährlich erfolgenden Zahlung von € 15.000 bei einer Verzinsung von 6%:
fvfix(0.06, 18, 15000, 0, 1) = 491399.88

Beispiel 2:
Die Zahlung setze erst ein Jahr später ein:
fvfix(0.06, 18, 15000, 0, 0) = pvfix(0.06, 18, 15000) = 463584.79
(Dies ist übrigens der um 6% abgezinste Wert aus Beispiel 1)

Endwert einer unregelmäßigen Serie von Zahlungen

M **fvvar**

Grundfunktion	E = fvvar($\boldsymbol{R}$, i)
Vollfunktion	E = fvvar($\boldsymbol{R}$, i[, d])
Ausgabe	E Endwert aller n Zahlungen
Eingabe	$\boldsymbol{R}$ Zahlungsvektor: $[R_1\ R_2\ \ldots\ R_n]$
	$i = \frac{p}{100}$ Zinsrate in der Zinsperiode, p Zinsfuß
	[$\boldsymbol{d}$ Datumvektor: $[d_1; d_2; \ldots; d_n]$
	{Datumdifferenzen gleich Zinsperioden}]

Die Grundfunktion gestattet im Gegensatz zu fvfix nichtkonstante Zahlungen; die Hinzunahme der Option Datumvektor in der Vollfunktion gestattet darüber hinaus die Wahl beliebiger Zeitpunkte (Tage). Die Verzinsung ist bei fvvar stets nachschüssig.

fvvar

Vereinbarungen:

$d_n - d_1, d_n - d_2, \ldots, d_n - d_n = 0$ Datumdifferenzen bez. des Enddatums

$q = 1 + i$ Aufzinsungsfaktor

Grundformel:

$$E = R_1(1+i)^{n-1} + R_2(1+i)^{n-2} + \cdots + R_n = \sum_{k=1}^{n} R_k(1+i)^{n-k}$$
$$= R_1 q^{n-1} + R_2 q^{n-2} + R_3 q^{n-3} + \cdots + R_n = \sum_{k=1}^{n} R_k q^{n-k}$$

Vollformel:

$$E = R_1(1+i)^{d_n-d_1} + R_2(1+i)^{d_n-d_2} + \cdots + R_{n-1}(1+i)^{d_n-d_{n-1}} + R_n$$
$$= R_1 v^{d_n-d_1} + R_2 v^{d_n-d_2} + \cdots + R_n = \sum_{k=1}^{n} R_k v^{d_n-d_k}$$

B **fvvar**

Endwert einer zeitlich regelmäßigen Zahlungsserie

fvvar([500 400 300 200 100],0.06)=1756.72

Endwert einer unregelmäßigen Zahlungsserie

fvvar([500 400 300 200 100],0.06,['12-Jan-2002';'06-Jun-2002';...
'13-Oct-2002';'31-May-2003';'14-Nov-2003'])=1616.60

oder besser: $\boldsymbol{R}$=[500 400 300 200 100], $\boldsymbol{d}$=['12-Jan-2002'
'06-Jun-2002'
'13-Oct-2002'
'31-May-2003'
'14-Nov-2003']

fvvar($\boldsymbol{R}$,0.06,$\boldsymbol{d}$)=1616.60

Unterjährliche Renten

Bisher waren nur Zahlungen in Übereinstimmung mit der Zinsperiode - in der Regel ein Jahr - vorgenommen worden. Erfolgen mehrere gleich große, zeitlich äquidistante (Teil-)Zahlungen innerhalb einer Zinsperiode, dann spricht man von einer unterjährlichen Rente. Es gibt folgende zwei Möglichkeiten, die beide - zwar in unterschiedlichen Anwendungen - auch benutzt werden.

Möglichkeit 1: **Einfache Verzinsung**. Die Teilzahlungen werden innerhalb der Zinsperiode einfach verzinst (Zinsperiode: Halbjahr, Quartal, Monat usw.); die Zinsrate wird auf die unterjährlichen Abschnitte zeitlich proportional vergeben (linear).

Möglichkeit 2: **Geometrische Verzinsung**. Die Teilzahlungen unterliegen einer stetigen Verzinsung in den unterjährlichen Abschnitten; die Zinsrate wird exponentiell auf die unterjährlichen Abschnitte heruntergerechnet.

Die nachfolgende Tafel enthält die Umrechnung einer Jahreszahlung auf mehrere gleichgroße unterjährliche Zahlungen, sowohl bei nachschüssiger als auch bei vorschüssiger Verzinsung in den unterjährlichen Abschnitten.

L **unterjährlich**

i, Z	Zinsrate p.a., volle Zahlung p.a.
m	Anzahl der Jahresteile (üblich: 2,4,6,12)
Z_m^*	Teilzahlung pro Jahresteil (halbjährlich, vierteljährlich, zweimonatlich, monatlich)

Möglichkeit 1: linear

$Z = Z_m^*\left(m + \frac{m-1}{2}i\right)$ Umrechnung im nachschüssigen Fall

$Z = Z_m^*\left(m + \frac{m+1}{2}i\right)$ Umrechnung im vorschüssigen Fall

Möglichkeit 2: exponentiell

$Z = Z_m^* \frac{i}{(1+i)^{\frac{1}{m}} - 1}$ Umrechnung im nachschüssigen Fall

$Z = Z_m^* \frac{i(1+i)^{\frac{1}{m}}}{(1+i)^{\frac{1}{m}} - 1}$ Umrechnung im vorschüssigen Fall

Endwert eines diskontierten Wertpapiers

M **fvdisc**

Grundfunktion	$E =$ fvdisc(t_1, t_2, p, d)
Vollfunktion	$E =$ fvdisc$(t_1, t_2, p, d[, b])$
Ausgabe	E Endwert eines diskontierten Wertpapiers
Eingabe	t_1 Ausgabetag des Wertpapiers (Datum als Nummer oder String)
	t_2 Fälligkeitstag
	p Ausgabepreis des Wertpapiers
	d Diskontrate des Wertpapiers
	[b Basis der Tageszählung {0}]

 **fvdisc**

$$E = \frac{p}{1 - \frac{(t_2 - t_1)d}{dt}}$$

dt Anzahl der Tage im Jahr gemäß Tageszählbasis

B **fvdisc**

fvdisc('10-Jan-2000','25-Apr-2000',100,0.055)=101.62
fvdisc('10-Jan-2000','25-Apr-2000',100,0.055,1)=101.63
fvdisc('10-Jan-2000','25-Apr-2001',100,0.055)=107.64
fvdisc('10-Jan-2000','25-Apr-2000',250,0.055)=254.05

Zinsrate eines Cash Flow

Zinsrate eines zeitlich regelmäßigen Cash Flow

M **irr**

Funktion $i = \mathsf{irr}(\boldsymbol{R})$

Ausgabe $i = \frac{p}{100}$ Zinsrate, p Zinssatz

Eingabe $\boldsymbol{R}$ Zahlungsvektor $[R_0, R_1, \ldots, R_n]$
die Zahlungen $R_0, \ldots, R_n$ müssen als Ein- und Auszahlungen unterschiedliche Vorzeichen haben und es wird die Zinsrate nur dann ermittelt, wenn sie positiv ist (andernfalls erscheint als Ergebnis NaN - Not a Number)

F **irr**

i ist Lösung der Gleichung $R_0 + R_1 v + R_2 v^2 + \cdots + R_n v^n = 0, \quad v = \frac{1}{1+i}$

B **irr**

$\mathsf{irr}([-100\ \ 50\ \ 60]) = 0.0639$	6.39%
$\mathsf{irr}([100\ \ 50\ \ 60]) = \mathsf{NaN}$	Fehlermeldung
$\mathsf{irr}([-1000\ \ 50\ \ 60\ \ 70\ \ 80\ \ 90\ \ 100\ \ 710]) = 0.0262$	2.62%
$\mathsf{irr}([-1000\ \ 50\ \ 60\ \ 70\ \ -80\ \ 90\ \ 100\ \ 710]) = 0.0156$	1.56%

Beispiele zur Zinsrate einer Rente

B **irr**

Beispiel 1:
Aus einem Kapital von € 100.000,00 sollen 10 Jahre lang nachschüssig € 12.000,00 gezahlt werden. Welcher Zinssatz p.a. gewährleistet eine solche Rente?
$p = \mathsf{irr}([-100000\ \ \mathsf{ones}(1,10) * 12000]) * 100, \quad p = 3.46$

Beispiel 2:
Aus einem Kapital von € 100.000,00 sollen 10 Jahre lang nachschüssig € 9.000,00 gezahlt werden. Wie groß ist der Zinssatz p.a. in diesem Falle?
$p = \mathsf{irr}([-100000\ \ \mathsf{ones}(1,10) * 9000]) * 100, \quad p = \mathsf{NaN}$
(dies bedeutet: mit dieser Rente wird das Anfangskapital nicht aufgebraucht)

Ein Zeilenvektor mit konstanten Werten (konstante Zahlungsfolge) wird mit dem "Eins"-Vektor-Befehl ones(1,n) und nachfolgender Multiplikation mit dem betreffenden konstanten Wert erzeugt.

Zinsrate eines zeitlich unregelmäßigen Cash Flow

M **xirr**

Grundfunktion	i = xirr($\boldsymbol{R}$,$\boldsymbol{d}$)
Vollfunktion	i = xirr($\boldsymbol{R}$,$\boldsymbol{d}$[, $i0$, m])
Ausgabe	$i = \frac{p}{100}$ Zinsrate in Zinsperiode, p Effektivzinssatz
Eingabe	$\boldsymbol{R}$ Zahlungsvektor: $[R_0\, R_1\, \ldots\, R_n]$ als Zeilen- oder Spaltenvektor
	$\boldsymbol{d}$ Datumvektor: $[d_0; d_1; \ldots; d_n]$ als Spaltenvektor
	[$i0$ Startwert für die Iteration, Standard {0.1}
	m Anzahl der Iterationen, Standard {50}]

Die optionalen Einstellgrößen $i0$ und m gehören zum Näherungsverfahren bei der Lösung der unten genannten Gleichung; eine Abweichung von den Standardwerten dürfte nur höchst selten erforderlich sein.

 **xirr**

i ist Lösung der Gleichung $R_0 + R_1 v^{d_1-d_0} + r_2 v^{d_2-d_0} + \cdots + R_n v^{d_n-d_0}$

$v = \frac{1}{1+i}$ Abzinsungsfaktor bez. der Zinsperiode

B **xirr**

xirr([-1000 1100],['11-Jan-2000';'21-Nov-2001'])=0.0526	5.26%
xirr([-1000 500 600],['11-Jan-2000';'11-Jan-2001';'11-Jul-2001'])=0.0781	7.81%

Modifizierte Zinsrate eines zeitlich regelmäßigen Cash Flow

M **mirr**

Funktion	i =mirr($\boldsymbol{R}$,i^-, i^+)
Ausgabe	i modifizierte Zinsrate eines Cash Flows, dessen negative Komponenten mit der Zinsrate i^- und deren positive Komponenten mit der Zinsrate i^+ bewertet werden (i wird nur berechnet, wenn es positiv ist, andernfalls ist das Ergebnis 0)
Eingabe	$\boldsymbol{R}$ Zahlungsvektor: $[R_0\, R_1\, \ldots\, R_n]$ als Zeilen- oder Spaltenvektor
	i^- Zinsrate der negativen Zugänge des Cash Flow
	i^+ Zinsrate der positiven Zugänge des Cash Flow

F **mirr**

i ist Lösung der Gleichung $R_0 + R_1 v_1 + R_2 v_2^2 + \cdots + R_n v_n^n = 0$,

wobei $v_k = \begin{cases} \dfrac{1}{1+i^-} & \text{für } R_k < 0 \\ \dfrac{1}{1+i^+} & \text{für } R_k > 0 \end{cases}$

B **mirr**

mirr([-1000 300 -400 500 600],0.06,0.08)=0.0286
mirr([-1000 300 -400 500 600],0.06,0.06)=0.0233
mirr([-1000 1100],0.06,0.08)=0.0488

Spezielle Informationen über einen Cash Flow

Regelmäßige Zahlung

M **payper**

Grundfunktion	$z =$ payper(i, n, b)
Vollfunktion	$z =$ payper$(i, n, b[, f, w])$
Ausgabe	z Wert der regelmäßigen Zahlung
Eingabe	i Zinsrate
	n Laufzeit
	b Barwert des Kapitals
	[f Endwert des Kapitals am Ende der Laufzeit, {0}
	w=0 nachschüssige, w=1 vorschüssige Verzinsung, {0}]

Im Gegensatz zu pvfix bzw. fvfix berechnet payper bei vorgegebenem Barwert zeitlich äquidistante Zahlungen gleicher Höhe aus diesem Barwert, gegebenenfalls unter Einhaltung eines Restbetrages/einer Schuld am Ende.

payper

Grundformel $z = b\dfrac{i(1+i)^n}{(1+i)^n - 1} = b\dfrac{(q-1)q^n}{q^n - 1}$ $\quad q = 1 + i$ Aufzinsungsfaktor

Vollformel $z = \dfrac{i(b(1+i)^n + f)}{((1+i)^n - 1)(1+i)^w} = \dfrac{i(bq^n + f)}{(q^n - 1)q^w}$

Im Sinne der Rentenrechnung: Die Grundformel gestattet die Berechnung der Höhe regelmäßiger konstanter Zahlungen aus einem Barwert bei nachschüssiger Verzinsung (nachschüssiger Rentenbarwert). Die Vollformel erlaubt zusätzlich die vorschüssige Verzinsung ($w = 1, f = 0$).

payper

Aus einem Kapital von € 10000 wird bei Zinssatz 6% 10 Jahre lang jährlich gezahlt:

payper$(0.06, 10, 10000) = 1358.68$ nachschüssig mit Endwert 0
payper$(0.06, 10, 10000, -2000) = 1206.94$ nachschüssig mit Restkapital 2000
payper$(0.06, 10, 10000, 2000) = 1510.42$ nachschüssig mit Schuld 2000
payper$(0.06, 10, 10000, 0, 1) = 1281.77$ vorschüssig mit Endwert 0

Beispiele zur Rentenrechnung

payper

Beispiel 1:
40 Jahre lang werden (jährliche) Rentenbeiträge von € 3000 mit dem Zinssatz von 5% angespart; anschließend erfolgen aus diesem Kapital 20 Jahre lang bei einer Verzinsung von 4% jährliche Zahlungen. Wie hoch sind diese?

Sparphase: fvfix$(0.05, 40, 3000) = 362399.32$ Kapital nach 40 Jahren
Zahlphase: payper$(0.04, 20, 362399.32) = 26665.98$ Zahlungen 20 Jahre
(sämtliche Verzinsungen nachschüssig)

Regelmäßige Zahlungen einschließlich einer Sofortzahlung

M

payadv

Funktion	$z =$ payadv(i, n, b, f, m)
Ausgabe	z regelmäßige Zahlung
Eingabe	i Zinsrate
	n Laufzeit, Anzahl der Zahlungen insgesamt
	b Barwert des Kapitals, aus dem gezahlt wird
	f Endwert des Kapitals am Ende der Laufzeit
	m Anzahl der Sofortzahlungen, $0 \leq m \leq n$

Erläuterung: m Zahlungen der Höhe z (Gesamthöhe also mz) erfolgen zu Beginn der Laufzeit; weitere $n-m$ Einzelzahlungen der Höhe z erfolgen in den folgenden Zeitpunkten; dem gegenüber steht zu Beginn der Laufzeit das Kapital b und zusätzlich am Ende der Laufzeit das Kapital f.

Skizze zur Zahlungsbilanz:

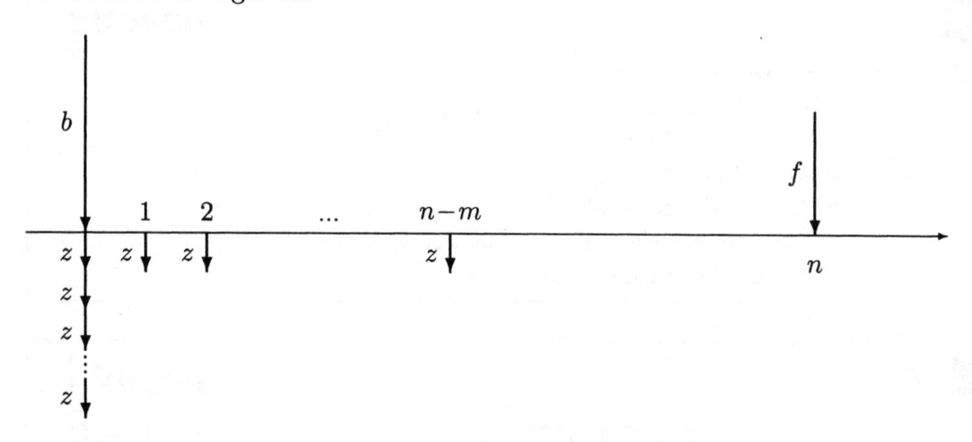

F **payadv**

Formel $z = \dfrac{i(b(1+i)^n + f)}{(1+i)^n - (1+i)^m + im(1+i)^n} = \dfrac{(q-1)(bq^n + f)}{q^n - q^m + imq^n}$

Sonderfälle $\mathsf{payadv}(i, n, b, f, 0) = \mathsf{payper}(i, n, b, f, 0)$

$\mathsf{payadv}(i, n, b, f, 1) = \mathsf{payper}(i, n, b, f, 1)$

$\mathsf{payadv}(i, n, b, 0, n) = \frac{b}{n}$

B **payadv**

Zahlung von 10 Beträgen zum Barwert von € 10.000, wobei $m = 0$ bis 10 Beträge sofort zu Anfang erfolgen; also Restlaufzeit $n - m = 10$ bis 0 (alles in Jahren); die Zinsrate p.a. betrage 0.06.

Beispiel 1: Endwert € 0	Beispiel 2: Endwert € 5.000
z = payadv(0.06,10,10000,0,0:10)';	z = payadv(0.06,10,10000,5000,0:10)';
Ergebnis: z = 1358.68	Ergebnis: z = 1738.02
1281.77	1639.64
1218.06	1558.14
1165.18	1490.49
1121.41	1434.51
1085.50	1388.57
1056.51	1351.49
1033.80	1322.44
1016.94	1300.87
1005.69	1286.48
1000.00	1279.20

Regelmäßige Monatszahlung bei angebrochenem ersten Monat

M **payodd**

Funktion	$z = \mathsf{payodd}(i, n, b, f, d)$
Ausgabe	z Wert der regelmäßigen Monatszahlung
Eingabe	i Zinsrate pro Monat
	n Anzahl der vollen Monate
	b Barwert des Kapitals
	f Endwert des Kapitals, aus dem gezahlt wird
	d Anzahl der Tage bis zur ersten Zahlung

F **payodd**

Formel

$$z = \frac{i\left[b(1+ir)(1+i)^{g+n}+f\right]}{(1+i)\left((1+i)^n-1\right)} = \frac{(q-1)\left[b(1+(q-1)r)q^{g+n}+f\right]}{q(q^n-1)}$$

mit $g = [\frac{d}{30}]$ ganzer Teil und $r = \frac{d}{30} - g$ gebrochener Teil von $\frac{d}{30}$

Sonderfälle $\mathsf{payodd}(i, n, b, f, 0) = \mathsf{payper}(i, n, b, f, 1)$

$\mathsf{payodd}(i, n, b, f, 30) = \mathsf{payper}(i, n, b, f, 0)$

B **payodd**

Aus einem Kapital von 100000 wird bei monatlicher Verzinsung zu 0.5% 24 mal monatlich gezahlt:

$\mathsf{payodd}(0.005, 24, 100000, 0, 0) = 4410.01$	1. Zahlung sofort
$\mathsf{payodd}(0.005, 24, 100000, 0, 30) = 4432.06$	1. Zahlung nach 1 Monat
$\mathsf{payodd}(0.005, 24, 100000, 0, 15) = 4421.04$	1. Zahlung nach 15 Tagen
$\mathsf{payodd}(0.005, 24, 100000, 0, 100) = 4439.45$	1. Zahlung nach 100 Tagen
$\mathsf{payodd}(0.005, 24, 100000, 10000, 100) = 4832.65$	sowie Überzahlung 10000
$\mathsf{payodd}(0.005, 24, 100000, -10000, 100) = 4046.24$	sowie Restkapital 10000

Ersatz eines zeitlich äquidistanten Cash Flow mit nichtkonstanten Zahlungen durch einen Cash Flow mit konstanten Zahlungen

M **payuni**

Funktion	$z = \mathsf{payuni}(\boldsymbol{R}, i)$
Ausgabe	z Wert der konstanten Zahlung über die Laufzeit des Cash Flow
Eingabe	$\boldsymbol{R} = [R_0\ R_1 \ldots R_n]$ Cash Flow
	i Zinsrate

Hierbei ist zu beachten, dass die konstanten Zahlungen nur in den Zeitpunkten $1 \ldots n$ erfolgen, während die Zahlungen $\boldsymbol{R}$ in den Zeitpunkten $0 \ldots n$ erfolgen.

payuni

Formel $z = \frac{i}{(1+i)^n - 1}\left[R_0(1+i)^n + R_1(1+i)^{n-1} + \cdots + R_{n-1}(1+i) + R_n\right]$
$= \frac{q-1}{q^n-1}\left[R_0 q^n + R_1 q^{n-1} + \cdots + R_{n-1}q + R_n\right]$
$= \frac{q-1}{q^n-1}\sum_{k=0}^{n} R_k q^{n-k}$

payuni

payuni([−10000 3000 4000 5000], 0.06) = 220.08
hier ist: −10000 ∗ (1.06 ∧ 3) + 3000 ∗ (1.06 ∧ 2) + 4000 ∗ 1.06 + 5000 = 700.64
220.08 ∗ (1.06 ∧ 2 + 1.06 + 1) = 700.65,
d.h. die Schuld von 10000 ist in den drei Zahlungen von 3000, 4000 und 5000 jedesmal um 220.08 zu hoch.

payuni([10000 3000 4000 3000], 0.06) = 7074.05
hier ist: 10000 ∗ (1.06 ∧ 3) + 3000 ∗ (1.06 ∧ 2) + 4000 ∗ 1.06 + 3000
= 7074.05 ∗ (1.06 ∧ 2 + 1.06 + 1),
d.h. die Gesamtzahlung 10000, 3000, 4000 und 3000 könnte durch dreimal 7074.05 beglichen werden.

Duration und Konvexität

Duration eines Cash Flow

cfdur

Funktion $[d, m] = \text{cfdur}(c, i)$
Ausgabe d Duration eines Cash Flow: mittlere Länge einer entsprechenden gleichförmigen Zahlungsfolge
m modifizierte Duration
Eingabe $c = [c_1 c_2 \ldots c_n]$ zeitlich äquidistante Zahlungsfolge, Zeilenvektor
i Zinsrate pro Zeiteinheit

Die Duration gibt die mittlere Bindungsdauer eines Geldbetrages (bei Anleihen) an; geringere Duration bedeutet geringeres Risiko: je länger die Wartezeit auf Zahlungsrückflüsse ist, um so unsicherer ist der Rückerhalt von Zahlungen an den Anleger. Die Duration eines Zero Bond ist mit der Laufzeit (bzw. Restlaufzeit) identisch, stattdessen ist die Duration bei festverzinslichen Anleihen vergleichsweise kürzer. Für Wertpapiere, deren Zins- und Tilgungsmodalitäten erst später bekannt werden, kann keine Duration bestimmt bzw. lediglich eine Abschätzung angegeben werden.

F **cfdur**

Formel $d = \dfrac{c_1 v + 2c_2 v^2 + \cdots + nc_n v^n}{c_1 v + c_2 v^2 + \cdots + c_n v^n} = \dfrac{\sum_{k=1}^{n} k c_k v^k}{\sum_{k=1}^{n} c_k v^k}, \; m = dv, \; v = \dfrac{1}{1+i}$

B **cfdur**

$[d, m] =$ cfdur([5 5 5 5 5 105],0.06), $d = 5.33$, $m = 5.08$
$[d, m] =$ cfdur([5 5 5 5 5 5],0.06), $d = 3.33$, $m = 3.14$
$[d, m] =$ cfdur([5 5 5 5 5 5],0.08), $d = 3.28$, $m = 3.03$

Die MATLAB-Funktion cfdur gibt die Duration leider nur für äquidistante Zeitpunkte wieder. Es ist jedoch leicht möglich, auch für den allgemeineren nichtäquidistanten Fall eine m-Funktion zu erzeugen.

Duration für nichtäquidistante Zahlungszeitpunkte

 **Duration**

Duration d einer gegebenen Zahlungsfolge $c_1, c_2, \ldots, c_n$ zu den Zeitpunkten $t_1, t_2, \ldots, t_n$, barwertmäßig bezogen auf den Startpunkt $t = 0$, zur Zinsrate i.

Formel bei stetiger Verzinsung: $d = \dfrac{\sum_{k=1}^{n} t_k c_k \mathrm{e}^{-it_k}}{\sum_{k=1}^{n} c_k \mathrm{e}^{-it_k}}$

Formel bei diskreter Verzinsung: $d = \dfrac{\sum_{k=1}^{n} t_k c_k (1+i)^{-t_k}}{\sum_{k=1}^{n} c_k (1+i)^{-t_k}}$
(Macaulay-Duration)

Messung der Sensitivität des Barwertes einer Zahlungsfolge mit Hilfe der Duration

L **Duration**

$B, \mathrm{d}B$	Barwert der Zahlungsfolge und dessen Änderung
$i, \mathrm{d}i$	Zinsrate (p.a. oder bez. einer anderen Zinsperiode) und deren Änderung
Näherungsformeln:	relative Änderung des Barwertes bei stetiger Verzinsung: $\frac{\mathrm{d}B}{B} = -d \cdot \mathrm{d}i$
	relative Änderung des Barwertes bei diskreter Verzinsung: $\frac{\mathrm{d}B}{B} = -d \cdot \frac{\mathrm{d}i}{1+i}$

Aus diesem Grunde wurde auch die modifizierte Duration m eingeführt, um den Unterschied zwischen stetiger und diskreter Verzinsung schnell beheben zu können.

Konvexität eines Cash Flow

M **cfconv**

Funktion	$k = \mathsf{cfconv}(c, i)$
Ausgabe	d Konvexität eines Cash Flow: Krümmung einer entsprechenden gleichförmigen Zahlungsfolge
Eingabe	$c = [c_1 c_2 \ldots c_n]$ zeitlich äquidistante Zahlungsfolge, Zeilenvektor
	i Zinsrate pro Zeiteinheit

F **cfconv**

Formel $$k = v^2 \frac{2c_1 v + 6c_2 v^2 + \cdots + n(n+1)c_n v^n}{c_1 v + c_2 v^2 + \cdots + c_n v^n} = \frac{v^2 \sum_{k=1}^{n} k(k+1) c_k v^k}{\sum_{k=1}^{n} c_k v^k}$$

$v = \frac{1}{1+i}$ Abzinsungsfaktor

B **cfconv**

$k = \mathsf{cfconv}([5\ 5\ 5\ 5\ 5\ 105], 0.06),\quad c = 31.70$
$k = \mathsf{cfconv}([5\ 5\ 5\ 5\ 5\ 5], 0.06),\quad c = 15.42$
$k = \mathsf{cfconv}([5\ 5\ 5\ 5\ 5\ 5], 0.08),\quad c = 14.49$

Konvexität eines Cash Flow in einer Näherungsformel

L **Duration und Konvexität**

$B, \mathrm{d}B$	Barwert der Zahlungsfolge und dessen Änderung
$i, \mathrm{d}i$	Zinsrate und deren Änderung
d, k	Duration und Konvexität
Näherungsformel:	relative Änderung des Barwertes in Abhängigkeit von der Änderung der Zinsrate $\frac{\mathrm{d}B}{B} = -d \cdot \mathrm{d}i + \frac{1}{2}k(\mathrm{d}i)^2$

B **Duration und Konvexität**

Eingaben: $B = 10000$; $i = 0.06$; $\mathrm{d}i = 0.001$; $c = [5\ 5\ 5\ 5\ 5\ 105]$;

(Die Zahlungsfolge c bezieht sich auf eine Stückelung von je 100; der Barwert beinhaltet also 100 Stück Papiere (z.B. Anleihen))

Veränderung $\mathrm{d}B$ des Barwertes:

ohne Konvexität: $\mathrm{d}B = -10000 * \mathsf{cfdur}(c, i)$; $\mathrm{d}B = -53.10$

mit Konvexität: $\mathrm{d}B = 10000 * (-\mathsf{cfdur}(c, i) + 0.5 * \mathsf{cfconv}(c, i) * (0.001 \wedge 2))$;

$\mathrm{d}B = -53.14$ (d.h. nochmals kleine Korrektur)

Investitionsrechnung

Investition ist die Anwendung von Geld/Kapital zur Schaffung von Vermögen (Sachvermögen, immaterielles Vermögen, Finanzvermögen). Einer Startzahlung stehen zukünftige Ein- und Auszahlungen gegenüber. Damit ist die Tätigung einer Investition genau der Vorgang, der auch im letzten Kapitel bei den Cash Flows eine Rolle spielte.

Investitionsrechnung heißt: Aufstellung eines Bilanz zur Sicherung des Gleichgewichts zwischen der Startzahlung sowie den (periodischen) Ein- und Auszahlungen. Bei der statischen Investitionsrechnung spielt das Äquivalenzprinzip der Finanzmathematik keine Rolle: in der zinslosen Betrachtung ist die Summe der Einzahlungen gleich der Summe der Auszahlungen. Das kann aber nur eine Überschlagsrechnung sein. In der Praxis wird das Äquivalenzprinzip berücksichtigt, das heißt, die Geldbeträge werden auf einen festen Zeitpunkt bezogen, also auf- oder abgezinst.

Mit der Investitionsrechnung soll nachgewiesen werden, ob eine geplante oder getätigte Investition wirtschaftlich/finanziell gerechtfertigt war oder ist. Dabei sind natürlich einige Zahlungen, solche die beispielsweise aus zukünftigen Gewinnen entstehen, nicht verlässlich angebbar. Man muss sich mit Schätzungen und Prognosen begnügen.

Kapitalwertmethode

L **Kapitalwertmethode**

A_0	Anschaffungswert der Investition, Startzahlung
$Z_1, Z_2, \ldots, Z_n$	Zahlungen zu den Zeitpunkten $1, 2, \ldots, n$
p, $i = \frac{p}{100}$	Zinssatz (hinsichtlich der durch die Zeitpunkte bestimmten Zinsperiode), Zinsrate
$B(p)$	Kapitalwert(-funktion) der Investition, Nettobarwert $B(p) = \sum_{t=1}^{n} \frac{Z_t}{(1+i)^t} - A_0$ die Investition gilt als sinnvoll, wenn $B(p) > 0$ die Investition ist nicht sinnvoll, wenn $B(p) < 0$

Die Entscheidung, ob eine Investition wirtschaftlich/finanziell sinnvoll ist, hängt neben einer verlässlichen Schätzung der einzelnen Kapitalgrößen (Gewinne, Erträge, Umsätze, Verluste, Betriebskosten u.ä.) auch vom gewählten (Kalkulations-)Zinssatz p ab.

Interner Zinssatz

L **Methode des internen Zinssatzes**

A_0	Anschaffungswert der Investition, Startzahlung
$Z_1, Z_2, \ldots, Z_n$	Zahlungen zu den Zeitpunkten $1, 2, \ldots, n$
p, $i = \frac{p}{100}$	Zinssatz (hinsichtlich der durch die Zeitpunkte bestimmten Zinsperiode), Zinsrate
$B(p)$	Kapitalwertfunktion: $B(p) = \sum_{t=1}^{n} \frac{Z_t}{(1+i)^t} - A_0$
$p^*, i^* = \frac{p^*}{100}$	Nullstelle der Kapitalwertfunktion $B(p^*) = \sum_{t=1}^{n} \frac{Z_t}{(1+i^*)^t} - A_0 = 0$
$B(p) > 0$ bzw. $p < p^*$	Investition günstig
$B(p) < 0$ bzw. $p > p^*$	Investition ungünstig

Die Kapitalwertfunktion $B(p)$ ist ein Polynom in p (bzw. in i) von n-ter Ordnung. Die Bestimmung des internen Zinssatzes ist dann ein Nullstellenproblem für ein Polynom. Offenbar ist in dem angemessenen (reellen) Wertebereich von p die Kapitalwertfunktion monoton fallend; damit ist die gesuchte Nullstelle eindeutig; alle anderen Nullstellen des Polynoms liegen außerhalb eines vernünftigen Wertebereiches von p bzw. sind komplexwertig. Es muss ein Näherungsverfahren (etwa Regula falsi, Bisektionsverfahren, Interpolation oder Newtonsches Tangentenverfahren) zur Bestimmung der gesuchten Nullstelle eingesetzt werden; siehe dazu nachfolgend die MATLAB-Funktionen `roots` sowie `fzero`.

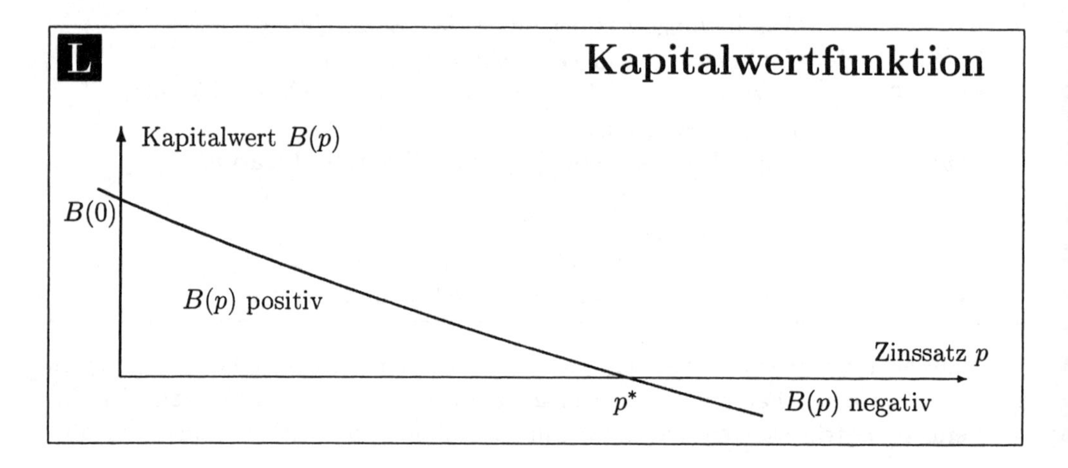

Näherungsverfahren

MATLAB enthält zwei Möglichkeiten zur Nutzung von Näherunsverfahren bei der Bestimmung von Nullstellen bei Funktionen bzw. bei der Lösung nichtlinearer Gleichungen: roots und fzero. Während roots alle reellen und komplexen Nullstellen eines Polynoms liefert, erbringt fzero genau eine Nullstelle einer Funktion, was durch die Vorgabe eines Startpunktes bzw. Startintervalls vorbereitet ist.

Näherungswert für internen Zinssatz

M **roots**

Funktion: $w =$ roots(r)

Ausgabe: w Spaltenvektor der (komplexen) Wurzeln/Nullstellen des Polynoms
(dann ist darin bei angemessener Aufgabenstellung eine passende Wurzel enthalten, knapp über 1 - also Aufzinsungsfaktor $q = 1+i$)

Eingabe: r Zeilenvektor der Koeffizienten des Polynoms gemäß Kapitalwertfunktion: $Z_n + Z_{n-1}q + \cdots + Z_1q^{n-1} - A_0q^n = 0$,
angeordnet jedoch nach absteigenden Exponenten,
also $r = [-A_0 \quad Z_1 \quad \ldots \quad Z_{n-1} \quad Z_n]$

Beispiele zum internen Zinssatz

 **roots**

Beispiel 1:
Anschaffungskosten € 100000,
Gewinne der nächsten 4 Jahre € 20000, € 30000, € 40000, € 50000.
Eingabe: $r = [-100000 \ 20000 \ 30000 \ 40000 \ 50000]$
Funktion: $w =$ roots(r)
Ausgabe: $w = [1.1283 \quad -0.0975 + 0.7713i \quad -0.0975 - 0.7713i \quad -0.7333]'$
also interner Zinssatz: 12.83%
die anderen Wurzelwerte sind negativ bzw. nicht reell und deshalb nicht brauchbar

Beispiel 2:
Anschaffungskosten € 100000,
Gewinne der nächsten 3 Jahre € 20000, € 30000, € 40000.
Eingabe: $r = [-100000 \ 20000 \ 30000 \ 40000]$
Funktion: $w =$ roots(r)
Ausgabe: $w = [0.9540 \quad -0.3770 + 0.5265i \quad -0.3770 - 0.5265i]'$
also: wie schon aus der Eingabe offensichtlich, die Gewinne kompensieren die Anschaffungskosten nicht; deshalb ist der Wurzelwert 0.9540 nicht brauchbar.

M **fzero**

Grundfunktion: $w = \text{fzero}(f, w0)$

Vollfunktion: $[w, fv, l, o] = \text{fzero}(f, w0[, S, P1, P2, \ldots])$
(siehe ggf. im MATLAB-Handbuch)

Ausgabe: w Wurzelwert, der vom Startwert $w0$ aus erreicht wird

Eingabe: f Funktionsausdruck $f(x) = 0$ in der Form $'f'$
$w0$ Startwert; geeignet $w0 = 1$

Die in der Vollfunktion enthaltenen weiteren Möglichkeiten werden bei der Bestimmung des internen Zinssatzes nicht benötigt; es reicht die angegebene Grundfunktion aus. Die MATLAB-Funktion fzero liefert nur jeweils eine (je nach Startwert) reelle Wurzel der Gleichung $f(x) = 0$, also auch den für die Zwecke der Investitionsrechnung erforderlichen Aufzinsungsfaktor $q = 1 + i$.

Beispiele zum internen Zinssatz

 **fzero**

Beispiel 1:
Anschaffungskosten € 100000,
Gewinne in den Folgejahren € 30000, € 40000, € 50000.
Eingabe: Kapitalwertfunktion und Startwert, z.B. 1
Funktion:

$$w = \text{fzero}('-100000 * (x \wedge 3) + 30000 * (x \wedge 2) + 40000 * x + 50000', 1)$$

Ausgabe: $w = 1.0890$, also interner Zinssatz 8.90 %

Beispiel 2:
Anschaffungskosten 500, Gewinne 100, 200, 100, 200 (alle Angaben in € 1000)
Eingabe: $f = ' - 500 * (x \wedge 4) + 100 * (x \wedge 3) + 200 * (x \wedge 2) + 100 * x + 200'$
Funktion: $w = \text{fzero}(f, 1)$
Ausgabe: $w = 1.0719$, also interner Zinssatz 7.19 %

Die Eingabe der Funktion (hier Kapitalwertfunktion) kann auch über einen gesonderten Funktionsblock erfolgen, z.B.:
function $y = f(x)$
$y = -100000 * (x \wedge 3) + 30000 * (x \wedge 2) + 40000 * x + 50000;$
und den Aufruf $w = \text{fzero}(@f, w0)$.

Tilgungen

Ratentilgung

Die Tilgungsrechnung stellt sich folgende Aufgabe: Eine Schuld (Anfangsschuld) S_0 ist nach n Zinsperioden durch Zahlungen A_k (Tilgungen/Tilgungsraten T_k und Zinsen Z_k) in äquidistanter Zeitfolge $k = 1 \dots n$ vollständig oder bis auf eine Restschuld R zu tilgen. Die jeweilige Zahlung als Summe von Tilgungsbetrag und Zinsbetrag heißt Annuität: $A_k = T_k + Z_k$. Die tabellarische Aufstellung der Geldbeträge, wie Zinsbeträge, Tilgungsbeträge, Annuitäten, Restschuldbeträge heißt Tilgungsplan.

L **Ratentilgung**

S_0, S_k	Anfangsschuld, Restschuldbeträge
T_k, Z_k, A_k	Tilgungsraten, Zinsbeträge, Annuitäten
n	Laufzeit des Tilgungsprozesses, Anzahl der Zinsperioden
p, i	Tilgungszinssatz, Zinsrate: $i = \frac{p}{100}$
q	Aufzinsungsfaktor: $q = 1 + i$
R	Restschuld am Ende der Laufzeit
$T_k = \frac{S_0 - R}{n}$	konstante Tilgungsraten
$S_k = S_0 * \left(1 - \frac{k}{n}\right)$	Restschuldbeträge
$Z_k = S_{k-1} i$	Zinsbeträge
$A_k = T_k + Z_k$	Annuitäten

Beispiel zum Tilgungsplan einer Ratentilgung

B

Ein Baudarlehen von € 90000 ist in 10 Jahren (Zinsbindung) zum Tilgungszinssatz von 6,2% p.a. in Tilgungsraten von je € 7500 jährlich bis auf eine Restsumme von € 15000 zu tilgen. Es ist ein Tilgungsplan aufzustellen.

MATLAB-Programm:

```
Eingabe: S0 = 90000; p = 6.2; n = 10; T = 7500; R = 15000;
t = ones(1,11) * 7500;   t(1) = 0;   s = [90000];   z = [0];
for k = 1 : n
    v = s(k) - t(k + 1);   w = s(k) * p/100;   s = [s v]; z = [z w]; a = z + t;
end
tilgungsplan = [0 : 10; s; z; t]'
```

B

Ergebnis von *tilgungsplan*:

Periode	Restschuld	Zinsen	Tilgungen	Annuitäten
0	90000	0	0	0
1	82500	5580	7500	13280
2	75000	5115	7500	12615
3	67500	4650	7500	12150
4	60000	4185	7500	11685
5	52500	3720	7500	11220
6	45000	3255	7500	10755
7	37500	2790	7500	10290
8	30000	2325	7500	9875
9	22500	1860	7500	9360
10	15000	1395	7500	8895

Annuitätentilgung

Bei der Annuitätentilgung sind die Annuitäten, d.h. die Summen aus Zins- und Tilgungsbeträgen, konstant, dabei also die Zinsbeträge fallend und die Tilgungsraten steigend.

Annuitätentilgung

S_0, S_k	Anfangsschuld, Restschuldbeträge
T_k, Z_k, A_k	Tilgungsraten, Zinsbeträge, Annuitäten
n	Laufzeit des Tilgungsprozesses, Anzahl der Zinsperioden
p, i	Tilgungszinssatz, Zinsrate: $i = \frac{p}{100}$
q	Aufzinsungsfaktor: $q = 1 + i$
$Z_1 = S_0 i$	1. Zinsbetrag
$T_1 = A - Z_1$	1. Tilgungsbetrag, Anfangstilgung
$T_k = T_1 q^{k-1}$	Tilgungsraten
$Z_k = A - T_1 q^{k-1}$	Zinsbeträge
$A = S_0 \frac{q^n(q-1)}{q^n - 1}$	Annuitäten (konstant)
$S_k = S_0 - T_1 \frac{q^k - 1}{q - 1}$	Restschuldbeträge
$n = \frac{\ln\left(\frac{A}{A - S_0 i}\right)}{\ln(1+i)}$	Laufzeit bis Restschuld 0

B **Annuitätentilgung**

Beispiel 1:
Ein Baudarlehen über € 55000 wird zum Tilgungszinssatz 6% bei quartalsweiser Verzinsung und Quartalsannuitäten von € 1200 ausgereicht. Zu berechnen sind die Restschuld nach 10 Jahren sowie die voraussichtliche Tilgungsdauer bis zur Schuldenfreiheit.

Eingabe: $S0 = 55000$; $A = 1200$; $p = 6$; $k = 5$;
Umrechnung auf Quartale: $pp = 1.5 \rightarrow qq = 1.015$; $kk = 20$;
Formeln in MATLAB: $Z1 = S0 * (qq - 1)$; $T1 = A - Z1$;

$$S20 = S0 - T1 * (qq \wedge \{kk\} - 1)/(qq - 1);$$

$$n = \log\left(\frac{A}{A - Z1}\right)/\log(qq)$$

Ausgabe: $Z1 = 825$; $T1 = 375$; $S20 = 46328.62$; $n = 78.12$ (ca. 19,5 Jahre)

B **Annuitätentilgung**

Beispiel 2:
Ein Darlehen von € 70000 ist bei jährlicher Verzinsung der Restschuld von 6.5% in 10 Jahren restlos zu tilgen. Wie groß sind die Annuitäten?

Eingabe: $S0 = 70000$; $p = 6.5 \rightarrow q = 1.065$; $n = 10$;
Formeln in MATLAB: $A = S0 * q \wedge n * (q - 1)/(q \wedge n - 1)$;
Ausgabe: A=9737.33

Annuitätentilgung mit vorgegebener Restschuld

L **Annuitätentilgung**

S_0, S_k	Anfangsschuld, Restschuldbeträge
T_k, Z_k, A_k	Tilgungsraten, Zinsbeträge, Annuitäten
p, i	Tilgungszinssatz, Zinsrate: $i = \frac{p}{100}$
q	Aufzinsungsfaktor: $q = 1 + i$
$R = S_N$	Restschuld nach N Zinsperioden
$Z_1 = S_0 i$	1. Zinsbetrag
$T_1 = (S_0 - R) \cdot \frac{q - 1}{q^N - 1}$	1. Tilgungsbetrag, Anfangstilgung
$T_k = T_1 q^{k-1}$	Tilgungsbeträge
$A = Z_1 + T_1$	Annuitäten (konstant)
$S_k = S_0 q^k - A\frac{q^k - 1}{q - 1}$	Restschuldbeträge

Eine Vielzahl von Problemstellungen bei Annuitätentilgungen lassen sich mit den nachfolgenden MATLAB-Tilgungsfunktionen bearbeiten.

Tilgungsplan einer Annuitätentilgung

M **amortize**

Grundfunktion $[\boldsymbol{t},\boldsymbol{z},\boldsymbol{s},a] = \mathsf{amortize}(i,n,s_0)$

Vollfunktion $[\boldsymbol{t},\boldsymbol{z},\boldsymbol{s},a] = \mathsf{amortize}(i,n,s_0\ [,s_n,w])$

Ausgabe $\boldsymbol{t} = [t_1\ t_2 \dots t_n]$ Vektor der Tilgungsbeträge

t_1 Anfangstilgung (eine häufig benutzte Größe)

$\boldsymbol{z} = [z_1\ z_2 \dots z_n]$ Vektor der Zinsbeträge

$\boldsymbol{s} = [s_1\ s_2 \dots s_n]$ Vektor der Restschulden

a Annuität (Summe aus Tilgungs- und Zinsbetrag)

$[\boldsymbol{t}'\ \ \boldsymbol{z}'\ \ \boldsymbol{s}'\ \ a]$ Tilgungsplan

Eingabe i Tilgungszinsrate

n Laufzeit (Anzahl der Tilgungsvorgänge)

s_0 Anfangsschuld

[s_n Restschuld nach Ablauf der Laufzeit, {0}

(s_n ist negativ einzugeben)

$w = 0$ nachschüssige, $w = 1$ vorschüssige Verzinsung, {0}]

F **amortize**

Grundformeln $a = \dfrac{s_0 \cdot i(1+i)^n}{(1+i)^n - 1}, \quad t_1 = a - s_0 i$

$t_k = t_1(1+i)^{k-1}, \quad z_k = a - t_k$

$s_k = s_0(1+i)^k - \frac{a}{i}\Big((1+i)^k - 1\Big)$ für $k = 1, 2, \dots, n$

Vollformeln $a = \dfrac{i(s_0(1+i)^n - s_n)}{(1+i)^{n+w} - 1}, \quad t_1 = a - s_0 i$

$t_k = t_1(1+i)^{k-1}, \quad z_k = a - t_k$

$s_k = s_0(1+i)^k - \frac{a}{i}\Big((1+i)^{k+w} - 1\Big)$ für $k = 1, 2, \dots, n$

B **amortize**

1. Anwendung auf einen **Tilgungsvorgang**:

$[\boldsymbol{t},\boldsymbol{z},\boldsymbol{s},a] = \mathsf{amortize}(0.06, 5, 100000)$

Tilgungsplan:

Tilgungen	Zinsen	Restschulden
17739.64	6000.00	82260.36
18804.02	4935.62	63456.34
19932.26	3807.38	43524.08
21128.20	2611.44	22395.89
22395.89	1343.75	0.00

Annuität 23739.64

$[\boldsymbol{t},\boldsymbol{z},\boldsymbol{s},a] = \mathsf{amortize}(0.06, 5, 100000, -20000)$

Tilgungsplan:

Tilgungen	Zinsen	Restschulden
14191.71	6000.00	85808.29
15043.21	5148.50	70765.07
15954.81	4245.90	54819.27
16902.56	3289.16	37916.71
17916.71	2275.00	20000.00

Annuität 20191.71

Mit der m-Funktion **amortize** besteht die Möglichkeit, einen Tilgungsplan aufzustellen; dabei sind die Bedingungen vielseitig gestaltbar: vor- und nachschüssige Verzinsung, ohne und mit vorgegebener Restschuld.

B **amortize**

2. Anwendung auf einen **Sparvorgang**:
[t,z,s,a] = amortize(0.06, 5, 0, −100000)

Sparplan:

s' Entwicklung des Sparguthabens	z' Zinsbeträge
17739.64	0.00
36543.66	1064.38
56475.92	2192.62
77604.11	3388.56
100000.00	4656.25

regelmäßiger Sparbetrag: $-a = 17739.64$

Die m-Funktionen **annurate** und **annuterm** gestatten die Berechnung des Zinssatzes und der Laufzeit von Annuitätentilgungen; dabei ist die Berechnung des Zinssatzes ein Näherungsproblem für Nullstellen.

Zinsrate einer Annuitätentilgung

M **annurate**

Grundfunktion	$i =$ annurate(n, a, s_0)
Vollfunktion	$i =$ annurate$(n, a, s_0[, s_n, w])$
Ausgabe	i Zinsrate pro Zinsperiode
Eingabe	n Laufzeit der Annuitätentilgung
	a Annuität (regelmäßige Zahlung pro Zinsperiode)
	s_0 Anfangsschuld
	[s_n Restschuld am Ende der Laufzeit, {0}
	$w = 0$ nachschüssige, $w = 1$ vorschüssige Verzinsung, {0}]

F **annurate**

Grundformel i ist Lösung der Gleichung $a = \dfrac{s_0 \cdot i(1+i)^n}{(1+i)^n - 1}$

Vollformel i ist Lösung der Gleichung $a = \dfrac{i\left(s_0(1+i)^n - s_n\right)}{(1+i)^w\left((1+i)^n - 1\right)}$

B **annurate**

Anwendung auf einen Tilgungsvorgang:

$i = \mathsf{annurate}(15, 10000, 100000)$	$i = 0.0556$
$i = \mathsf{annurate}(6, 20000, 100000)$	$i = 0.0547$
$i = \mathsf{annurate}(6, 20000, 100000, 10000)$	$i = 0.0299$
$i = \mathsf{annurate}(6, 20000, 100000, 10000, 1)$	$i = 0.0456$
$i = \mathsf{annurate}(6, 10000, 100000)$	$i = 0$

Anwendung auf einen Sparvorgang:

$i = \mathsf{annurate}(8, 10000, 0, 100000)$	$i = 0.0629$
$i = \mathsf{annurate}(8, 10000, 0, 100000, 1)$	$i = 0.0494$
$i = \mathsf{annurate}(8, 10000, -10000, 100000)$	$i = 0.0261$
$i = \mathsf{annurate}(8, 10000, -30000, 100000)$	$i = 0$

Für die Nutzung der m-Funktion annurate ist zu beachten: ein eventueller Sockelbetrag ist mit negativem Vorzeichen zu versehen; passen Laufzeit, Annuität und Tilgungs- bzw. Sparbetrag nicht zusammen, denn erscheint keine Fehlermeldung, sondern das Ergebnis 0. Dies kann durch einen Eingriff (private m-Funktion!) geändert werden.

Laufzeit einer Annuitätentilgung

M **annuterm**

Grundfunktion	$n = \mathsf{annuterm}(i, a, s_0)$
Vollfunktion	$n = \mathsf{annuterm}(i, a, s_0[, s_n, w])$
Ausgabe	n Laufzeit (Anzahl der Zinsperioden) der Annuitätentilgung
Eingabe	i Zinsrate pro Zinsperiode
	a Annuität
	s_0 Anfangsschuld
	[s_n Restschuld am Ende der Laufzeit, {0}
	$w = 0$ nachschüssige, $w = 1$ vorschüssige Verzinsung, {0}]

F **annuterm**

Grundformel $n = \dfrac{\ln\left(\dfrac{a}{a - is_0}\right)}{\ln(1+i)}$

Vollformel $n = \dfrac{\ln\left(\dfrac{aq^w - is_n}{aq^w - is_0}\right)}{\ln q}$, $\quad q = 1 + i \quad$ Aufzinsungsfaktor

B **annuterm**

Anwendung auf einen Tilgungsvorgang:

$n =$ annuterm(0.06, −10000, 100000) $n = 15.7252$
$n =$ annuterm(0.06, −20000, 100000) $n = 6.1212$
$n =$ annuterm(0.06, −20000, 100000, 20000, 0) $n = 5.0593$
$n =$ annuterm(0.06, −20000, 100000, 20000, 1) $n = 4.7098$
$n =$ annuterm(0.08, −20000, 100000, 20000, 0) $n = 5.5540$
$n =$ annuterm(0.08, 20000, −100000, 20000, 0) $n = 5.5540$
(zu beachten:
Annuität und Anfangsschuld müssen unterschiedliches Vorzeichen tragen)

Anwendung auf einen Sparvorgang:

$n =$ annuterm(0.06, 10000, 0, 100000, 0) $n = 8.0661$
$n =$ annuterm(0.06, 10000, 20000, 100000, 0) $n = 6.1212$

Modifizierte Tilgungsabläufe

B **aufgeschobene Tilgung**

Eine Anfangsschuld von € 120.000 wird quartalsweise mit 6% p.a. verzinst; die Tilgung wird um 3 Jahre aufgeschoben; die Annuität (Zahlung je Quartal) betrage in der Tilgungszeit € 3.000. Wie hoch ist die Restschuld nach 10 Jahren?
1. Schritt: tilgungsfreie Zeit 3 Jahre/12 Quartale
Anfangsschuld wächst wegen der Verzinsung an:
(in MATLAB) $S_0 \rightarrow S_{12} = 120000 * (1 + 0.06/4) \wedge 12 = 143474.18$
2. Schritt: Tilgungszeit 7 Jahre/28 Quartale
Restschuld nach 10 Jahren/40 Quartalen: (in MATLAB)
$S_{40} = 143474.18{*}(1{+}0.06/4){\wedge}28{-}3000{*}((1{+}0.06/4){\wedge}28{-}1)/0.015 = 114237.77$

B **Anfangstilgung**

Eine Anfangsschuld von € 120.000 wird quartalsweise mit 6% p.a. (1.5 % im Quartal) verzinst; die Anfangstilgung betrage im 1.Quartal 0.25% (1% p.a.). Wie viele Jahre dauert es bis zur Schuldenfreiheit?

1.Quartal: € 1.800 Zinsbetrag (1.5 %), € 300 Tilgungsbetrag (0.25 %)
Laufzeit: (in MATLAB)
$n =$ annuterm(0.015, 2100, 120000) $n = 130.70$ (in Quartalen), d.h. 32.7 Jahre

Zeitreihen-Analyse

Zeitreihen in der Finanzmathematik

Begriff der Zeitreihe

Zeitpunkte	$0, t_1, t_2, \ldots, t_n, \ldots$	$t_0, t_1, \ldots, t_n, \ldots$
äquidistante Zeitpunkte	$0, \Delta, 2\Delta, \ldots, n\Delta, \ldots$	$T, T+\Delta, T+2\Delta, .., +n\Delta, ..$
	oder einfach: $0, 1, 2, .., n, ..$	
diskrete Zeitfunktion	$x = x(t)$: $x_0, x_1, \ldots, x_n, \ldots$	

Eine zufällige diskrete Zeitfunktion (zeitlich geordnete Beobachtungswerte) wird **Zeitreihe** genannt, unabhängig davon ob sie äquidistante Argumente hat oder nicht bzw. ob die Zeitachse mit 0 beginnt oder nicht; die Funktionswerte x_n sind Zufallsgrößen bzw. deren Realisierungen; eine Zeitreihe ist ein **stochastischer Prozess mit diskretem Argument**.

Normalfall: gleiche Zeitabstände

Beispiele für Zeitreihen: Meteorologische Daten; Wirtschaftsdaten aufgeschlüsselt nach Jahren, Quartalen, Monaten usw.; biologische Populationen / Bevölkerungsstatistik; Sterbe- und Ausscheidetafeln in der Versicherungsmathematik; **Aktien-, Wertpapier- und Wechselkurse** sowie **Kapitalentwicklungen** aufgeschlüsselt nach Jahren, Monaten, Wochen, Tagen, bis hin zu Minuten (Börse) usw.

Wichtige Aufgaben der Zeitreihen-Analyse: Ermittlung statistischer Kenngrößen, Aufdeckung von Trends, von Periodizität und von Stationarität, Prognosen, Modelldarstellung, Abhängigkeiten zwischen Zeitreihen.

Grobe Analyse einer Zeitreihe - Komponentenmodell

Trendkomponente	T_n	
periodische (zyklische) Komponente	Z_n	
Saisonkomponente	S_n	
Zufallskomponente (Residuum)	R_n	$x_n = T_n + Z_n + S_n + R_n$

Eingabe von Zeitreihen in MATLAB

Eine durch Datenerfassung gewonnene Zeitreihe kann prinzipiell per Hand, in der Regel als Spaltenvektor erforderlich, eingegeben werden (siehe ▹▹ S.14). Wichtig ist auch die Verfahrensweise zur Eingabe von Spaltenvektoren aus in MATLAB abgelegten Dateien sowie aus externen Dateien, z.B. .xls-Dateien (Microsoft Excel). Dabei geht es hier ausschließlich um die Übertragung von Zahlenvektoren. Hinweis: MATLAB beinhaltet zur Datenübertragung mit Excel passende Toolboxen - siehe dort.

Eingabe von MATLAB-Daten

.mat

MATLAB-Daten-Dateien müssen unter einem bekannten Namen, z.B. "daten", im Verzeichnis work des MATLAB-Programmpaketes mit dem Anhang .mat abgelegt sein, z.B. C : \matlab65\work\daten.mat.

M **load**

Grundfunktion load('daten')
Vollfunktion load('daten',)
Eingabe "daten" ist der Name der gewünschten Datei

Diese Datei muss im Pfad C : \matlab65\work liegen. Die Daten sind mit einem Variablennamen verbunden; dieser muss bekannt sein; da der Variablenname nach dem Laden im Workspace enthalten ist, besteht die Möglichkeit, dort nachzuschauen.

Ablage/Speicherung von MATLAB-Daten

M **save**

Funktion save('daten','varname')
Eingabe "daten": Name der abzuspeichernden Datei
"varname": Name der abzuspeichernden Variablen

Die abgespeicherten Daten befinden sich dann als Datei mit dem Namen daten.mat im Verzeichnis C : \matlab65\work

Zur Verwendung des Workspace einer MATLAB-Umgebung siehe MATLAB-Handbuch (Using MATLAB). Es ist möglich, den gesamten Workspace samt der enthaltenen Variablen und deren Datenmengen mit save abzuspeichern bzw. ein Variablensystem und deren Datenmengen als Gesamtheit in den Workspace mit load einzulesen. Dies ist eine vorzügliche Möglichkeit, größere Datenmengen aufzubewahren.

Verwendung von Excel-Daten

.xls

EXCEL-Daten-Dateien müssen unter einem bekannten Namen, z.B. "xlsdaten", im Verzeichnis work des MATLAB-Programmpaketes mit dem Anhang .xls abgelegt sein, z.B. C : \matlab65\work\xlsdaten.xls.
Die EXCEL-Daten sind entweder Einzelwerte (Feld), Werte in einer Zeile oder Spalte (Vektor) bzw. eine Liste/Tabelle (Matrix ▷▷ S.19). In diesen Dimensionen werden sie auch in MATLAB übertragen.

xlsread

Funktion xlsread('xlsdaten')
Eingabe "xlsdaten" ist der Name der gewünschten Datei

Diese Datei muss im Pfad C : \matlab65\work liegen. Die Daten erscheinen sofort als Variable 'ans' auf dem MATLAB-Rechenblatt (Command Window) und können dort weiterverarbeitet werden, evt. zuerst Umbenennung der Variablen.

Saisonbereinigung

Aufgabe der Saisonbereinigung ist die Untersuchung kurzzeitiger Änderungen der Zeitreihe, zusammengefasst in der Saisonkomponente S_n, deren Identifizierung, Bewertung und ggf. Eliminierung aus der Zeitreihe. Wesentliche Methode der Saisonbereinigung ist die **Glättung**, die Ermittlung gleitender Durchschnitte.
Gleitende Durchschnitte sind bequem zu erhalten durch die m-Funktion filter; sie gehört zum Basisbestand von MATLAB.

Gleitender Durchschnitt

M

filter

Grundfunktion	$y = \text{filter}(b, a, x)$
Vollfunktion	$[y, c] = \text{filter}(b, a, x[, z, d])$ - wird für Glättungen nicht benutzt!
Ausgabe	y geglättete Zeitreihe (Vektor)
Eingabe	x vorgegebene Zeitreihe (Vektor der Länge n) a Gewichte der letzten geglätteten Werte (Vektor der Länge r) b Gewichte der vorgegebenen Werte im letzten Abschnitt der Zeitreihe (Vektor der Länge s)

F **filter**

Gewichte: $a = [a_1\, a_2 \ldots a_r]$, $b = [b_1\, b_2 \ldots b_s]$
r, s Längen der beiden Vektoren, d.h. Anzahl der für die Glättung zu berücksichtigenden Elemente

Zeitreihe: $x = [x_1\, x_2 \ldots x_n]$

Grundformel: Differenzengleichung für geglättete Zeitreihe y:

$$a_1 y_m + a_2 y_{m-1} + \ldots + a_r y_{m-r+1} = b_1 x_m + b_2 x_{m-1} + \ldots + b_s x_{m-s+1}$$

speziell für $a_1 = 1$:

$$y_m = b_1 x_m + b_2 x_{m-1} + \ldots + b_s x_{m-s+1} - a_2 y_{m-1} - \ldots - a_r y_{m-r+1}$$

$y = [y_1\, y_2 \ldots y_n]$ geglättete Zeitreihe

Voraussetzung für gleitende Durchschnitte:

$$r = 1,\ a_1 = 1, \quad b_l \geq 0,\ \sum_{l=1}^{s} b_l = 1$$

Die Gewichte sind sämtlich positiv und in ihrer Summe gleich 1 - gewichtete/gewogene Mittelwerte.
(Als lineares Filter bedient die Funktion filter nicht nur gleitende Durchschnitte, sondern beliebige lineare Transformationen von Zeitreihen - siehe später, d.h. insbesondere, dass die Gewichte beliebig gewählt werden können.)

Bei der Berechnung der Anfangsglieder der geglätteten Zeitreihe, $m < s$, werden im Rechenvorgang fehlende Elemente x und y durch Nullen ersetzt. Dies ist vor allem beim Start der Zeitreihe wichtig.

B **filter**

$x = 1 : 100;$	$x = 1\ 2\ 3 \ldots 99\ 100$
$z = \text{filter}([0.5\ \ 0.5], 1, x)$	$z = 0.50\ 1.50\ 2.50 \ldots 98.50\ 99.50$
$z = \text{filter}([0.5\ \ 0.3\ \ 0.2], 1, x.\wedge 2)$	$z = 0.50\ 2.30\ 5.90 \ldots 9663.50\ 9861.10$

M **movavg**

Funktion 1:

Grundfunktion	$m = \text{movavg}(x, p, q)$
Vollfunktion	$[m, mm] = \text{movavg}(x, p, q[, a])$
Ausgabe	m geglättete Zeitreihe (Vektor) mit kurzem Fenster
	mm geglättete Zeitreihe (Vektor) mit langem Fenster
Eingabe	x vorgegebene Zeitreihe (Vektor)
	p Länge des kurzen Glättungsfensters
	q Länge des langen Glättungsfensters der Zeitreihe (Forderung: $p \leq q$)
	[a Methode der Durchschnittsbildung, $\{0\}$]

M **movavg**

Funktion 2:

Grundfunktion	movavg(x, p, q)
Vollfunktion	movavg$(x, p, q[, a])$
Ausgabe	grafische Darstellung des gleitenden Durchschnitts
Eingabe	siehe Funktion 1

Auch die m-Funktion bolling (▷▷ S.55) ist ebenfalls geeignet, für eine Zeitreihe das gleitende Mittel zu erstellen.

 **movavg**

Methoden der Durchschnittsbildung mit Hilfe des Gewichtsfaktors a:
$a = 0$: die Stützstellen haben gleiches Gewicht (Standard)
$a = 1$: die Stützstellen haben lineare Gewichte
$a = 2$: die Stützstellen haben quadratische Gewichte
allgemein für polynomiale Gewichte: $w_r = \frac{r^a}{\sum_{k=1}^{m} k^a}, \quad r = 1, 2, \ldots, m$
Sonderfall $a =$ 'e': die Stützstellen haben exponentielle Gewichte

B **movavg**

Eingabe: x Zeitreihe, z.B. erzeugt mit $x = 20 +$ cumsum(randn(140, 1))
Funktion: movavg$(x, 10, 40)$
Ergebnis:

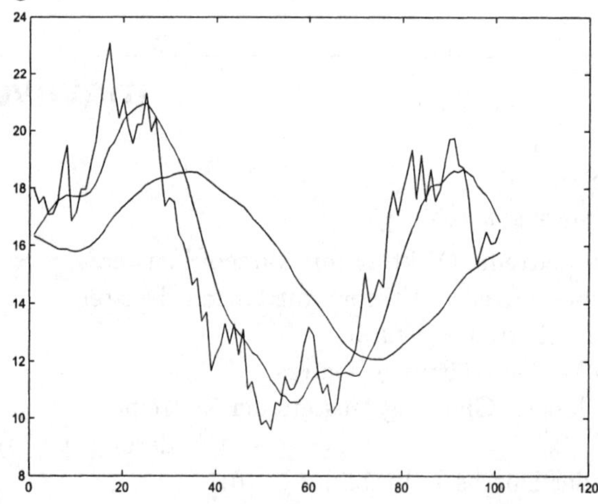

B **movavg**

Eingabe: x Zeitreihe, z.B. erzeugt mit $x = 20 + \mathsf{cumsum}(\mathsf{randn}(140, 1))$
Funktion: $[a, b] = \mathsf{movavg}(x, 10, 40)$
für zwei Glättungen: eine zu 10 und eine zu 40 Stützstellen (z.B. Tagen)
Ergebnis: a und b zwei geglättete Zeitreihen (Spaltenvektoren)

Zu beachten: die geglätteten Zeitreihen sind in ihrer Länge, bezogen auf die Anzahl der Stützstellen, gekürzt; die Anfänge der geglätteten Zeitreihen beziehen sich auf die jeweils vorhandenen (unteren, Vergangenheits-) Werte, d.h. die Glättungen schwingen sich erst ein. In der grafischen Darstellung wird dieser Einschwingteil nicht wiedergegeben.

Stochastische Kenngrößen von Zeitreihen

Erwartungswert, Varianz, Kovarianz und Korrelationskoeffizient

Erwartungswertfunktion $\mu_n = \mathrm{E}x_n$
Varianzfunktion $\sigma_n^2 = \mathrm{D}^2 x_n = \mathrm{E}(x_n - \mathrm{E}x_n)^2$
Standardabweichung $\sigma_n = \sqrt{\sigma_n^2}$
Kovarianzfunktion $c(m, n) = \mathrm{cov}(x_n, x_{n+m}) = \mathrm{E}\Big[(x_m - \mathrm{E}x_m)(x_n - \mathrm{E}x_n)\Big]$
Korrelationsfunktion $\varrho(m, n) = \dfrac{c(m, n)}{\sqrt{\sigma_m^2}\sqrt{\sigma_n^2}}$

Stationarität

Starke Stationarität:
Die Wahrscheinlichkeitsverteilung der Zeitreihe ist invariant gegenüber einer Zeitverschiebung, d.h.

$$P\Big[(x_{n_1} \le a_1) \cap \cdots \cap (x_{n_r} \le a_r)\Big] = P\Big[(x_{n_1+s} \le a_1) \cap \cdots \cap (x_{n_r+s} \le a_r)\Big]$$

Schwache Stationarität:
Erwartungswert, Varianz und Kovarianz der Zeitreihe existieren und es gilt

$\mathrm{E}x_n = \mu_n = \mu$ (konstanter Mittelwert)
$\mathrm{cov}(x_m, x_n) = c(m, n) = c(n - m)$ (abhängig nur von Zeitdifferenz)
hier gilt: $c(-s) = c(s)$, $c(0) = \sigma^2$
$\varrho(m, n) = \varrho(n - m)$, $\varrho(-s) = \varrho(s)$, $\varrho(0) = 1$

Aus der starken Stationarität folgt die schwache, wenn die genannten Momente existieren.

Gaußscher Prozess

Die Zeitreihe heißt Gaußscher Prozess, falls die Wahrscheinlichkeitsverteilung der Zeitreihe an r Zeitpunkten, d.h. des Vektors $(x_{n_1}, x_{n_2}, \ldots, x_{n_r})$, eine (nichtsinguläre multivariate) Normalverteilung ist.

Beim Gaußschen Prozess fallen starke und schwache Stationarität zusammen.

Statistische Kenngrößen von Zeitreihen

Mittelwert, Varianz und Kovarianz auf einem Zeitreihenabschnitt

Mittelwert $\mu = \overline{x} = \frac{1}{N} \sum_{k=n}^{n+N-1} x_k$

Varianz $\sigma^2 = \overline{(x-\mu)^2} = \frac{1}{N-1} \sum_{k=n}^{n+N-1} (x_k - \mu)^2$

Standardabweichung $\sigma = \sqrt{\sigma^2}$

Kovarianz

$$\mathrm{cov}(x_n, x_{n+m}) = \frac{1}{N-1} \sum_{k=n}^{n+N-1} \left(x_k - \frac{1}{N} \sum_{i=n}^{n+N-1} x_i\right)\left(x_{k+m} - \frac{1}{N} \sum_{i=n}^{n+N-1} x_{i+m}\right)$$

Mittelwert, Varianz und Kovarianz für stationäre Zeitreihen

Mittelwert $\mu = \overline{x} = \frac{1}{N} \sum_{k=0}^{N-1} x_k$

Varianz $\sigma^2 = \overline{(x-\mu)^2} = \frac{1}{N-1} \sum_{k=0}^{N-1} (x_k - \mu)^2$

Standardabweichung $\sigma = \sqrt{\sigma^2}$

Kovarianz $\mathrm{cov}(x_n, x_{n+m}) = \frac{1}{N-1} \sum_{k=0}^{N-1} (x_k - \mu)(x_{k+m} - \mu)$

$\mathrm{cov}(x_n, x_{n+m}) = \mathrm{cov}(x_0, x_m)$

Zur statistischen Analyse von Zeitreihen siehe auch die Informationen im Abschnitt Rendite-Zeitreihen (▷▷ S.130). Dort wird insbesondere die m-Funktion ewstats vorgestellt.

Zeitreihen-Modelle

Weißes Rauschen und Wiener-Prozess

x_n Zeitreihe, $n = 0, 1, 2, \ldots$

ε_n standard-normalverteilte und unabhängige (bzw. paarweise unkorrelierte) Zufallsgrößen

Weißes Rauschen: (white noise)

$$x_n = \sigma\varepsilon_n$$

$$\mathrm{E}x_n = 0,\ \mathrm{D}^2 x_n = \sigma^2,$$

$$\mathrm{cov}(x_m, x_n) = \delta_{mn}\sigma^2 \quad (\delta \text{ Kronecker-Symbol})$$

(diskreter) Wiener-Prozess: (random walk)

$$x_n = x_{n-1} + \sigma\varepsilon_n,\ x_0 = 0$$

$$\mathrm{E}x_n = 0,\ \mathrm{D}^2 x_n = n\sigma^2$$

$$\mathrm{cov}(x_m, x_n) = \min(m, n)\sigma^2$$

zum Vergleich

(stetiger) Wiener-Prozess: s, t reellwertige Zeitpunkte

$x_t - x_s$ normalverteilt: mit Erwartungswert 0 und Varianz $|t - s|$

$$\mathrm{E}x_t = 0,\ \mathrm{D}^2 x_t = t$$

$$\mathrm{cov}(x_s, x_t) = \min(s, t)$$

ARMA-Prozesse

x_n Zeitreihe

ε_n $N(0, \sigma^2)$-verteilte und unabhängige (bzw. paarweise unkorrelierte) Zufallsgrößen (weißes Rauschen)

u_n polynomiale (deterministische) Trendfunktion vom Grade d

MA(q) **M**oving **A**verage: $x_n = \varepsilon_n + \sum\limits_{i=1}^{q} \beta_i\varepsilon_{n-i}$

AR(p) **A**uto **R**egressive: $x_n = \varepsilon_n + \sum\limits_{j=1}^{p} \alpha_j x_{n-j}$

ARMA(p, q) **A**uto **R**egressive **M**oving **A**verage:

$$x_n = \varepsilon_n + \sum_{j=1}^{p} \alpha_j x_{n-j} + \sum_{i=1}^{q} \beta_i\varepsilon_{n-i}$$

ARIMA(p, d, q) **A**uto **R**egressive **I**ntegrated **M**oving **A**verage:

$$x_n = \varepsilon_n + \sum_{j=1}^{p} \alpha_j x_{n-j} + u_n + \sum_{i=1}^{q} \beta_i\varepsilon_{n-i}$$

Eigenschaften der ARMA-Prozesse

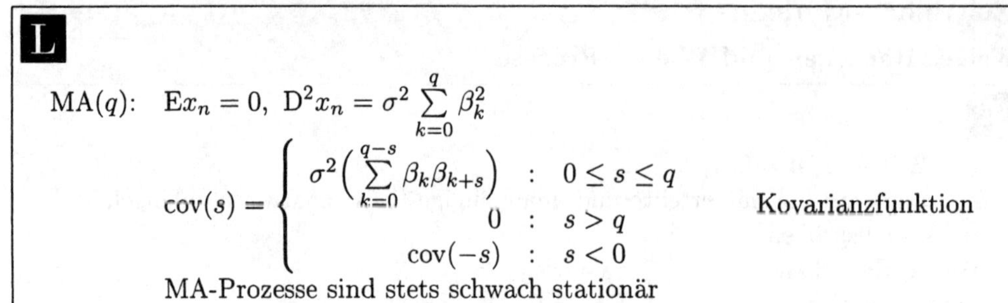

MA(q): $\mathrm{E}x_n = 0,\ \mathrm{D}^2 x_n = \sigma^2 \sum\limits_{k=0}^{q} \beta_k^2$

$$\mathrm{cov}(s) = \begin{cases} \sigma^2\Big(\sum\limits_{k=0}^{q-s} \beta_k\beta_{k+s}\Big) & : \ 0 \le s \le q \\ 0 & : \ s > q \\ \mathrm{cov}(-s) & : \ s < 0 \end{cases} \qquad \text{Kovarianzfunktion}$$

MA-Prozesse sind stets schwach stationär

ARCH- und GARCH-Prozesse

x_t Zeitreihe

ε_t standard-normalverteilte und unabhängige (bzw. paarweise unkorrelierte) Zufallsgrößen (weißes Rauschen)

ARCH(p) **A**uto**R**egressive **C**onditional **H**eteroscedasticity:

$$\mathrm{E}\varepsilon_t = 0,\ \mathrm{D}^2\varepsilon_t = \sigma_t^2 = \alpha_0 + \sum_{i=1}^{p} \alpha_i \varepsilon_{t-i}^2$$

$$x_t = \sigma_t \varepsilon_t$$

GARCH(p, q) **G**eneralized **A**uto**R**egressive **C**onditional **H**eteroscedasticity:

$$\mathrm{E}\varepsilon_t = 0,\ \mathrm{D}^2\varepsilon_t = \sigma_t^2 = \alpha_0 + \sum_{i=1}^{p} \alpha_i \varepsilon_{t-i}^2 + \sum_{j=1}^{q} \beta_j \sigma_{t-j}^2$$

$$x_t = \sigma_t \varepsilon_t$$

Homoskedastizität: die Varianz der Abweichungen vom Mittelwert (die Abweichungen der Prozesswerte vom Mittelwert werden auch Residuen genannt) der Zeitreihe ist konstant. Dies wird bei den Modellen MA, AR und ARMA unterstellt.

Heteroskedastizität: die Varianz der Abweichungen vom Mittelwert der Zeitreihe ist veränderlich. Bei Wertpapierrenditen gibt es Phasen geringer Schwankungen (kleine Volatilität) und solche starker Schwankungen (große Volatilität). Die Modelle ARCH, GARCH und dessen Abkömmlinge sind geeignet, solche Schwankungsmuster nachzubilden, häufig genannt Volatilitätscluster; sie berücksichtigen auch die Erfahrung, dass extreme Veränderungen (große Residuen) der Zeitreihe häufiger auftreten, als dies bei Unterstellung der Normalverteilung erwartet wird. Solche Verteilungen werden leptokurtos (langschwänzig) genannt. Aus diesem Grunde wurden in MATLAB Analysemöglichkeiten für GARCH-Prozesse bereitgestellt.

Abkömmlinge der GARCH-Prozesse

x_t Zeitreihe

ε_t standard-normalverteilte und unabhängige (bzw. paarweise unkorrelierte) Zufallsgrößen (weißes Rauschen)

u_t polynomiale (deterministische) Trendfunktion vom Grade d

IGARCH(p, d, q) **I**ntegrated **G**eneralized **A**uto**R**egressive **C**onditional **H**eteroscedasticity:

$$\mathrm{E}\varepsilon_t = 0,\ \mathrm{D}^2\varepsilon_t = \sigma_t^2 = \alpha_0 + \sum_{i=1}^{p} \alpha_i \varepsilon_{t-i}^2 + \sum_{j=1}^{q} \beta_j \sigma_{t-j}^2$$

TGARCH(p) **T**hreshold **G**eneralized **A**uto**R**egressive **C**onditional **H**eteroscedasticity:

$$\mathrm{E}\varepsilon_t = 0,\ \mathrm{D}^2\varepsilon_t = \sigma_t^2 = \alpha_0 + \sum_{i=1}^{p} \alpha_i^+ \varepsilon_{t-i}^2 + \sum_{i=1}^{p} \alpha_i^- \varepsilon_{t-i}^2$$

α_i^+ steht für $\varepsilon_{t-i} > 0$, α_i^- steht für $\varepsilon_{t-i} < 0$
(fallende ε-Werte werden also mit anderen Gewichten bedacht, als steigende ε-Werte)

Die Zeitreihenmodelle Wiener Prozess, MA, AR, ARMA und ARIMA sind rekursiv definiert und damit sofort für die Simulation geeignet. Stattdessen sind ARCH, GARCH und dessen Abkömmlinge über die stochastischen Eigenschaften definiert; für die Simulation geeignete rekursive Formeln siehe nachfolgend.

Eigenschaften und rekursive Definition des GARCH-Prozesses

Vorgaben: ε_t standard-normalverteilt, unabhängig (unkorreliert):
$\mathrm{E}\varepsilon_t = 0,\ \mathrm{D}^2\varepsilon_t = 1,\ \mathrm{cov}(\varepsilon_t, \varepsilon_u) = 0, t \neq u$
Gewichte: $[\alpha_0\, \alpha_1 \ldots \alpha_p]$, $[\beta_1 \ldots \beta_q]$
Bedingung: alle α_i und $\beta_j \geq 0$
Bedingung für schwache Stationarität:

$$\sum_{i=1}^{p} \alpha_i + \sum_{j=1}^{q} \beta_j < 1$$

GARCH(p, q)-Prozess: $x_t = \sigma_t \varepsilon_t$, wobei $\sigma_t^2 = \alpha_0 + \sum_{i=1}^{p} \alpha_i \varepsilon_{t-i}^2 + \sum_{j=1}^{q} \beta_j \sigma_{t-j}^2$

Fortsetzung:

bedingter Mittelwert:	$\mathrm{E}(x_t/x_{t-1}, x_{t-2}, \dots) = 0$
bedingte Varianz:	$\mathrm{D}^2(x_t/x_{t-1}, x_{t-2}, \dots) = \sigma_t^2$ (wie oben)
unbedingter Mittelwert:	$\mathrm{E}x_t = 0$
unbedingte Varianz:	$\mathrm{D}^2 x_t = \dfrac{\alpha_0}{1 - \left(\sum_{i=1}^{p} \alpha_i \varepsilon_{t-i}^2 + \sum_{j=1}^{q} \beta_j \sigma_{t-j}^2\right)}$
bedingte Verteilung:	$x_t/x_{t-1}, x_{t-2}, \dots \sim N(0, \sigma_t^2)$ (zusätzliche Annahme)
ARCH(p)-Prozess:	GARCH(p, 0)-Prozess (also $q = 0$)

GARCH-Prozesse in MATLAB

GARCH-Prozesse wurden in der Finanzmathematik mit Erfolg eingeführt, weil hiermit schwankende Volatilitäten nachbildbar sind: es wechseln Zeitabschnitte kleinerer Volatilität mit Zeitabschnitten größerer Volatilität ab. Neben dem GARCH-Prozess als Zeitreihe werden die bedingten Varianzen als Zeitreihe analysiert.

MATLAB enthält die m-Funktionen ugarch für Parameterschätzungen eines GARCH-Prozesses, ugarchpred für die Prognose von Varianzen des GARCH-Prozesses, ugarchsim für die Simulation eines GARCH-Prozesses mit vorgeplanten Parametereinstellungen. Verwiesen sei auf die MATLAB-Toolbox GARCH, auf deren Bestandteile jedoch hier nicht eingegangen wird (siehe dafür das Handbuch zur GARCH Toolbox).

Simulation eines GARCH-Prozesses

M **ugarchsim**

Funktion	$[x, s] =$ ugarchsim(k, a, b, n)
Ausgabe	x Zeitreihe der Prozesswerte (simulierter GARCH-Prozess)
	s Zeitreihe der bedingten Varianzen
Eingabe	k Grundwert (entspricht α_0)
	$a : [a_1 \ a_2 \dots a_p]'$
	(Spalten-)Vektor der Gewichte der rückwärtigen Varianzwerte
	$b : [b_1 \ b_2 \dots b_q]'$
	(Spalten-)Vektor der Gewichte der rückwärtigen Prozesswerte
	n Anzahl der zu simulierenden Prozesswerte

Es besteht sowohl die Möglichkeit der numerischen Ausgabe der Werte des GARCH-Prozesses als auch die grafische Ausgabe.

Darstellung eines GARCH-Prozesses

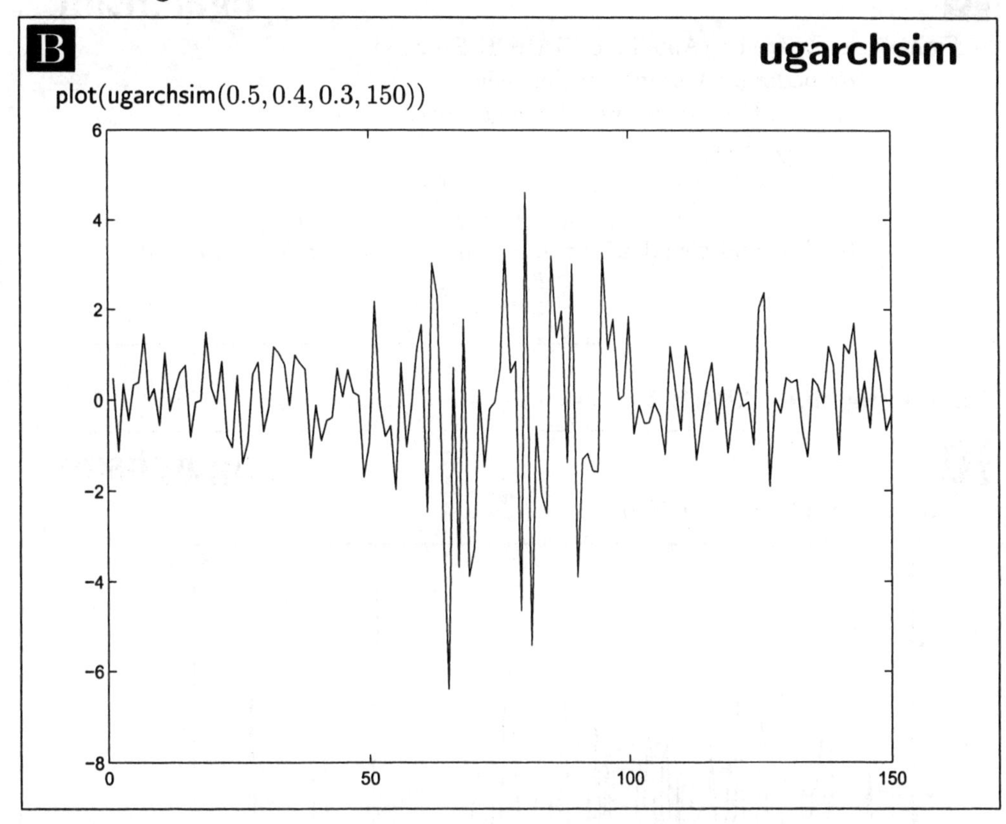

Deutlich erkennbar ist die abschnittsweise Bündelung großer und kleiner Schwankungen. Mit dieser Absicht wurden auch die GARCH-Prozesse konstruiert und erfolgreich eingeführt.
Die Bedingung für die schwache Stationarität ist bei der Eingabe der Gewichte der rückwärtigen Varianz- und Prozesswerte a und b zu beachten: $\sum_{i=1}^{p} a_i + \sum_{j=1}^{q} b_j < 1$.
Mit ugarchsim können auch ARCH-Prozesse simuliert werden (b Nullvektor, am besten lediglich $b_1 = 0$ setzen).

F **ugarchsim**

Formel x_t Zeitreihe (Annahme: GARCH-Prozess)
σ_t^2 bedingte Varianz der Zeitreihe
ε_t $N(0,1)$-verteilte, unabhängige Zufallsgrößen

$$x_t = \sqrt{\sigma_t^2} \cdot \varepsilon_t$$

$$\sigma_t^2 = k + \left(a_1\sigma_{t-1}^2 + a_2\sigma_{t-2}^2 + \cdots + a_p\sigma_{t-p}^2\right) + \left(b_1 x_{t-1} + b_2 x_{t-2} + \cdots + b_q x_{t-q}\right)$$

für k, a und b sind erfüllt: $k > 0,\ a_1, \ldots, a_p \geq 0,\ b_1, \ldots, b_q \geq 0$

$$\sum_{k=1}^{p} a_k + \sum_{l=1}^{q} b_l < 1$$

Darstellung eines ARCH-Prozesses

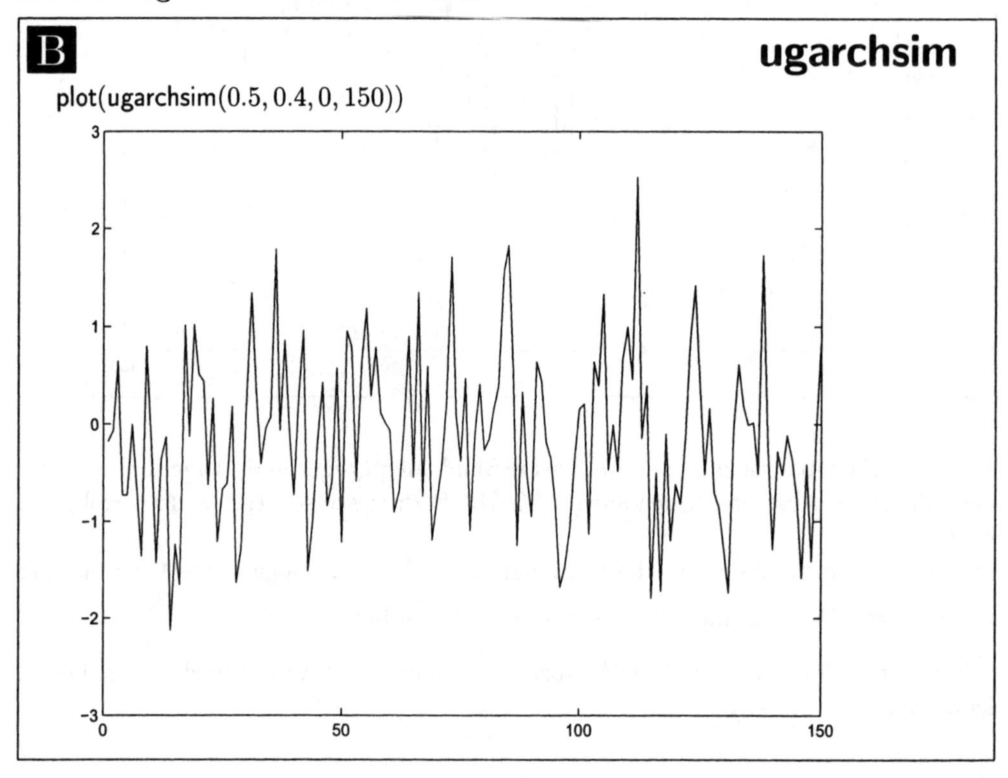

Bei ARCH-Prozessen ist also eine Bündelung von größeren Volatilitäten nicht im Modell enthalten (und deshalb auch in der Grafik nicht erkennbar).

B **ugarchsim**

Simulation eines GARCH-Prozesses mit $p = 1$ und $q = 1$:

$k = 0.5, a_1 = 0.4, b_1 = 0.3, n = 150$

$[x, s] =$ ugarchsim$(0.5, 0.4, 0.3, 100)$

Ergebnis: Spaltenvektoren x und s

Simulation eines ARCH-Prozesses mit $p = 1$ (jetzt $q = 0$):

$k = 0.5, a_1 = 0.4, n = 100$

$[x, s] =$ ugarchsim$(0.5, 0.4, 0, 150)$

Ergebnis: Spaltenvektoren x und s

Simulation eines GARCH-Prozesses ohne Autoregression (d.h. p=0) mit q=2:

$k = 0.5, q = [0.60.3]', n = 150$

$[x, s] =$ ugarchsim$(0.5, 0, [0.60.3]', 100)$

Ergebnis: Spaltenvektoren x und s

Darstellung eines ARCH-Prozesses ohne Autoregression

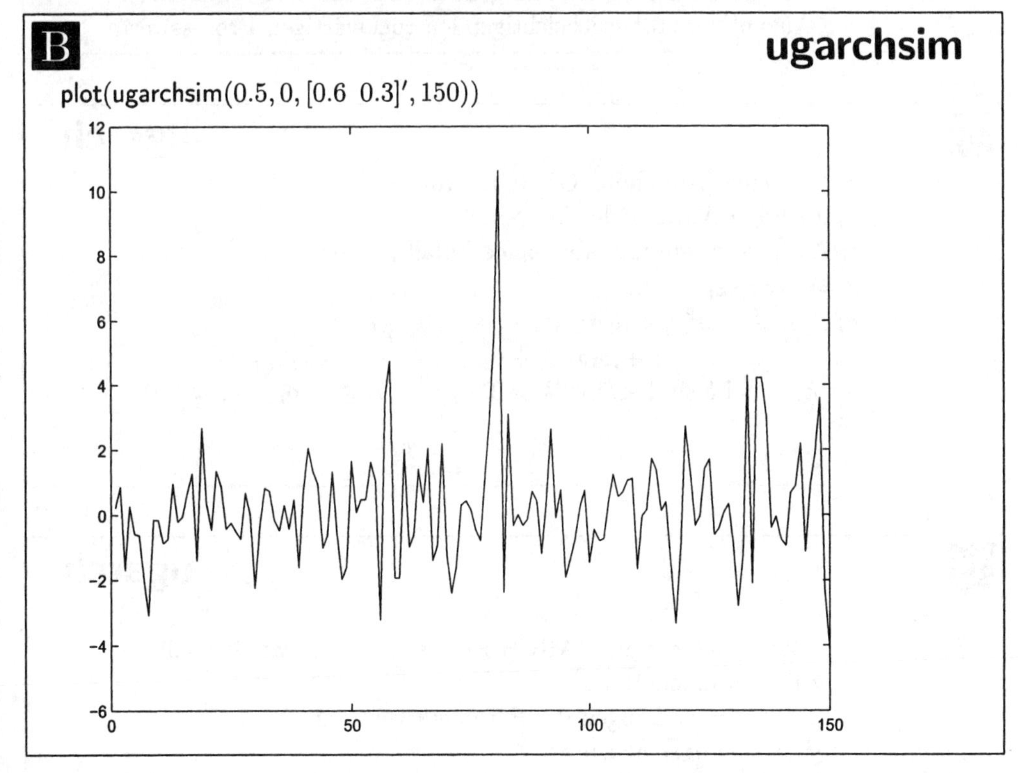

Mit plot(x) bzw. plot(s) können Grafiken zum Prozessverlauf $[x_1, x_2, \ldots, x_n]$ und zum Verlauf der bedingten Varianzen $[\sigma_1^2, \sigma_2^2, \ldots, \sigma_n^2]$ hergestellt werden; die Clusterung der bedingten Varianzen bei den GARCH-Prozessen ist in den Grafiken deutlich zu erkennen; beim ARCH-Prozess sind die bedingten Varianzen konstant.

Parameterschätzung im GARCH-Prozess

M **ugarch**

Funktion $[k, a, b] = \mathsf{ugarch}(x, p, q)$

Ausgabe k Grundwert (entspricht α_0)

$a : [a_1 \ a_2 \ldots a_p]'$

(Spalten-)Vektor der Gewichte der rückwärtigen Varianzwerte

$b : [b_1 \ b_2 \ldots b_q]'$

(Spalten-)Vektor der Gewichte der rückwärtigen Prozesswerte

Eingabe: x Zeitreihe, Prozesswerte (als Spaltenvektor)

p Anzahl der zu berücksichtigenden rückwärtigen Varianzwerte

q Anzahl der zu berücksichtigenden rückwärtigen Prozesswerte

F **ugarch**

Formel x_t Zeitreihe (Annahme: GARCH-Prozess)

σ_t^2 bedingte Varianz der Zeitreihe

ε_t $N(0,1)$-verteilte, unabhängige Zufallsgrößen

$$x_t = \sqrt{\sigma_t^2} \cdot \varepsilon_t$$

$$\sigma_t^2 = k + \left(a_1\sigma_{t-1}^2 + a_2\sigma_{t-2}^2 + \cdots + a_p\sigma_{t-p}^2\right) + \left(b_1 x_{t-1} + b_2 x_{t-2} + \cdots + b_q x_{t-q}\right)$$

für k, a und b sind erfüllt: $k > 0$, $a_1, \ldots, a_p \geq 0$, $b_1, \ldots, b_q \geq 0$

$$\sum_{k=1}^{p} a_k + \sum_{l=1}^{q} b_l < 1$$

B **ugarch**

Beispiel 1:

Eingabe: x Zeitreihe, die als GARCH-Prozess gedeutet werden soll

z.B. $x = \mathsf{randn}(100, 1)$

$p = 1, q = 1$ Längen der Parametervektoren

Funktion: $[k, a, b] = \mathsf{ugarch}(x, p, q)$

Ergebnis: $k = 0.8669$, $a = 0$, $b = 0.1404$

(k, a und b sind die Schätzungen der Parameter)

B **ugarch**

Beispiel 2:

Eingabe: x Zeitreihe, die als GARCH-Prozess gedeutet werden soll
z.B. $x = \mathsf{randn}(100, 1)$
$p = 2, q = 3$ Längen der Gewichtsvektoren

Funktion: $[k, a, b] = \mathsf{ugarch}(x, p, q)$

Ergebnis: $k = 0.9464$ $a =$ 0 0 $b =$ 0.0519 0 0
(k, a und b sind die Schätzungen der Parameter, entsprechend der Länge der Gewichtsvektoren)

Die Ausgabe der Schätzung wird ergänzt durch Informationen zu den Iterationen des Schätzverfahrens.

Prognose der bedingten Varianz im GARCH-Prozess

M **ugarchpred**

Funktion $[V, S] = \mathsf{ugarchpred}(x, k, a, b, n)$

Ausgabe V Prognose der bedingten Varianz für n zukünftige Zeitpunkte (Spaltenvektor der Länge n)
S Schätzung der rückwärtigen bedingten Varianzen entspr. des vorgelegten Prozesses x (Spaltenvektor gemäß der Länge von x)

Eingabe x Zeitreihe, Prozess (Annahme: GARCH-Prozess)
k, a, b Parameter des GARCH-Prozesses
n Anzahl der Prognose-Zeitpunkte

F **ugarchpred**

Formel siehe ugarch (▷▷ S.128)

B **ugarchpred**

Eingabe: x Zeitreihe, die als GARCH-Prozess gedeutet werden soll
z.B. $x = \mathsf{randn}(100, 1)$
$k = 0.9,\ a = [0\ 0]',\ b = 0.05,\ n = 5$

Funktion: $[V, S] = \mathsf{ugarchpred}(x, k, a, b, n)$

Ergebnis: $V = [0.9230\ 0.9462\ 0.9473\ 0.9474\ 0.9474]'$
(Prognose der zukünftigen bedingten Varianzen)
$S = [0.9474\ 0.9200\ \ldots\ 1.0036\ 0.9397]'$
(Schätzung der rückwärtigen bedingten Varianzen)

Portfolio-Optimierung

Ein Portfolio ist eine Mischung aus Anlageobjekten/Wertpapieren/Vermögensgegenständen. Die Anlageobjekte - die Bestandteile des Portfolios - und das Portfolio selbst sind durch die jeweilige erwartete Rendite und das jeweilige zukünftige Risiko charakterisiert. Bei der Zusammenstellung eines Portfolios müssen die erwartete Rendite und das zukünftige Risiko gegeneinander abgewogen werden. Die Bestimmung und Konstruktion eines optimalen Portfolios sind wichtige Aufgaben des Finanzwesens.

Statistische Analyse

Mit der Portfolio-Analyse schafft man Möglichkeiten, Portfolios miteinander zu vergleichen; dabei sind nicht sinnvolle Portfolios auszusondern, z.B. bei zwei Portfolios mit gleicher Rendite kann dasjenige mit größerem Risiko aus der Betrachtung ausscheiden. So entsteht der Begriff des effektiven Portfolios.

Effektives Portfolio und effektive Grenze

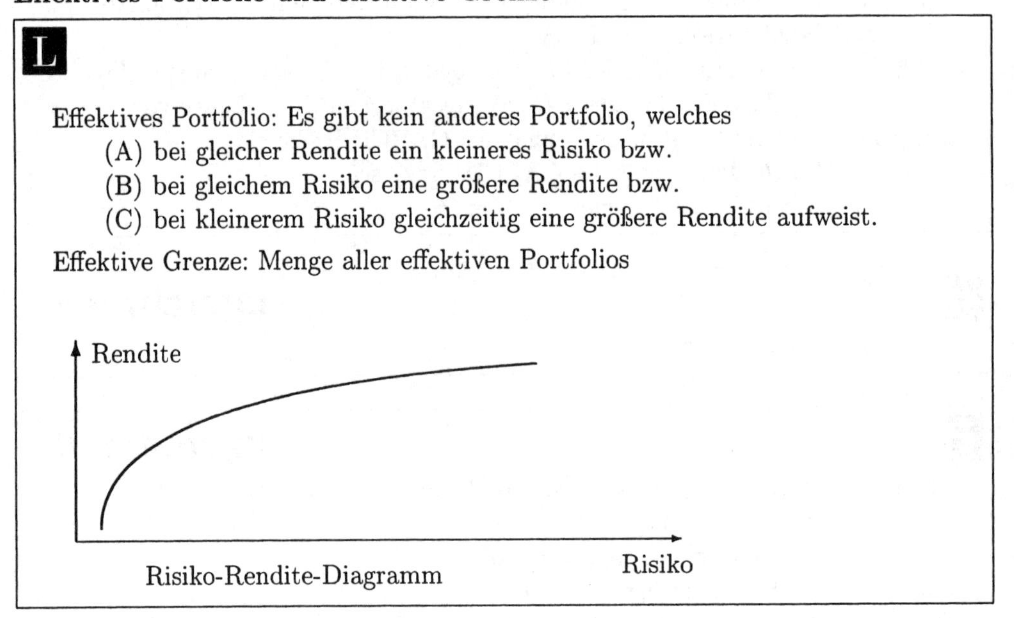

Effektives Portfolio: Es gibt kein anderes Portfolio, welches

(A) bei gleicher Rendite ein kleineres Risiko bzw.
(B) bei gleichem Risiko eine größere Rendite bzw.
(C) bei kleinerem Risiko gleichzeitig eine größere Rendite aufweist.

Effektive Grenze: Menge aller effektiven Portfolios

Risiko-Rendite-Diagramm

Statistische Analyse einer Rendite-Zeitreihe

Die Finanzmathematik benötigt zur Darstellung von zeitveränderlichen Vorgängen die Zeitreihen (siehe ⊳⊳ S.114).

M

ewstats

Grundfunktion	$[r, C, M] = \mathsf{ewstats}(x)$
Vollfunktion	$[r, C, M] = \mathsf{ewstats}(x[, d, w])$
Ausgabe	r Zeilenvektor der n geschätzten erwarteten Renditen C geschätzte Kovarianzmatrix der n Renditen M Anzahl der effektiven Beobachtungen: $M = \frac{1 - d \wedge w}{1 - d}$
Eingabe	x Matrix vom Typ (m, n): Spalten sind Rendite-Zeitreihen einzelner Papiere; m Länge der Zeitreihe, n Anzahl der Zeitreihen [d Erinnerungsfaktor: $0 < d \leq 1, \{1\}$, beschreibt die Gewichtsreduzierung in Richtung Vergangenheit; er steuert die Wertigkeiten der Daten in Bezug auf ihr Alter w Fensterlänge: Anzahl der für die Analyse verwendeten Beobachtungen, $\{m\}$]

ewstats

$$M = d^{w-1} + \cdots + d + 1 = \sum_{k=0}^{w-1} d^k = \begin{cases} \frac{1-d^w}{1-d} & \text{für } d < 1 \\ w & \text{für } d = 1 \quad \text{Standardfall} \end{cases}$$

mit dem Erinnerungsfaktor gewichtete Renditen-Zeitreihenwerte:
$R_{ki} = d^k x_{ki}, k = 0, \ldots, w-1; \quad i = 1 \ldots n$

gewichtetes Mittel der Renditen-Zeitreihenwerte: $r_i = \frac{1}{M} \sum_{k=0}^{w-1} R_{ki}$
(geschätzte erwartete Renditen)

Kovarianzmatrix: $C = (C_{ij}), \quad C_{ij} = \frac{1}{M} \sum_{k=0}^{w-1} d^k (R_{ki} - r_i)(R_{kj} - r_j)$

ewstats

Beispiel 1:
2 Rendite-Zeitreihen: $x1 = [0.6 \ 0.4 \ 0.55 \ 0.75 \ 0.62]'$;
$x2 = [0.24 \ 0.17 \ 0.21 \ 0.31 \ 0.27]'$;
zusammengefasst zu: $x = [x1 \ x2]$;
Erinnerungsfaktor: $d = 1$; (Standard, d.h. alle Beobachtungen gleichwertig)
Ergebnis: $[r, C, M] = \mathsf{ewstats}(x)$
geschätzte Renditen: $r = 0.5840 \ 0.2400$
geschätzte Kovarianzmatrix: $C = \begin{matrix} 0.0128 & 0.0053 \\ 0.0053 & 0.0023 \end{matrix}$
effektive Anzahl der Beobachtungen: $M = 5$

Die Standardabweichungen (Risiken) der Rendite-Zeitreihen ergeben sich aus den Wurzeln der Diagonalelemente der Kovarianzmatrix.

ewstats

Beispiel 2:
2 Rendite-Zeitreihen: $x1 = [0.60\ \ 0.40\ \ 0.55\ \ 0.75\ \ 0.62]'$;
$x2 = [0.24\ \ 0.17\ \ 0.21\ \ 0.31\ \ 0.27]'$;
Erinnerungsfaktor: $d = 0.9$;
Ergebnis: $[r, C, M] = \mathsf{ewstats}([x1\ \ x2], d)$
geschätzte Renditen: $r =\ 0.5948\ \ 0.2443$
geschätzte Kovarianzmatrix: $C = [0.0128\ \ 0.0053; 0.0053\ \ 0.0023]$
effektive Anzahl der Beobachtungen: $M = 4.0951$

Beispiel 3:
Simulation von 3 Rendite-Zeitreihen:
x=randn(100,1), y=cumsum(x), $z = x. * y$
Erinnerungsfaktor: d=0.8
Ergebnis: $[r, C, M] = \mathsf{ewstats}([x\ \ y\ \ z], d)$
geschätzte Renditen: $r =\ -0.1204\ \ 5.2747\ \ -0.4368$
geschätzte Kovarianzmatrix:
$C = [0.3960\ \ 0.1986\ \ 2.0840; 0.1986\ \ 0.2856\ \ 1.0370; 2.0840\ \ 1.0370\ \ 11.0398]$

Portfoilio-Analyse

Statistische Analyse eines Portfolios - Varianz

M **portvar**

Grundfunktion:	$v = \mathsf{portvar}(x)$
Vollfunktion:	$v = \mathsf{portvar}(x[, g])$
Ausgabe:	v Varianz des Portfolios
Eingabe:	x Matrix, deren Spalten Rendite-Zeitreihen der im Portfolio enthaltenen Papiere sind, Typ (m, n) [g Zeilenvektor der Gewichte der Papiere, Typ(1,n)],$\{G_i = \frac{1}{n}\}$ g kann auch als Matrix vom Typ(r, n) eingegeben werden; dies bedeutet: es werden mehrere Portfolios der gleichen Papiere, aber mit unterschiedlichen Gewichten dieser Papiere analysiert

F **portvar**

Grundformel: $C_{ij} = \mathrm{cov}(x_i, x_j)$ Kovarianz der Papiere
$V_i = C_{ii}$ Varianz jedes einzelnen Papiers
$W = g^\top g$ quadratische Matrix der Gewichte (hier kann es im Gegensatz zur Vollformel nur eine - die gleichverteilte - Gewichtsverteilung geben: $g = [\frac{1}{n} \cdots \frac{1}{n}]$)
$v = \sum_i g_i^2 \cdot V_i + 2 \sum_{i<j} W_{ij} \cdot C_{ij}$

Vollformel: $C_{ij} = \mathrm{cov}(x_i, x_j)$ Kovarianz der Papiere
$V_i = C_{ii}$ Varianz jedes einzelnen Papiers
$W_k = g_k^\top g_k$ quadratische Matrix der Gewichte
$v_k = \sum_i g_{ki}^2 \cdot V_i + 2 \sum_{i<j} W_{k,ij} \cdot C_{ij}$

B **portvar**

Beispiel 1: 2 Papiere zu je 5 Messwerten
$x = [4.0\ \ 3.3; 4.5\ \ 3.8; 5.0\ \ 3.5; 5.2\ \ 4.1; 5.5\ \ 3.7]$;
$v =$ portvar(x), $v = 0.1630$

Beispiel 2: 2 Papiere zu je 5 Messwerten (wie Beispiel 1), aber mit den Gewichtsverteilungen 0.3/0.7, 0.5/0.5, 0.7/0.3
$x = [4.0\ \ 3.3; 4.5\ \ 3.8; 5.0\ \ 3.5; 5.2\ \ 4.1; 5.5\ \ 3.7]$;
$g = [0.3\ \ 0.7; 0.5\ \ 0.5; 0.7\ \ 0.3]$
$v =$ portvar(x, g), $v = [0.1203\ \ 0.1630\ \ 0.2247]'$

Statistische Analyse eines Portfolios - Standardabweichungen und erwartete Renditen

M **portstats**

Grundfunktion $[P_s, P_r] =$ portstats(r, C)
Vollfunktion $[P_s, P_r] =$ portstats($r, C[, g]$)
Ausgabe P_s Spaltenvektor der Standardabweichungen der Portfolios
P_r Spaltenvektor der erwarteten Renditen der Portfolios
Eingabe r Zeilenvektor der erwarteten Rendite der einzelnen Papiere
C Kovarianzmatrix der Renditen der Papiere
[g Zeilenvektor der Gewichte der Papiere im Portfolio
{Standard: alle Papiere gleichgewichtig}]

In der Vollfunktion können mehrere Portfolios mit verschiedenen Gewichtsvektoren abgefragt werden, so dass g zur Matrix wird - die Zeilen entsprechen dann einzelnen Portfolios. Sowohl die Renditen r der Papiere als auch die Kovarianzmatrix C bleiben dabei gleich.

F **portstats**

Grundformel: $P_r = \overline{r}$ arithmetisches Mittel der Renditen der Portfolios
$P_s = \sqrt{gCg^\top}$, wobei $g = [\frac{1}{n} \dots \frac{1}{n}]$
(n Anzahl der Papiere im Portfolio)

Vollformel: $P_r = gr^\top$ gewichtetes Mittel der Renditen der Portfolios
$P_s = \sqrt{gCg^\top}$

Anmerkung: Die in der Matrizenrechnung übliche Darstellung eines Skalarproduktes, $a^\top b$, ist für den Fall gedacht, dass die Vektoren stets Spaltenvektoren sind; dies kann in dieser MATLAB-Funktion nicht realisiert werden, weil die gleichzeitige Verarbeitung mehrerer Portfolios (mit Spaltenanordnung) garantiert werden soll.

B **portstats**

Beispiel 1: 1 Portfolio aus 2 Papieren mit gleichen Gewichten
Eingabe: Renditen der Papiere: $r = [0.1\ \ 0.2]$;
Kovarianzmatrix: $C = [0.3\ \ -0.1;\ \ -0.1\ \ 0.2]$;
Ausgabe: $[P_s, P_r] = \text{portstats}(r, C)$; $P_r = 0.1500$ $P_s = 0.2739$

Beispiel 2: 1 Portfolio aus 2 Papieren mit verschiedenen Gewichten
Eingabe: Renditen der Papiere: $r = [0.1\ \ 0.2]$;
Kovarianzmatrix: $C = [0.3\ \ -0.1;\ \ -0.1\ \ 0.2]$;
Gewichte der Papiere: $g = [0.3\ \ 0.7]$;
Ausgabe: $[P_s, P_r] = \text{portstats}(r, C, g)$; $P_r = 0.1700$ $P_s = 0.2881$

Beispiel 3: 3 Portfolios aus 2 Papieren mit verschiedenen Gewichten
Eingabe: Renditen der Papiere: $r = [0.1\ \ 0.2]$;
Kovarianzmatrix: $C = [0.3\ \ -0.1;\ \ -0.1\ \ 0.2]$;
Gewichte der Papiere in den Portfolios:
$g = [0.3\ 0.7;\ \ 0.4\ 0.6;\ \ 0.7\ 0.3]$
Ausgabe: $[P_s, P_r] = \text{portstats}(r, C, g)$; $P_r = [0.1700;\ \ 0.1600;\ \ 0.1300]$
$P_s = [0.2881;\ \ 0.2683;\ \ 0.3507]$

Zufallsgenerierung von Portfolios

M **portrand**

Grundfunktion 1:	$[s, r, w] = \mathsf{portrand}(x)$
Vollfunktion 1:	$[s, r, w] = \mathsf{portrand}(x[, rp, n])$
	analytische Erzeugung von Zufallsportfolios
Grundfunktion 2:	$\mathsf{portrand}(x)$
Vollfunktion 2:	$\mathsf{portrand}(x[, rp, n])$
	grafische Darstellung der erzeugten Zufallsportfolios
Ausgabe:	s Spaltenvektor von Standardabweichungen der erzeugten Portfolios
	r Spaltenvektor von erwarteten Renditen der erzeugten Portfolios
	w Matrix von Gewichten für die Zusammensetzung der Portfolios (jede Zeile von Gewichten gehört zu einem Portfolio)
Eingabe:	x Matrix von Zeitreihen - jede Spalte enthält die Beobachtungen zu einem Wertpapier, jede Zeile enthält die Beobachtungen zu einem Portfolio
	[rp Zeilenvektor der Renditen der Papiere im Portfolio (Standard: {arithmetische Mittel der Spalten von x})
	n Anzahl der zu erzeugenden Zufallsportfolios {1000}]

B **portrand**

Beispiel 1

Analytische Erzeugung von Zufallsportfolios aus zwei Papieren

Eingabe: $x = [1.2\ \ 4.2;\ \ 1.4\ \ 3.9;\ \ 1.5\ \ 3.7;\ \ 1.3\ \ 4.1]$

$rp = [0.3\ \ 0.7], \quad n = 100$

Ausgabe: $[s, r, w] = \mathsf{portrand}(x, rp, n)$

Ergebnis: Spaltenvektor s mit 100 Standardabweichungen (Risiken)

$s = [0.1231\ \ 0.1223 \ldots 0.2054\ \ 0.2134]'$

Spaltenvektor r mit 100 Renditen (zwischen 0.3 und 0.7)

$r = [0.3069\ \ 0.3078 \ldots 0.6813\ \ 0.6905]'$

2-spaltige Matrix w mit 100 Gewichtsverteilungen

$w = [0.6198\ \ 0.3802;\ \ 0.3531\ \ 0.6469 \ldots$

$0.2750\ \ 0.7250;\ \ 0.4985\ \ 0.5015]$

Das Ergebnis ist grafisch wiedergegeben - siehe folgende Tafel.

B

portrand

Grafische Darstellung von Zufallsportfolios in einem Risiko-Rendite-Diagramm:
Eingabe: wie oben
Ergebnis: portrand$(x, rp, 100)$

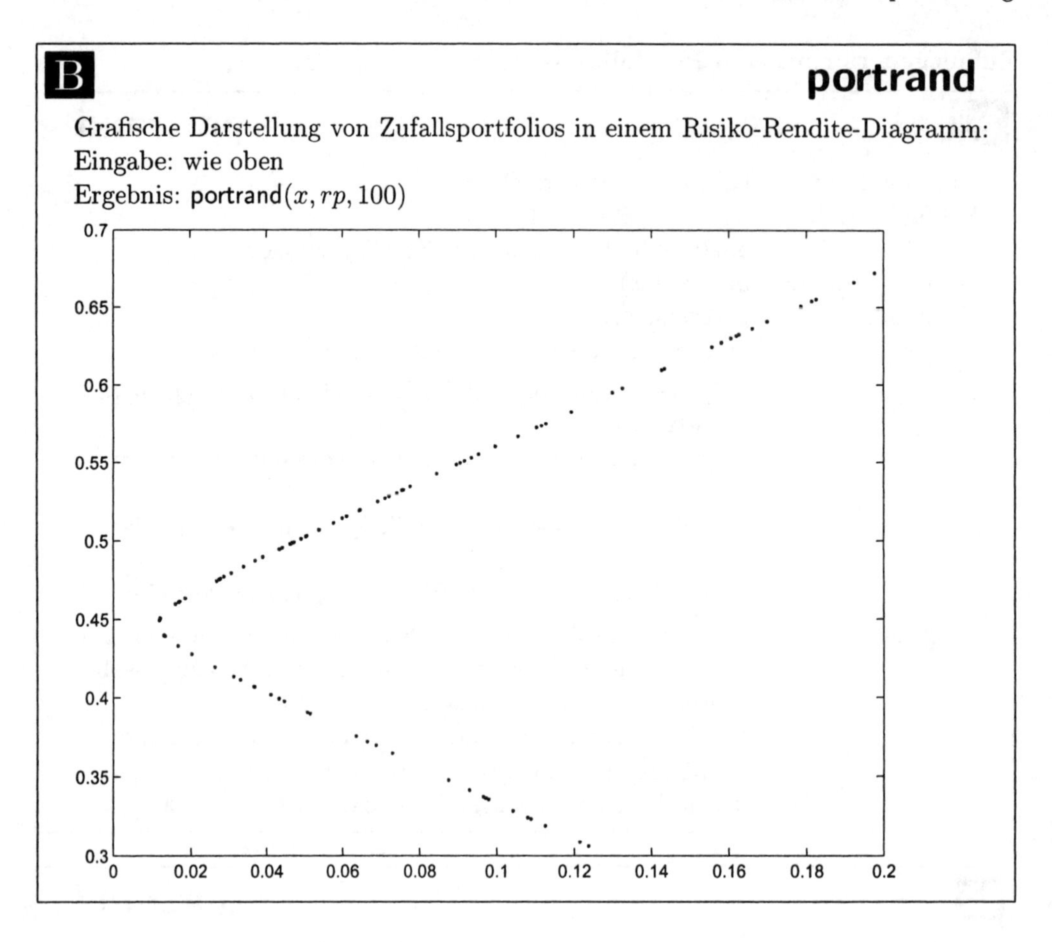

Im Falle von Portfolios, die aus zwei Wertpapieren bestehen, ordnen sich die Simulationen längs einer Kurve an; der obere Teil ("Nordwestberandung") ist die Effizienzkurve: dort liegen alle effizienten Portfolios, die sich dadurch auszeichnen, dass eine Erhöhung der Rendite nur durch eine Erhöhung des Risikos erreicht werden kann. Klar ist, dass sich deshalb im unteren Teil keine effizienten Portfolios befinden - zum Beispiel: Portfolios mit einer Rendite kleiner als 0.45 sind schlechtweg nicht optimal.

B **portrand**

Beispiel 2

Analytische Erzeugung von Zufallsportfolios aus drei Papieren

Eingabe: $x = [1.2\ 4.2\ 2.6;\ 1.4\ 3.9\ 2.4;\ 1.5\ 3.7\ 2.9;\ 1.3\ 4.1\ 2.5;\ 1.6\ 4.0\ 2.3]$
$rp = [1.5\ 4.3\ 2.8]$, $n = 1000$

Ausgabe: $[s, r, w] = \mathsf{portrand}(x, rp, n)$

Ergebnis: Spaltenvektor s mit 1000 Standardabweichungen (Risiken)
Spaltenvektor r mit 1000 Renditen (zwischen 1.8 und 3.9)
2-spaltige Matrix w mit 1000 Gewichtsverteilungen

Das Ergebnis ist grafisch wiedergegeben - siehe folgende Tafel.

B **portrand**

Grafische Darstellung von Zufallsportfolios in einem Risiko-Rendite-Diagramm:

Eingabe: wie oben

Ergebnis: $\mathsf{portrand}(x, rp, 1000)$

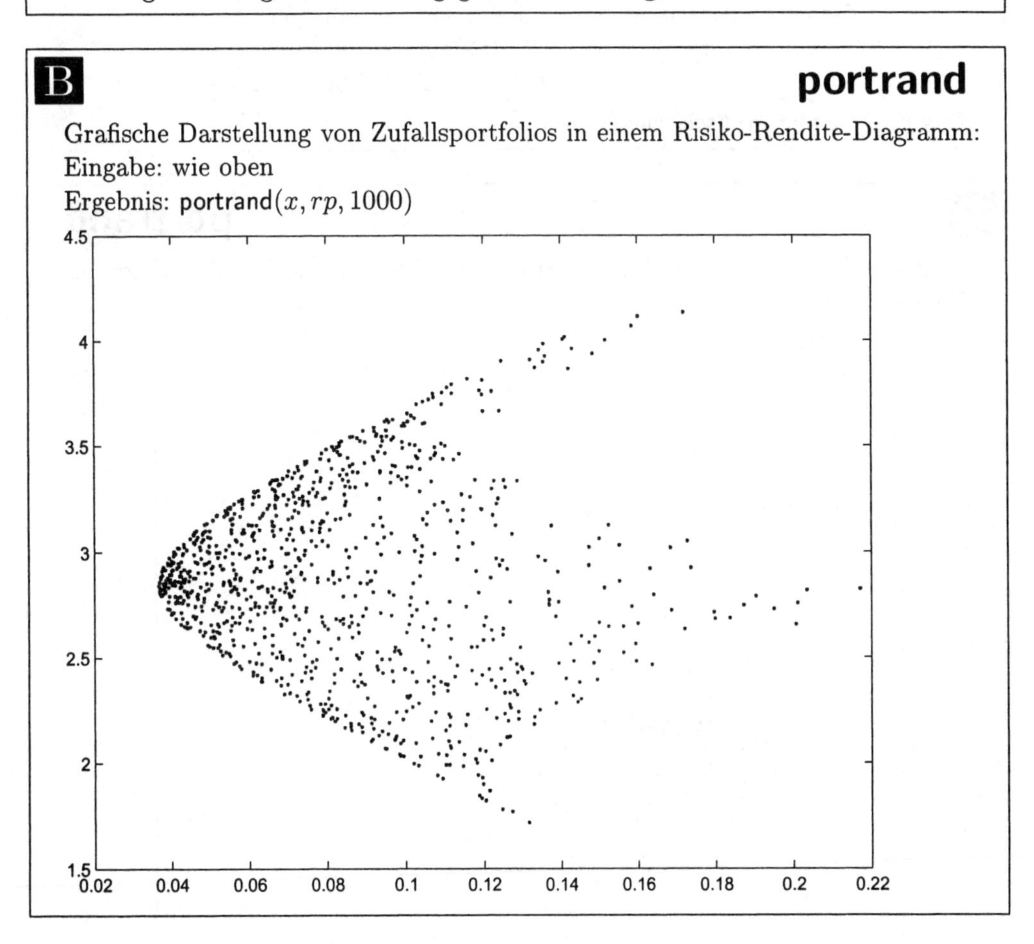

Aus der Grafik ist die Gestalt der Effizienzkurve zu erkennen. Die "Nordwestberandung" des durch die Simulationen belegten Gebietes ist die Effizienzkurve: eine höhere Rendite kann dort nur durch Erhöhung des Risikos erreicht werden.

B **portrand**

Beispiel 3

Analytische Erzeugung von Zufallsportfolios aus fünf Papieren

Eingabe: x mit Zufallszahlen erzeugt: $x = \mathsf{rand}(10, 5)$

rp ebenso zufällig erzeugt: $rp = \mathsf{rand}(1, 5)$, $\quad n = 1000$

Ausgabe: $[s, r, w] = \mathsf{portrand}(x, rp, n)$

Ergebnis: Spaltenvektor s mit 1000 Standardabweichungen (Risiken)

$s = [0.1724\ 0.1722\ 0.1577 \ldots 0.1484\ 0.1314\ 0.1401]'$

Spaltenvektor r mit 1000 Renditen (zwischen 0.44 und 0.76)

$r = [0.4440\ 0.4500\ 0.4522 \ldots 0.7310\ 0.7392\ 0.7508]'$

5-spaltige Matrix w mit 1000 Gewichtsverteilungen

$w = [0.2467\ 0.2616\ 0.2597\ 0.2170\ 0.0148; \ldots$

$0.1853\ 0.2744\ 0.0641\ 0.2934\ 0.1828]$

Das Ergebnis ist grafisch wiedergegeben - siehe folgende Tafel.

 **portrand**

Grafische Darstellung von Zufallsportfolios in einem Risiko-Rendite-Diagramm:

Eingabe: wie oben

Ergebnis: $\mathsf{portrand}(x, rp, 1000)$

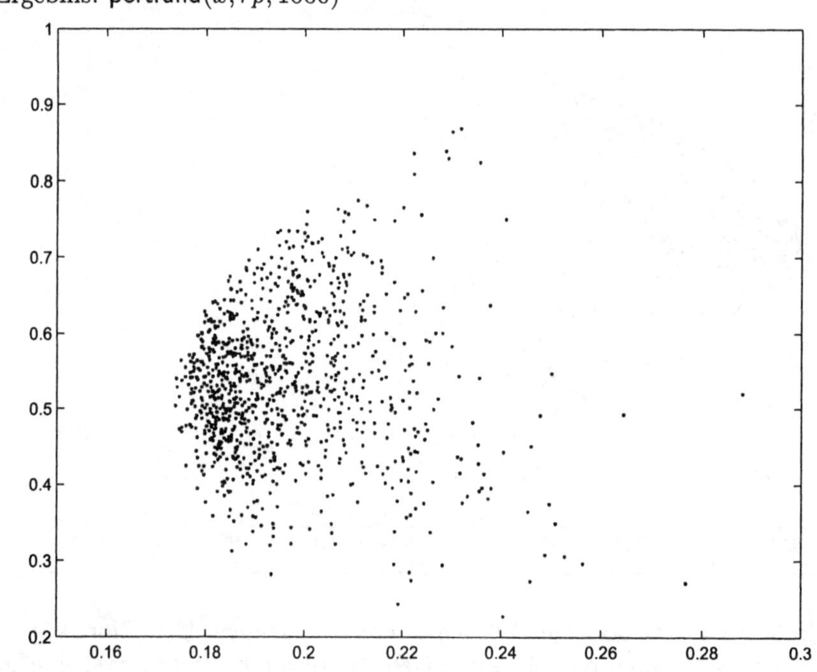

Simulation eines Portfolios bei vorgegebenen statistischen Eigenschaften

M **portsim**

Grundfunktion: $x = \mathsf{portsim}(r, C, w)$
Vollfunktion: $x = \mathsf{portsim}(r, C, w[, d, m])$
Ausgabe: x Feld der Dimension(n, w, m), Gesamtheit von simulierten Bestandteilen eines Portfolios
Eingabe: r Zeilenvektor der erwarteten Renditen der beteiligten Papiere, Typ$(1, n)$
C Kovarianzmatrix der beteiligten Papiere, Typ(n, n)
w Länge der simulierten Zeitreihen
(falls $w = [\,]$, dann ist d anzugeben)
[d Abstand zwischen den Simulationszeitpunkten, entweder als positive Zahl (für gleiche Abstände) oder als Spaltenvektor, Typ$(w, 1)$ (für unterschiedliche Abstände), {1}
m Anzahl der Simulationen, {1}]

Abweichend von der Darstellung der Formel zu einer m-Funktion in einer F-Tafel soll der nachfolgende Text zur Erläuterung dienen. Die Grundformel zur m-Funktion portsim besteht aus mehreren Schritten, die auf Matrizenzerlegungen (Cholesky-Zerlegung, LR-Zerlegung usw.) basieren: Mit der m-Funktion randn wird eine Matrix M erstellt, deren Spaltenvektoren M_k je 1 Simulation der beabsichtigten Papiere mit den vorgegebenen erwarteten Renditen und Kovarianzen darstellt; die gegebene Kovarianzmatrix C wird mit Hilfe einer singulären Werte-Dekomposition (svd) zerlegt in $USV^\top = C$; daraus entsteht der Faktor $Q = \sqrt{S}U^\top$ mit $Q^\top Q = C$; die Kovarianzmatrix C^* der Simulation M wird mit Hilfe einer Cholesky-Zerlegung (chol) zerlegt in $S^\top S = C^*$; falls S eine reguläre Matrix ist, wird $Q^* = S^{-1}Q$, andernfalls $Q^* = Q$ gesetzt; schließlich werden die Zeitreihen für die Papiere erstellt: $x_k = r + (M_k - \overline{M_k})Q^*$.
Die Vollformel erlaubt weiterhin die Anpassung an verschiedene Zeitabstände der Messpunkte: $x_k = r + \sigma(M_k - \overline{M_k})Q^*$, wobei $\sigma = \sqrt{d}$.

B **portsim**

Beispiel 1: Simulation eines Portfolios aus 2 Papieren mit den erwarteten Renditen 2 und 3 sowie mit der Kovarianzmatrix $\begin{pmatrix} 0.2 & 0.1 \\ 0.1 & 0.3 \end{pmatrix}$, mit jeweils Zeitreihen der Länge 100 und äquidistanten Zeitpunkten vom Abstand 1

$x = \mathsf{portsim}([2\ \ 3], [0.2\ \ 0.1; 0.1\ \ 0.3], 100)$

portsim

Beispiel 2: Simulation eines Portfolios aus 2 Papieren mit den erwarteten Renditen 2 und 3 sowie mit der Kovarianzmatrix $\begin{pmatrix} 0.2 & 0.1 \\ 0.1 & 0.3 \end{pmatrix}$, mit jeweils Zeitreihen der Länge 100 und äquidistanten Zeitpunkten vom Abstand 5

$x = \text{portsim}([2\ \ 3], [0.2\ \ 0.1; 0.1\ \ 0.3], 100, 5)$

Value at Risk eines Portfolios

Der Value at Risk (VaR) ist ein Risikomaß; er ist definiert als maximal möglicher Verlust eines Papiers/eines Portfolios, der in einem festgelegten Zeitabschnitt mit einer gegebenen hohen Wahrscheinlichkeit nicht überschritten wird. Damit ist der Value at Risk nicht die obere Grenze des Verlustes, sondern er markiert einen Abschnitt des besonders hohen Risikos.

portvrisk

Grundfunktion: $V_R = \text{portvrisk}(P_r, P_s)$
Vollfunktion: $V_R = \text{portvrisk}(P_r, P_s[, p, P])$

Ausgabe: V_R Value at Risk (VaR) eines Portfolios
Eingabe: P_r Rendite des Portfolios
P_s Risiko/Standardabweichung/Volatilität eines Portfolios
[p Verlustwahrscheinlichkeit {0.05}
P Wert des Portfolios {1}]

P_r, P_s, p, P können auch als Spaltenvektoren für verschiedene Portfolios eingegeben werden

portvrisk

Grundformel $V_R = -\min(x_{0.05}, 0),\ \ x_{0.05} = F^{-1}(0.05, P_r, P_s)$
Vollformel $V_R = -\min(x_p, 0) \cdot P,\ \ x_p = F^{-1}(p, P_r, P_s)$
$F(x)$ Verteilungsfunktion der Normalverteilung mit Erwartungswert $\mu = P_r$ und Standardabweichung $\sigma = P_s$
F^{-1} deren Umkehrfunktion, m-Funktion $\text{norminv}(p, \mu, \sigma)$

Die m-Funktion portvrisk ermittelt zunächst das p-Quantil x_p der Normalverteilung $N(\mu, \sigma)$. Ist dieser Wert größer Null, wird mit 0 ausgegeben, dass mit Wahrscheinlichkeit p der Wert des Portfolios nicht unter Null sinkt; andernfalls wird ausgegeben, wie weit der Wert (Value at Risk) des Portfolios unter Null sinken kann (Verlust).

B **portvrisk**

portvrisk(0.2,0.2)=0.1290
portvrisk(0.2,0.1)=0
portvrisk(0.2,0.1,0.01)=0.0326
portvrisk(20,10,0.01,100)=326.3479

Analytische und grafische Portfolio-Optimierung

Die Berechnung, Analyse und grafische Darstellung der effektiven Grenze eines Portfolios ist eine Schwerpunktaufgabe im Wertpapierwesen. Die effektive Grenze liefert eine Information zum Wechselspiel zwischen erwarteter Rendite und Volatilität eines Portfolios.

Effektive Grenze eines Portfolios

M **frontier**

Grundfunktion 1	$[s, r, g]$ = frontier(x, r) analytische Ermittlung der effektiven Grenze
Grundfunktion 2	frontier(x, r) grafische Darstellung der effektiven Grenze
Vollfunktion	$[P_s, P_r, P_g]$ = frontier($x, r[, n, R]$) analytische Ermittlung der effektiven Grenze - erweitert
Ausgabe	P_s Standardabweichungen/Volatilitäten der Portfolios (Spaltenvektor) P_r Renditen der Portfolios (Spaltenvektor) P_g Gewichte der Papiere im Portfolio (Matrix: zeilenweise Gewichte eines Portfolios) in der Grundfunktion 2: Grafik, als figure(k) abspeicherbar
Eingabe	x Matrix: zeilenweise Werte eines Papiers, spaltenweise verschiedene Papiere r Renditen der im Portfolio enthaltenen Papiere (Zeilenvektor) [n Anzahl der Stützpunkte der effektiven Grenze {10} R gewünschte Rendite des Portfolios (falls R eingesetzt wird, ist $n = [\,]$ zu setzen)]

B **frontier**

Analytische Erzeugung einer effektiven Grenze:

Eingabe: 2 Zeitreihen x als historische Werte für 2 Papiere eines Portfolios, je 100 Zeitpunkte, aufgestellt mit $x = \mathsf{rand}(100, 2)$

Renditen dieser Papiere: $r = [0.5\ \ 0.4]$

Ergebnis: $[P_s, P_r, P_g] = \mathsf{frontier}(x, r)$

$P_s = [0.2148; 0.2165; 0.2214; 0.2293; 0.2400; 0.2531; 0.2682; 0.2851; 0.3034; 0.3228]$

$P_r = [0.4465; 0.4524; 0.4584; 0.4643; 0.4703; 0.4762; 0.4822; 0.4881; 0.4941; 0.5000]$

$$P_g = \begin{bmatrix} 0.4649 & 0.5351 \\ 0.5243 & 0.4757 \\ 0.5838 & 0.4162 \\ 0.6432 & 0.3568 \\ 0.7027 & 0.2973 \\ 0.7622 & 0.2378 \\ 0.8216 & 0.1784 \\ 0.8811 & 0.1189 \\ 0.9405 & 0.0595 \\ 1.0000 & 0 \end{bmatrix}$$

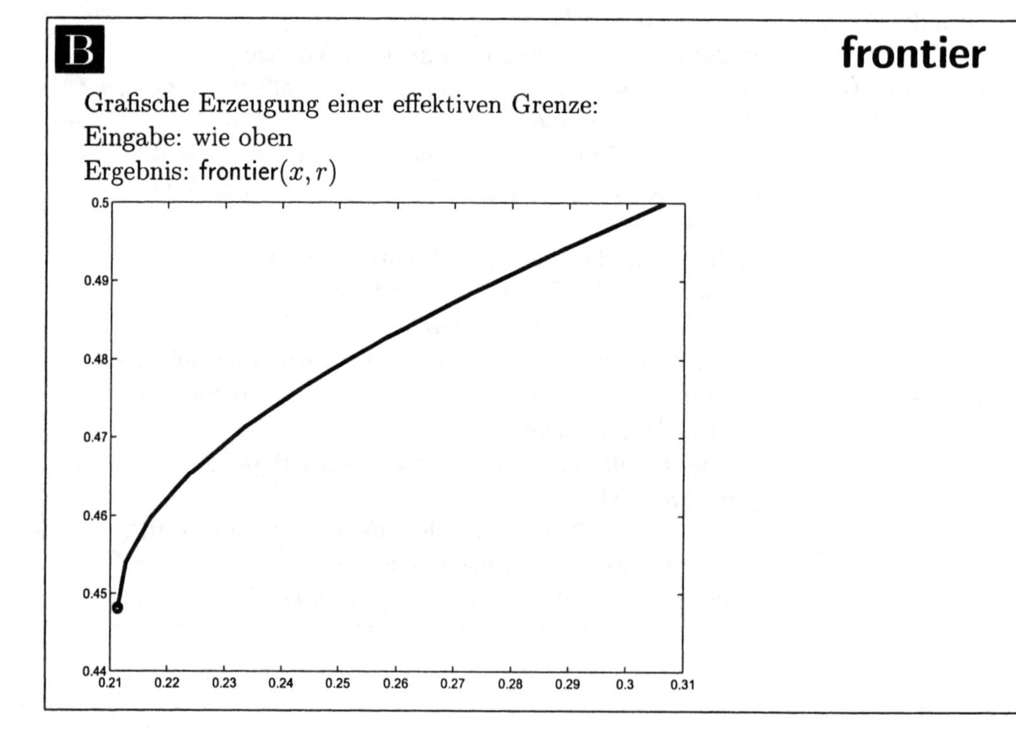

B **frontier**

Grafische Erzeugung einer effektiven Grenze:

Eingabe: wie oben

Ergebnis: $\mathsf{frontier}(x, r)$

Erzeugung der effektiven Grenze

M **portopt**

Grundfunktion	$[P_v, P_r, P_g] = \mathsf{portopt}(r, C, n)$
Vollfunktion	$[P_v, P_r, P_g] = \mathsf{portopt}(r, C, n[, P_r, P_c])$

Ausgabe	P_v	Spaltenvektor der Varianzen der n erzeugten Portfolios
	P_r	Spaltenvektor der Erwartungswerte der Rendite der n erzeugten Portfolios
	P_g	Matrix der Gewichte der einzelnen Papiere (zeilenweise) in den n erzeugten Portfolios
Eingabe	r	Zeilenvektor der mittleren (erwarteten) Renditen der einzelnen Papiere
	C	Kovarianzmatrix der einzelnen Papiere
	n	Anzahl der entlang der effektiven Grenze zu erzeugenden Portfolios (falls n nicht angegeben und durch [] ersetzt wird, werden 10 äquidistante Punkte erzeugt)
	$[P_r$	Spaltenvektor der Erwartungswerte der Renditen der n erzeugten Portfolios, falls nicht der Standard gewünscht wird {Standard: äquidistante Folge zwischen dem kleinsten und größten möglichen Wert der Rendite }
	P_c	Matrix von Bedingungen für die einzelnen Papiere des Portfolios {Standardeinstellung siehe m-Funktion portcons}]

Neben der Ausgabe der angegebenen Spaltenvektoren und der Matrix wird eine Grafik der effektiven Grenze erzeugt. Falls nur die Funktion portopt aufgerufen wird, wird lediglich das Bild der effizienten Kurve wiedergegeben.
Mit der m-Funktion portcons sollte sich der Anfänger erst später auseinandersetzen; sie enthält Restriktionen an das Portfolio und dessen Bestandteile in Form linearer Ungleichungen. Der Standard (d.h. P_c einfach weglassen) enthält nur triviale Restriktionen der Form $\geq$.

B **portopt**

Portfolio mit 2 Papieren:
Renditen der beiden Papiere: $r = [0.1 \quad 0.2]$
Korrelationsmatrix der Papiere: $C = [0.1 \quad -0.05; -0.05 \quad 0.2]$
Anzahl der "Probe"punkte auf der effizienten Grenze: $n = 10$

$[P_v, P_r, P_g] = \mathsf{portopt}(r, C, n)$

Ausgabe:

Varianz	Rendite	Gewichte	
0.2092	0.1375	0.6250	0.3750
0.2137	0.1444	0.5556	0.4444
0.2269	0.1514	0.4861	0.5139
0.2472	0.1583	0.4167	0.5833
0.2732	0.1653	0.3472	0.6528
0.3033	0.1722	0.2778	0.7222
0.3364	0.1792	0.2083	0.7917
0.3718	0.1861	0.1389	0.8611
0.4089	0.1931	0.0694	0.9306
0.4472	0.2000	0	1.0000

außerdem wird eine Grafik unter dem Namen "Efficient frontier" geliefert

B **portopt**

Portfolio mit 3 Papieren:
Renditen der beiden Papiere: $r = [0.1 \quad 0.2 \quad 0.3]$
Korrelationsmatrix der Papiere:

$C = [0.1 \quad -0.05 \ 0.2; \quad -0.05 \ 0.2 \quad -0.1; \quad 0.2 \quad -0.1 \ 0.25]$

Anzahl der "Probe"punkte auf der effizienten Grenze: $n = 10$

$[P_v, P_r, P_g] = \mathsf{portopt}(r, C, n)$

Ausgabe:

Varianz	Rendite	Gewichte		
0.2092	0.1375	0.6250	0.3750	0
0.2218	0.1556	0.5039	0.4367	0.0594
0.2329	0.1736	0.4031	0.4577	0.1392
0.2408	0.1917	0.3023	0.4787	0.2190
0.2459	0.2097	0.2016	0.4997	0.2988
0.2483	0.2278	0.1008	0.5207	0.3786
0.2481	0.2458	0	0.5417	0.4583
0.2863	0.2639	0	0.3611	0.6389
0.3805	0.2819	0	0.1806	0.8194
0.5000	0.3000	0	0	1.0000

Erzeugung risikominimaler Portfolios bei gegebener Rendite

M **frontcon**

analytische Version

Grundfunktion 1:	$[sp, rp, w] =$ frontcon(r, C)
Vollfunktion 1:	$[sp, rp, w] =$ frontcon$(r, C[, n, rpf, u, g, gu])$

grafische Version

Grundfunktion 2:	frontcon(r, C)
Vollfunktion 2:	frontcon$(r, C[, n, rpf, u, g, gu])$

Ausgabe:

- sp Spaltenvektor der Risiken (Standardabweichungen) der einzelnen Portfolios
- rp Spaltenvektor der erwarteten Renditen der einzelnen Portfolios
- w Matrix der Gewichtsverteilung: jede Zeile entspricht einem Portfolio

Eingabe:

- r Zeilenvektor der vorgegebenen erwarteten Renditen der am Portfolio beteiligten Papiere
- C Kovarianzmatrix der Renditen
- [n Anzahl der zu erzeugenden Portfolios {10 äquidistante Renditen }
- rpf Spaltenvektor nichtäquidistanter Renditewerte, falls n mit [] ersetzt wird (falls rpf nicht oder mit [] eingegeben wird, werden die Renditewerte äquidistant gebildet)
- u 2-zeilige Matrix, die die untere und obere Grenze für das Gewicht eines jeden Papiers im Portfolio enthält
- g Parameter für die Gruppenbildung: Matrix, deren jede Zeile eine Gruppe charakterisiert: $g_{ij} = 1$ Gruppe i enthält Papier j, $g_{ij} = 0$ Gruppe i enthält Papier j nicht
- gu 2-spaltige Matrix, die die untere und obere Grenze für das Gesamtgewicht der in der jeweiligen Gruppe enthaltenen Papiere festlegt]

F **frontcon**

frontcon verwendet die m-Funktionen portcon und portopt

B **frontcon**

Beispiel 1:

Eingabe: erwartete Renditen $r = [2.0\ \ 3.0]$

Kovarianzmatrix $C = [0.4\ \ -0.1;\ \ -0.1\ \ 0.3]$

Ausgabe: $[sp, rp, w] = \mathsf{frontcon}(r, C)$

Ergebnisse: sp=[0.3496; 0.3527; 0.3619; 0.3768; 0.3967; 0.4208; 0.4486; 0.4793; 0.5125; 0.5477]

rp=[2.5556; 2.6049; 2.6543; 2.7037; 2.7531; 2.8025; 2.8519; 2.9012; 2.9506; 3.0000]

w=[0.4444 0.5556;0.3951 0.6049;0.3457 0.6543;0.2963 0.7037; 0.2963 0.7037;0.2469 0.7531;0.1975 0.8025;0.1481 0.8519; 0.0988 0.9012; 0.0494 0.9506;0 1.0000]

B **frontcon**

Grafische Erzeugung einer Effizienzkurve:

Eingabe: wie oben

Ergebnis: $\mathsf{frontcon}(r, C)$

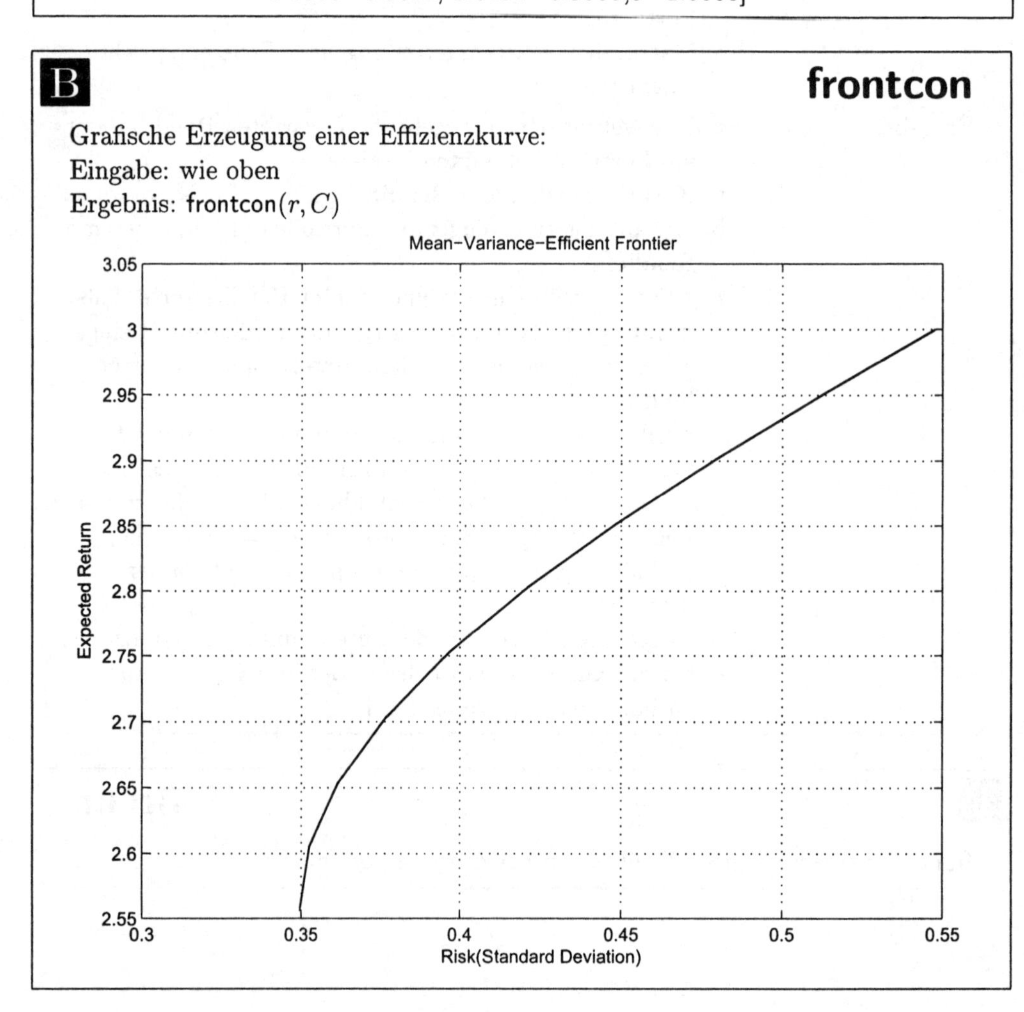

B **frontcon**

Beispiel 2:

Eingabe:	erwartete Renditen $r = [2.0 \;\; 3.0]$
	Kovarianzmatrix $C = [0.4 \;\; -0.1; \;\; -0.1 \;\; 0.3]$
	Anzahl der vorgegebenen Renditewerte $n = [\,]$, also 10
	äquidistante Renditewerte $rpf = [\,]$
	vorgegebene Gewichtsgrenzen $u = [0.3 \;\; 0.2; \;\; 0.9 \;\; 0.8]$
Ausgabe:	$[sp, rp, w] = \mathsf{frontcon}(r, C, n, rpf, u)$
Ergebnisse:	(nur Angabe der Schwankungsbereiche)
	$sp = 0.3496 \ldots 0.3755$
	$rp = 2.5556 \ldots 2.7000$
	$w = [w_1 \;\; w_2]$, $w_1 = 0.4444 \ldots 0.7000$, $w_2 = 0.5556 \ldots 0.3000$

B **frontcon**

Grafische Erzeugung einer Effizienzkurve:
Eingabe: wie oben
Ergebnis: $\mathsf{frontcon}(r, C, n, rpf, u)$

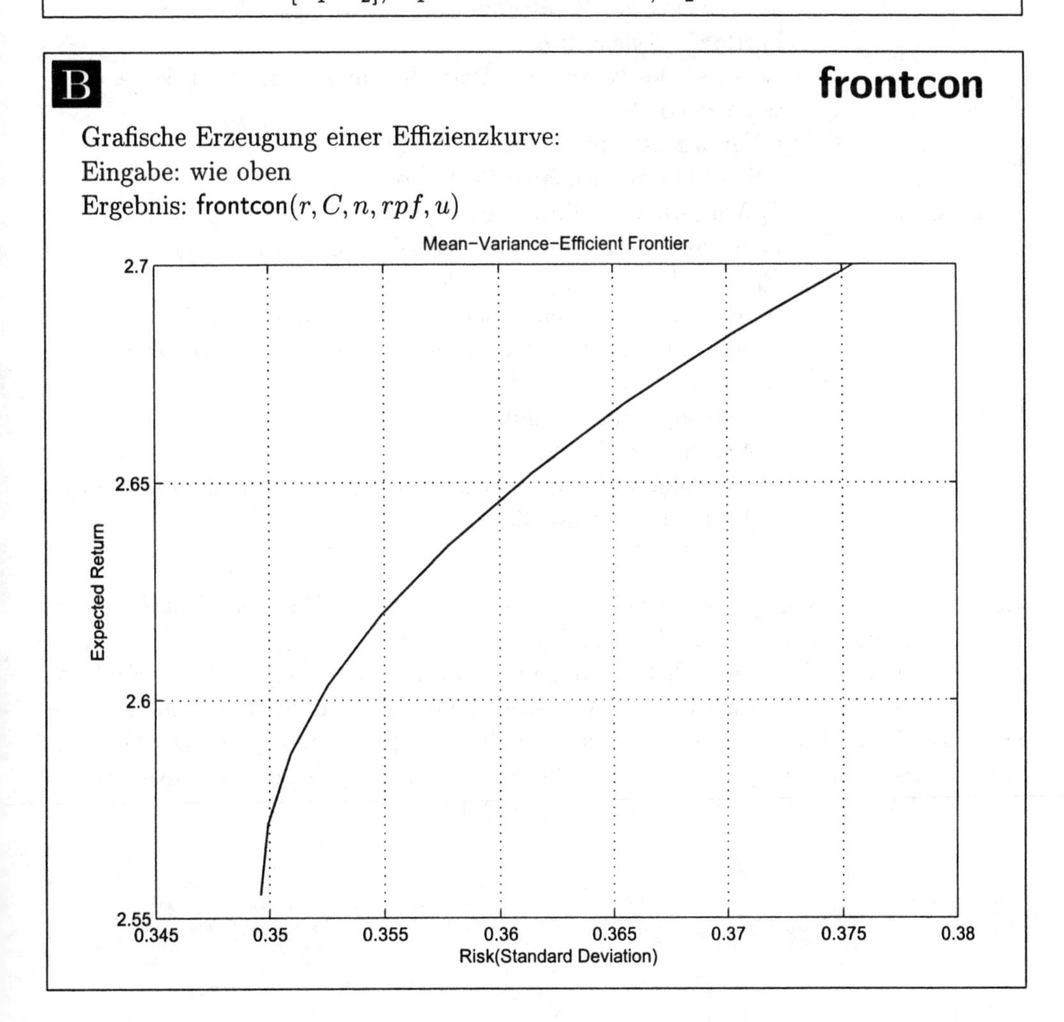

Risikoanalyse eines Portfolios

Die m-Funktion portalloc ermittelt das optimale risikobehaftete Portfolio sowie die optimale Zuweisung der Papiere zwischen dem risikobehafteten Portfolio und der risikofreien Mischung.

M **portalloc**

Grundfunktion	$[s_r, r_r, g_r, f_r, v, r]$ = portalloc(P_s, P_r, P_g, r_f)
Vollfunktion	$[s_r, r_r, g_r, f_r, v, r]$ = portalloc($P_s, P_r, P_g, r_f[, b, a]$)
Ausgabe	s_r Standardabweichung des optimalen risikobehafteten Portfolios
	r_r erwartete Rendite des optimalen risikobehafteten Portfolios
	g_r Gewichte der Papiere im optimalen risikobehafteten Portfolio (Zeilenvektor)
	f_r Anteil des kompletten Portfolios im optimalen risikobehafteten Portfolio
	v Varianz des optimalen Portfolios
	r Rendite des optimalen Portfolios
Eingabe	P_s Varianzen der Portfolios (Spaltenvektor)
	P_r erwartete Renditen der Portfolios (Spaltenvektor)
	P_g Gewichte der Papiere in den Portfolios (Matrix: jede Zeile entspricht einem Portfolio; jede Zeile enthält die Gewichte der Papiere des jeweiligen Portfolios; Zeilensummen 1)
	r_f risikofreie Rate/Rendite
	[b Anleiherate, {NaN} (die Anleiherate darf nicht kleiner sein als die risikofreie Rate)
	a Grad der Risikoaversion, {3}]

NaN bedeutet: das Ergebnis ist keine endliche Zahl (Not a Number). Mit {...} wird an dieser Stelle wie immer der Standardwert angegeben.
Die für die Eingabe erforderlichen Größen P_s, P_r, P_g werden über die m-Funktion portopt gewonnen. Hierfür sind die erwarteten Renditen der in die Portfolios einzubeziehenden Papiere sowie die Kovarianzmatrix dieser Papiere vorzugeben. Der Grad der Risikoaversion ist eine positive reelle Zahl: Risikofreude → kleine Werte, Risikoscheu → große Werte, typisch: Werte zwischen 2 und 4.

B **portalloc**

Analyse von Portfolios aus 2 Papieren:
Schritt 1: Nutzung von **portopt** zur Konstruktion von 2 Portfolios
Eingabe: Rendite der Papiere $r = [0.2 \ \ 0.3]$
Kovarianzmatrix: $C = [0.1 \ \ -0.05; \ \ -0.05 \ \ 0.25]$
Ausgabe: $[P_s, P_r, P_g] = \text{portopt}(r, C, 2)$
$P_s = [0.1828 \ \ 0.2382 \ \ 0.3873]'$, $P_r = [0.1757 \ \ 0.2378 \ \ 0.3000]'$
$P_g = [0.4733 \ \ 0.2968 \ \ 0.2299; \ \ 0.1696 \ \ 0.2825 \ \ 0.5479; \ \ 0 \ \ 0 \ \ 1.0000]$
Schritt 2: Anwendung von **portalloc** zur Analyse riskanter Portfolios
Eingabe: die im Schritt 1 gewonnenen Daten P_s, P_r, P_g
risikofreie Rate $r_F = 0.1$
Anleiherate $b = 0.1$
Risikoaversion $a = 2$
Ausgabe: $[s_r, r_r, g_r, f_r, v, r] = \text{portalloc}(P_s, P_r, P_g, 0.1, 0.1, 3)$
$s_r = 0.2236$ $r_r = 0.2333$ $g_r = \ \ 0.6667 \ \ 0.3333$
$f_r = 1.3333$ $v = 0.2981$ $r = 0.2778$

B **portalloc**

Analyse von Portfolios aus 3 Papieren:
Schritt 1: Nutzung von **portopt** zur Konstruktion von 3 Portfolios
Eingabe: Rendite der Papiere $r = [0.1 \ \ 0.2 \ \ 0.3]$
Kovarianzmatrix
$C = [0.1 \ \ -0.05 \ \ 0.004; \ \ -0.05 \ \ 0.2 \ \ -0.01; \ \ 0.004 \ \ -0.01 \ \ 0.15]$
Ausgabe: $[P_s, P_r, P_g] = \text{portopt}(r, C, 3)$
$P_s = [0.1828 \ \ 0.2382 \ \ 0.3873]'$, $P_r = [0.1757 \ \ 0.2378 \ \ 0.3000]'$
$P_g = [0.4733 \ \ 0.2968 \ \ 0.2299; \ \ 0.1696 \ \ 0.2825 \ \ 0.5479; \ \ 0 \ \ 0 \ \ 1.0000]$
Schritt 2: Anwendung von **portalloc** zur Analyse riskanter Portfolios
Eingabe: die im Schritt 1 gewonnenen Daten P_s, P_r, P_g
risikofreie Rate $r_F = 0.1$
Anleiherate $b = 0.1$
Risikoaversion $a = 3$
Ausgabe: $[s_r, r_r, g_r, f_r, v, r] = \text{portalloc}(P_s, P_r, P_g, 0.1, 0.1, 3)$
$s_r = 0.2439$ $r_r = 0.2412$ $g_r = \ \ 0.1604 \ \ 0.2671 \ \ 0.5725$
$f_r = 0.7915$ $v = 0.1930$ $r = 0.2118$

Optionsbewertung

Optionen

Optionen sind vertraglich vereinbarte Rechte, die der Optionskäufer vom Optionsverkäufer erwirbt. Der Optionskäufer kann auf die Realisierung (Ausübung) seines Erwerbsrechts verzichten, muss aber für diesen Vorzug dem Optionsverkäufer eine Gebühr (Prämie) zahlen.
Optionen sind Termingeschäfte mit ungewissen zukünftigen Daten und damit risikobehaftet; also besteht das Bedürfnis, für Optionen stochastische Modelle zu konstruieren und zwecks Analyse zu verarbeiten. Im Zentrum der Überlegungen steht die Feststellung des Optionspreises. Dieser Preis soll ein Gleichgewicht der Interessen der beiden Partner beinhalten und damit für beide Seiten angemessen sein (fairer Preis). Wäre andererseits dieser Preis ungleichgewichtig, würde nach kurzer Zeit der Finanzmarkt dafür sorgen, dass das Gleichgewicht zustande kommt.

Arten von Optionen/Begriffe

Calls/Puts

Call:
Kaufoption: das Recht, ein Objekt (Wertpapier, Aktie, Aktienindex, Zinssatz-Kontrakt, Gut u. dgl.) gemäß Vertrag zum vereinbarten Preis zu kaufen.

Put:
Verkaufsoption: das Recht, ein Objekt (wie oben) gemäß Vertrag zum vereinbarten Preis zu verkaufen.

europäische Option:
Ausübung des Kauf- oder Verkaufsrechts nur am Ende der Laufzeit der Option möglich.

amerikanische Option:
Ausübung des Kauf- oder Verkaufsrechts während der gesamten Laufzeit der Option möglich.

Long-Position: Position des Optionskäufers
(Option ausüben oder verfallen lassen)

Short-Position: Position des Optionsverkäufers
(ist an Entscheidung des Optionskäufers gebunden)

Calls/Puts

Long Call: Kauf einer Kaufoption
Short Call: Verkauf einer Kaufoption
Long Put: Kauf einer Verkaufsoption
Short Put: Verkauf einer Verkaufsoption

L **Kenngrößen in Optionen**

K	Preis der Option, Basispreis, Bezugspreis, Strike, strike price (wird vereinbart, ist Vergleichswert am Ende der Laufzeit)
$0 \dots T$	Laufzeit der Option, Fälligkeit, maturity
$S(T)$	Preis der Objekts am Ende der Laufzeit, Ausübungspreis, settlement price
C, P	Wert einer europäischen Call- bzw. Putoption, Payoff
P_C, P_P	Optionspreis, Gebühr, Prämie an den Optionsverkäufer, aufgezinst auf das Laufzeitende
r	(risikolose) Zinsrate für den Vergleich der Geldwerte in der Laufzeit

Der Ausübungspreis $S(T)$ ist eine Zufallsgröße. Aus diesem Grund ist die Optionspreisbewertung ein stochastisches Problem.

Europäische Option - Werte von Call und Put ohne Gebühr

F **Optionswerte (Payoffs)**

$$C = [S(T) - K]^+ = \max[S(T) - K, 0] = \begin{cases} S(T) - K & \text{falls } S(T) > K \\ 0 & \text{falls } S(T) \leq K \end{cases}$$

$$P = [K - S(T)]^+ = \max[K - S(T), 0] = \begin{cases} K - S(T) & \text{falls } S(T) < K \\ 0 & \text{falls } S(T) \geq K \end{cases}$$

Europäische Option - Werte von Call und Put inkl. Gebühr

F **Long/Short**

Long-Position:

$$C = [S(T) - K]^+ - P_C = \begin{cases} S(T) - K - P_C & \text{falls } S(T) > K \\ -P_C & \text{falls } S(T) \leq K \end{cases}$$

$$P = [K - S(T)]^+ - P_P = \begin{cases} K - S(T) - P_P & \text{falls } S(T) < K \\ -P_P & \text{falls } S(T) \geq K \end{cases}$$

Short-Position:

$$C = [S(T) - K]^+ + P_C = \begin{cases} S(T) - K + P_C & \text{falls } S(T) > K \\ P_C & \text{falls } S(T) \leq K \end{cases}$$

$$P = [K - S(T)]^+ + P_P = \begin{cases} K - S(T) + P_P & \text{falls } S(T) < K \\ P_P & \text{falls } S(T) \geq K \end{cases}$$

Eigentlich sind am Ende der Laufzeit nicht K und $S(T)$, sondern Ke^{-rT} (der abgezinste Preis der Option) und $S(T)$ zu vergleichen.

L innerer Wert/Zeitwert einer Option

Der Preis für einen Call besteht aus zwei additiven Bestandteilen:

- einem inneren Wert:
  die Differenz zwischen aktuellem Papierpreis und Optionspreis
  $$\begin{cases} S - Ke^{-rT} & \text{falls } S > Ke^{-rT} \\ 0 & \text{falls } S \leq Ke^{-rT} \end{cases}$$
- einem Zeitwert:
  Gegenleistung für Gewinnchance bzw. für Verlustmöglichkeit

Der Preis für einen Put besteht ebenso aus zwei additiven Bestandteilen:

- einem inneren Wert:
  die Differenz zwischen Optionspreis und aktuellem Papierpreis
  $$\begin{cases} Ke^{-rT} - S & \text{falls } S < Ke^{-rT} \\ 0 & \text{falls } S \geq Ke^{-rT} \end{cases}$$
- einem Zeitwert:
  Gegenleistung für Gewinnchance bzw. für Verlustmöglichkeit

L innerer Wert/Zeitwert einer Call-Option

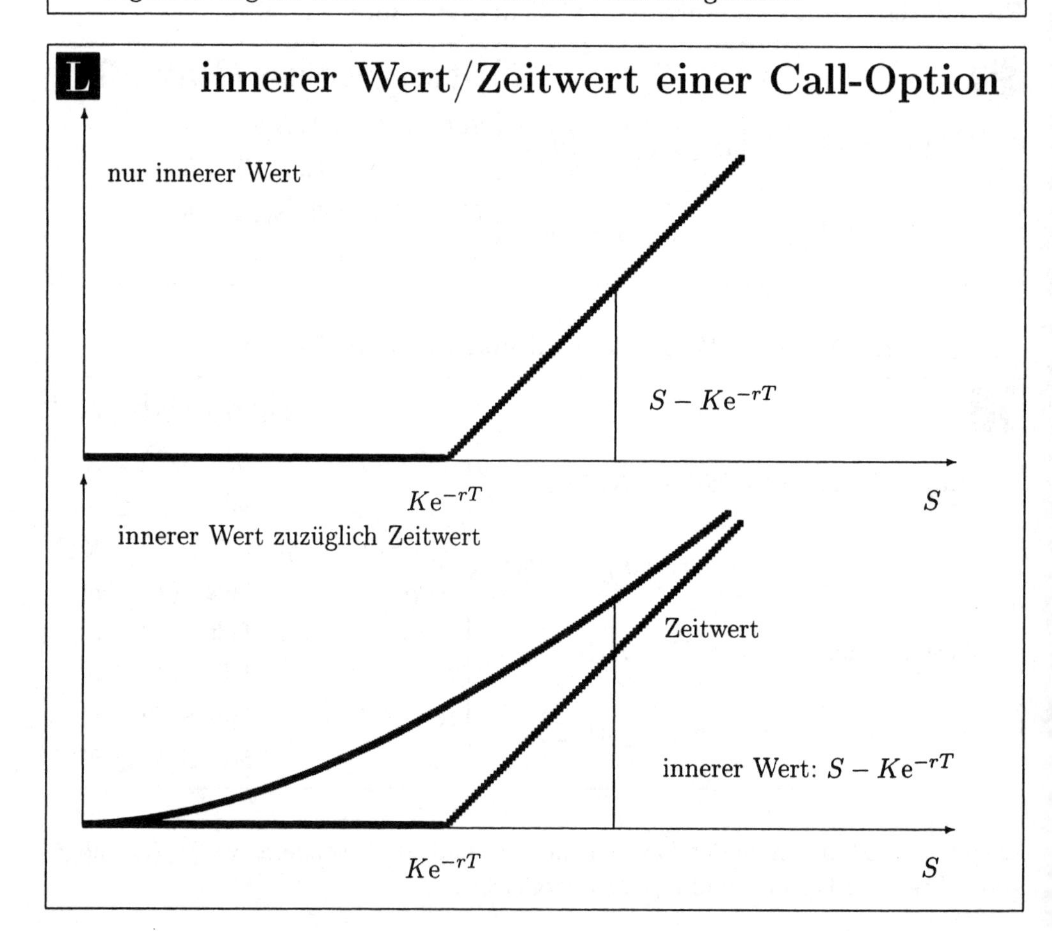

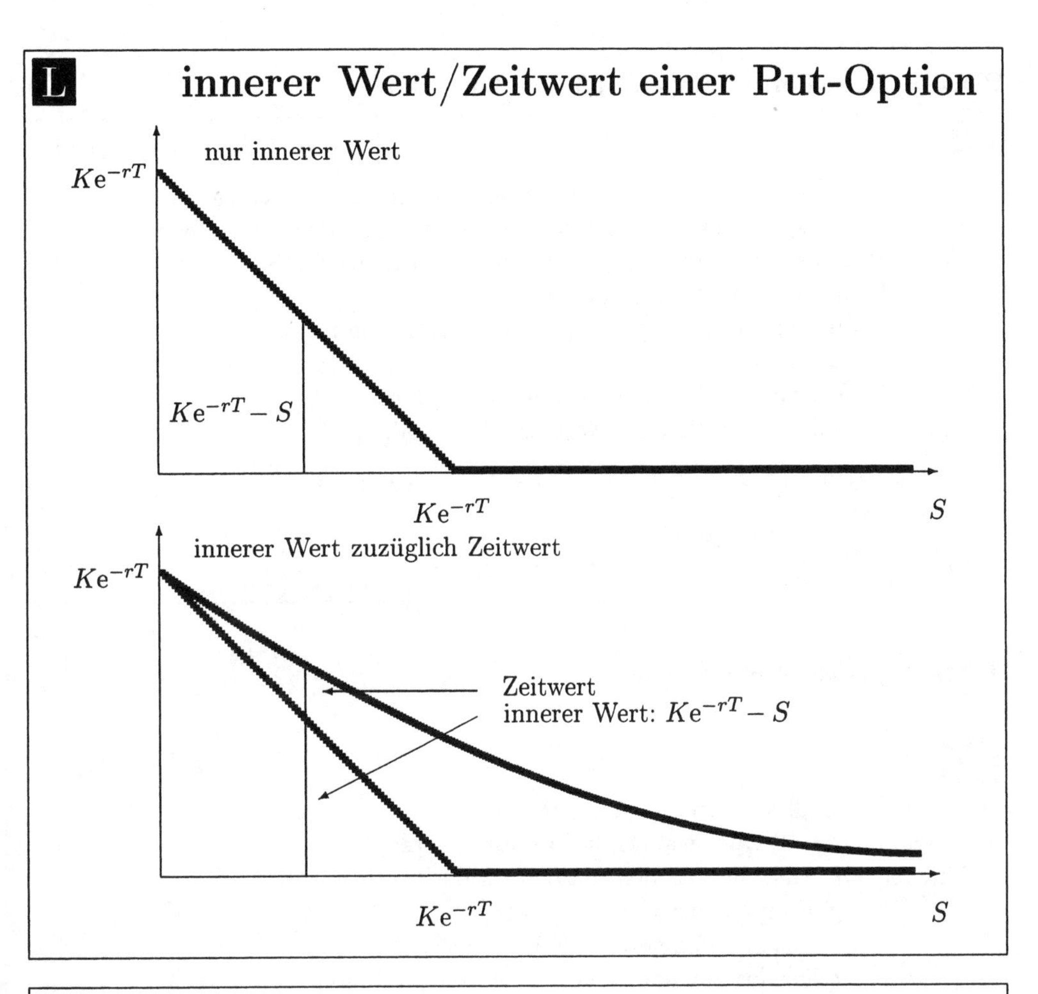

F

Put-Call-Parität

$t, 0 \leq t \leq T$	Zeitpunkt innerhalb der Laufzeit der Option
$C(t), P(t)$	Call- bzw. Put-Wert zum Zeitpunkt t
$S(t)$	Wert des Objekts zum Zeitpunkt t

$$C(t) + K\mathrm{e}^{-r(T-t)} = P(t) + S(t)$$

Das Hauptproblem besteht darin, einen Callpreis G so festzulegen, dass sowohl Optionskäufer als auch Optionsverkäufer in der Option ein faires Geschäft sehen. Die Ungewissheit des Ausgangs dieses Optionsgeschäftes ist mit dem zufälligen Verlauf des Wertes des Objektes/Finanzgutes verbunden. Deshalb gibt es stochastische Ansätze zur Modellierung der Wertentwicklung des Objektes. Ein wesentlicher Beitrag hierfür sind Arbeiten von BLACK und SCHOLES, die die Wertentwicklung als stochastischen Prozess unter Nutzung einer Streuung/Standardabweichung/Volatilität betrachten.

Black-Scholes-Formel für europäische Optionen

F **Black-Scholes-Formel**

P_C	Optionspreis für den Call, Callpreis, Gebühr an den Verkäufer
P_P	Optionspreis für den Put, Putpreis, Gebühr an den Verkäufer
$S(0)$	Wert des Objektes/Finanzgutes bei Vertragsabschluss
T	Laufzeit der Option (in Jahren)
K	Ausübungspreis, Vergleichspreis am Laufzeitende
r	Marktzinsrate p.a.
σ	Volatilität des Objektes, bezogen auf 1 Jahr
$\Phi(x)$	Verteilungsfunktion der Normal-0-1-Verteilung

$$P_C = S(0)\Phi(d_1) - K\mathrm{e}^{-rT}\Phi(d_2), \quad P_P = P_C - S(0) + K\mathrm{e}^{-rT}$$

$$d_1 = \frac{\ln \frac{S(0)}{K} + (r + \frac{1}{2}\sigma^2)T}{\sigma\sqrt{T}}, \quad d_2 = d_1 - \sigma\sqrt{T}$$

Optionspreise nach Black

blkprice

Funktion	$[c, p] = \mathsf{blkprice}(b, f, i, t, \sigma)$
Ausgabe	c Call-Optionspreis, p Put-Optionspreis
Eingabe	b Ausgabepreis der Option, $b > 0$
	f Endpreis der Option, $f > 0$
	i risikofreie Zinsrate, $i \geq 0$
	t Zeit bis zur Fälligkeit der Option (in Jahren), $t > 0$ reell
	σ Volatilität des Preises, $\sigma \geq 0$

blkprice

Formeln

$$c = \mathrm{e}^{-it}\left[b\,\Phi\left(\frac{\ln\left(\frac{b}{f}\right) + \frac{1}{2}\sigma^2 t}{\sigma\sqrt{t}}\right) - f\Phi\left(\frac{\ln\left(\frac{b}{f}\right) - \frac{1}{2}\sigma^2 t}{\sigma\sqrt{t}}\right)\right]$$

$$p = \mathrm{e}^{-it}\left[f\left(1 - \Phi\left(\frac{\ln\left(\frac{b}{f}\right) - \frac{1}{2}\sigma^2 t}{\sigma\sqrt{t}}\right)\right) - b\left(1 - \Phi\left(\frac{\ln\left(\frac{b}{f}\right) + \frac{1}{2}\sigma^2 t}{\sigma\sqrt{t}}\right)\right)\right]$$

B **blkprice**

$[c,p] =$ blkprice$(100, 95, 0.1, 0.25, 0.5)$ $\longrightarrow c = 12.10,\ p = 7.22$
$[c,p] =$ blkprice$(90, 95, 0.1, 0.25, 0.5)$ $\longrightarrow c = 6.74,\ p = 11.62$
$[c,p] =$ blkprice$(100, 100, 0.1, 0.25, 0.5)$ $\longrightarrow c = 9.70,\ p = 9.70$
$[c,p] =$ blkprice$(100, 95, 0.05, 0.25, 0.5)$ $\longrightarrow c = 12.25,\ p = 7.31$
$[c,p] =$ blkprice$(100, 95, 0.1, 1, 0.5)$ $\longrightarrow c = 19.77,\ p = 15.24$
$[c,p] =$ blkprice$(100, 95, 0.1, 0.25, 0.1)$ $\longrightarrow c = 5.25,\ p = 0.38$

Implizite Black-Volatilität

Die nachfolgende Funktion blkimpv ermittelt die dem Black-Modell innewohnende Volatilität mit Hilfe einer numerischen Iteration, deren Feinheiten (Iterationsschritte, Fehlertoleranz) gesteuert werden können.

M **blkimpv**

Grundfunktion	$v =$ blkimpv(f, b, i, t, c)
Vollfunktion	$v =$ blkimpv$(f, b, i, t, c[, it, tol])$
Ausgabe	v implizite Black-Volatilität
Eingabe	f Endpreis der Option
	b Ausübungspreis der Option
	i risikofreie Zinsrate, $i \geq 0$
	t Zeit bis zur Fälligkeit der Option (in Jahren), $t > 0$ reell
	c Preis der Call-Option
	[it Anzahl der Iterationen in der numerischen Lösung der Gleichung, {50}
	tol Fehlertoleranz in der Iteration, {1e-6}]

blkimpv

Grundformel:
v ist Lösung der Gleichung

$$c = \mathrm{e}^{-it}\left[b\,\Phi\left(\frac{\ln\left(\frac{b}{f}\right) + \frac{1}{2}\sigma^2 t}{\sigma\sqrt{t}}\right) - f\Phi\left(\frac{\ln\left(\frac{b}{f}\right) - \frac{1}{2}\sigma^2 t}{\sigma\sqrt{t}}\right)\right]$$

bezüglich σ.

Vollformel:
Es gehen lediglich Parameter des Iterationsvorganges ein.

B **blkimpv**

$v =$ blkimpv$(104, 104, 0.06, 60/365, 1.5)$	$v = 0.0901$
$v =$ blkimpv$(104, 104, 0.07, 60/365, 1.5)$	$v = 0.0902$
$v =$ blkimpv$(104, 104, 0.06, 120/365, 1.5)$	$v = 0.0643$
$v =$ blkimpv$(104, 104, 0.06, 60/365, 2.0)$	$v = 0.1201$
$v =$ blkimpv$(105, 104, 0.06, 60/365, 1.5)$	$v = 0.0551$
$v =$ blkimpv$(105.16, 104, 0.06, 60/365, 1.5)$	$v = 0.0476$
$v =$ blkimpv$(105.17, 104, 0.06, 60/365, 1.5)$	keine Lösung
$v =$ blkimpv$(103, 104, 0.06, 60/365, 1.5)$	$v = 0.1180$
$v =$ blkimpv$(102, 104, 0.06, 60/365, 1.5)$	$v = 0.1430$

Call- und Put-Optionspreise nach Black-Scholes

M **blsprice**

Grundfunktion	$[c, p] =$ blsprice(s, x, i, t, σ)
Vollfunktion	$[c, p] =$ blsprice$(s, x, i, t, \sigma[, D])$
Ausgabe	$[c, p]$ Call- und Put-Preis einer Option gemäß Black-Scholes
Eingabe	s aktueller Preis der Aktie
	x Ausübungspreis der Option
	i risikofreie Zinsrate
	t Zeit bis zur Fälligkeit der Option (in Jahren)
	σ Volatilität
	$[D$ Dividendenrate, $\{0\}]$

F **blsprice**

Formel
$$c = s e^{-Dt} \Phi\Big(\frac{d^+}{\sigma\sqrt{t}}\Big) - x e^{-it} \Phi\Big(\frac{d^-}{\sigma\sqrt{t}}\Big)$$
$$p = -s e^{-Dt} \Phi\Big(-\frac{d^+}{\sigma\sqrt{t}}\Big) + x e^{-it} \Phi\Big(-\frac{d^-}{\sigma\sqrt{t}}\Big)$$
mit $d^+ = \ln(\frac{s}{x}) + (i - D + \frac{1}{2}\sigma^2)t,\ d^- = \ln(\frac{s}{x}) + (i - D - \frac{1}{2}\sigma^2)t$
(Grundformel $D = 0$)

B **blsprice**

$[c, p] =$ blsprice$(100, 95, 0.1, 0.25, 0.5)$	$\longrightarrow c = 13.70,\ p = 6.35$
$[c, p] =$ blsprice$(90, 95, 0.1, 0.25, 0.5)$	$\longrightarrow c = 7.82,\ p = 10.47$
$[c, p] =$ blsprice$(100, 100, 0.1, 0.25, 0.5)$	$\longrightarrow c = 11.11,\ p = 8.64$
$[c, p] =$ blsprice$(100, 95, 0.05, 0.25, 0.5)$	$\longrightarrow c = 13.04,\ p = 6.86$
$[c, p] =$ blsprice$(100, 95, 0.1, 1, 0.5)$	$\longrightarrow c = 26.19,\ p = 12.15$
$[c, p] =$ blsprice$(100, 95, 0.1, 0.25, 0.1)$	$\longrightarrow c = 7.48,\ p = 0.13$
$[c, p] =$ blsprice$(100, 95, 0.1, 0.25, 0.5, 0.1)$	$\longrightarrow c = 12.10,\ p = 7.22$

Implizite Volatilität einer Option gemäß Black-Scholes

Die aus der Black-Scholes-Formel bei Bekanntsein aller anderen Kenngrößen ermittelbare Volatilität heißt implizite Volatilität.

M **blsimpv**

Grundfunktion	$\sigma_i = \mathsf{blsimpv}(s, x, i, t, c)$
Vollfunktion	$\sigma_i = \mathsf{blsimpv}(s, x, i, t, c[, it, D, tol])$
Ausgabe	σ_i implizite Volatilität, genähert berechnet gemäß Newtonverfahren
Eingabe	s aktueller Preis der Aktie
	x Ausübungspreis der Option
	i risikofreie Zinsrate
	t Zeit bis zur Fälligkeit der Option (in Jahren)
	c Call-Wert der Option
	[it maximale Schrittzahl im Newtonverfahren, {50}
	D Dividendenrate, {0}
	tol Toleranz im Iterationsprozess, {1e-6}]

F **blsimpv**

Funktion σ_i ist Lösung der Gleichung $s\Phi\Big(\frac{d^+}{\sigma\sqrt{t}}\Big) - xe^{-it}\Phi\Big(\frac{d^-}{\sigma\sqrt{t}}\Big) - c = 0$

mit $d^+ = \ln(\frac{s}{x}) + (i + \frac{1}{2}\sigma^2)t,\ d^- = \ln(\frac{s}{x}) + (i - \frac{1}{2}\sigma^2)t$

(Dividendenrate generell: $D = 0$)

B **blsimpv**

$v = \mathsf{blsimpv}(100, 95, 0.075, 0.25, 10)$	$v = 0.3130$
$v = \mathsf{blsimpv}(100, 96, 0.075, 0.25, 10)$	$v = 0.3473$
$v = \mathsf{blsimpv}(100, 95, 0.05, 0.25, 10)$	$v = 0.3339$
$v = \mathsf{blsimpv}(100, 95, 0.075, 0.5, 10)$	$v = 0.1684$
$v = \mathsf{blsimpv}(100, 95, 0.075, 0.25, 15)$	$v = 0.5885$
$v = \mathsf{blsimpv}(100, 95, 0.075, 0.25, 10, 50, 1)$	$v = 0.9826$
$v = \mathsf{blsimpv}(100, 95, 0.075, 0.25, 10, 50, 2)$	$v = 1.5361$
$v = \mathsf{blsimpv}(100, 95, .075, .25, 10, 50, 8)$	$v = -6.3456$, untaugliche Lösung
$v = \mathsf{blsimpv}(100, 95, 0.075, 0.25, 10, 50, 10)$	keine Lösung

Sensitivität von Aktienoptionen

Die nachfolgenden Risikokenngrößen (die sogenannten Greeks - bezeichnet durch große griechische Buchstaben) beschreiben die Abhängigkeit des Optionspreises von verschiedenen Einflussgrößen: Aktienpreis am Ende der Laufzeit der Option, Basispreis der Aktie zu Beginn der Laufzeit der Option, risikofreier Zinssatz, Restlaufzeit, Volatilität. Hierfür stehen die Prozeduren: **blsdelta**, **blsgamma**, **blslambda**, **blsrho**, **blstheta**, **blsvega**.

Black-Scholes-Delta - Sensitivität des Aktienoptionspreises bezüglich des Aktienpreises

Die Kenngröße Delta beschreibt die Abhängigkeit des Optionspreises vom zugrundeliegenden Aktienpreis. Der Deltawert liegt zwischen 0 und 1 bei einem Call und liegt zwischen -1 und 0 bei einem Put. Es werden folgende Bezeichnungen verwendet (je nach Put oder Call negativ oder positiv):

- "deep out of the money" falls Delta nahe Null (deltaneutral)
- "out of the money" (aus dem Geld) falls Delta zwischen -0.5 und 0.5
- "at the money" falls Delta nahe -0.5 bzw. 0.5
- "in the money" (im Geld) falls Delta zwischen -1 und -0.5 bzw. 0.5 und 1
- "deep in the money" falls Delta nahe -1 bzw. 1.

Die Angabe des Deltawertes erfolgt in der Regel durch eine Prozentzahl.
Die Kursentwicklung eines Papiers (Aktie) wird also nicht vollständig auf die Wertentwicklung einer Option übertragen, aber zumindest die Tendenz ist vorhanden. Die Berechnung des Deltawertes kann über die nachfolgende MATLAB-Funktion **blsdelta** auf der Grundlage der Black-Scholes-Formel erfolgen.

blsdelta

Preis der zugrundeliegenden Aktie:	A
Preis einer Call-Option bzw. Put-Option:	P_C, P_P
Delta für Calls: $\Delta_C = \frac{\partial P_C}{\partial A}$	Delta für Puts: $\Delta_P = \frac{\partial P_P}{\partial A}$
Eigenschaft:	$\Delta_C - \Delta_P = 1$

M **blsdelta**

Grundfunktion	$[c_\delta, p_\delta] = \mathsf{blsdelta}(s, x, i, t, \sigma)$
Vollfunktion	$[c_\delta, p_\delta] = \mathsf{blsdelta}(s, x, i, t, \sigma[, D])$
Ausgabe	$[c_\delta, p_\delta]$ Call- und Put-Wert der Sensitivität bezüglich Preis
Eingabe	s aktueller Preis der Aktie
	x Ausübungspreis der Option
	i risikofreie Zinsrate
	t Zeit bis zur Fälligkeit der Option (in Jahren)
	σ Volatilität
	[D Dividendenrate, {0}]

F **blsdelta**

Formel $c_\delta = \mathrm{e}^{-Dt}\Phi\Big(\frac{d^+}{\sigma\sqrt{t}}\Big)$, $p_\delta = c_\delta - \mathrm{e}^{-Dt}$ mit $d^+ = \ln(\frac{s}{x}) + (i - D + \frac{1}{2}\sigma^2)t$

(Grundformel: $D = 0$)

B **blsdelta**

$[c, p] = \mathsf{blsdelta}(100, 100, 0.1, 0.25, 0.3)$	$c = 0.5955,\ p = -0.4045$
$[c, p] = \mathsf{blsdelta}(100, 101, 0.1, 0.25, 0.3)$	$c = 0.5696,\ p = -0.4304$
$[c, p] = \mathsf{blsdelta}(100, 100, 0.2, 0.25, 0.3)$	$c = 0.6585,\ p = -0.3415$
$[c, p] = \mathsf{blsdelta}(100, 100, 0.1, 0.2, 0.3)$	$c = 0.5856,\ p = -0.4144$
$[c, p] = \mathsf{blsdelta}(100, 100, 0.1, 0.25, 0.2)$	$c = 0.6179,\ p = -0.3821$
$[c, p] = \mathsf{blsdelta}(100, 100, 0.1, 0.25, 0.3, 1)$	$c = 0.0600,\ p = -0.7188$
$[c, p] = \mathsf{blsdelta}(100, 100, 0.1, 0.25, 0.3, 2)$	$c = 0.0006,\ p = -0.6059$
$[c, p] = \mathsf{blsdelta}(100, 100, 0.1, 0.25, 0.3, 3)$	$c = 0,\ p = -0.4724$

Black-Scholes-Gamma - Sensitivität von Delta bezüglich des Aktienpreises

Die Kenngröße Gamma beschreibt die Abhängigkeit des (vorseitig beschriebenen) Delta vom Papierpreis (zweite Ableitung). Je instabiler der Deltawert, umso höher der Gammawert. Gamma ist groß im at-the-money-Bereich und klein im out-of-money-Bereich. Ist Gamma nahe Null, dann heißt die Option gammaneutral. Eine Option, die sowohl delta- als auch gammaneutral ist, ist gegenüber Kursschwankungen des Papierpreises deutlich stabiler als eine Option, die nur deltaneutral ist.

blsgamma

Preis der zugrundeliegenden Aktie: A
Preis einer Call-Option bzw. Put-Option: P_C, P_P
Gamma für Calls: $\Gamma_C = \frac{\partial \Delta_C}{\partial A} = \frac{\partial^2 P_C}{\partial^2 A}$ Gamma für Puts: $\Gamma_P = \frac{\partial \Delta_P}{\partial A} = \frac{\partial^2 P_P}{\partial^2 A}$
Eigenschaft: $\Gamma_C = \Gamma_P$

M

blsgamma

Grundfunktion $\gamma = \mathsf{blsgamma}(s, x, i, t, \sigma)$
Vollfunktion $\gamma = \mathsf{blsgamma}(s, x, i, t, \sigma[, D])$
Ausgabe γ
Eingabe s aktueller Preis der Aktie
x Ausübungspreis der Option
i risikofreie Zinsrate p.a.
t Zeit bis zur Fälligkeit der Option (in Jahren)
σ Volatilität
[D Dividendenrate, $\{0\}$]

F

blsgamma

Formel $\gamma = \frac{\varphi\left(\frac{d^+}{\sigma\sqrt{t}}\right) e^{-Dt}}{s\sigma\sqrt{t}}$ mit $d^+ = \ln(\frac{s}{x}) + (i - D + \frac{1}{2}\sigma^2)t$
(Grundformel: $D = 0$)

B

blsgamma

$g = \mathsf{blsgamma}(100, 100, 0.12, 0.25, 0.3, 0)$ $g = 0.0256$
$g = \mathsf{blsgamma}(50, 50, 0.12, 0.25, 0.3, 0)$ $g = 0.0512$
$g = \mathsf{blsgamma}(100, 104, 0.12, 0.25, 0.3, 0)$ $g = 0.0266$
$g = \mathsf{blsgamma}(100, 108.7, 0.12, 0.25, 0.3, 0)$ $g = 0.0256$
$g = \mathsf{blsgamma}(105, 100, 0.12, 0.25, 0.3, 0)$ $g = 0.0212$
$g = \mathsf{blsgamma}(100, 100, 0.2, 0.25, 0.3, 0)$ $g = 0.0245$
$g = \mathsf{blsgamma}(100, 100, 0.12, 0.5, 0.3, 0)$ $g = 0.0174$
$g = \mathsf{blsgamma}(100, 100, 0.12, 1/12, 0.3, 0)$ $g = 0.0455$
$g = \mathsf{blsgamma}(100, 100, 0.12, 0.25, 1, 0)$ $g = 0.0076$
$g = \mathsf{blsgamma}(100, 100, 0.12, 0.25, 0.3, 3)$ $g = 0$

Black-Scholes-Lambda - Sensitivität des Ausübungspreises der Option bezüglich des Aktienpreises

Die Kenngröße Lambda beschreibt die Abhängigkeit des Optionsausübungspreises vom Papierpreis. Lambda wird häufig als Black-Scholes-Alpha bezeichnet wird. (Vorsicht: gelegentlich wird die Abhängigkeit von der Volatilität Lambda genannt! - damit besteht eine Verwechslung mit Vega.)

L **blslambda**

Basispreis der Aktie s

Preis einer Call-Option bzw. Put-Option: P_C, P_P

Lambda der Call-Option: $\Lambda_C = \frac{\partial P_C}{\partial s}$ Lambda der Put-Option: $\Lambda_P = \frac{\partial P_P}{\partial s}$

M **blslambda**

Grundfunktion	$[c_\lambda, p_\lambda] =$ blslambda(s, x, i, t, σ)
Vollfunktion	$[c_\lambda, p_\lambda] =$ blslambda$(s, x, i, t, \sigma[, D])$
Ausgabe	$[c_\lambda, p_\lambda]$
	c_λ Elastizität der Call-Option, p_λ Elastizität der Put-Option
Eingabe	s aktueller Preis der Option
	x Ausübungspreis der Option
	i risikofreie Zinsrate
	t Zeit bis zur Fälligkeit der Option (in Jahren)
	σ Volatilität
	$[D$ Dividendenrate, $\{0\}]$

F **blslambda**

Formel $c_\lambda = \frac{s}{c}\Phi\Big(\frac{d^+}{\sigma\sqrt{t}}\Big)$ $p_\lambda = -\frac{s}{p}\Big[1 - \Phi\Big(\frac{d^+}{\sigma\sqrt{t}}\Big)\Big]$

mit $d^+ = \ln(\frac{s}{x}) + (i - D + \frac{1}{2}\sigma^2)t$

c, p Call- bzw. Put-Optionspreise aus der Funktion blsprice:

$$c = se^{-Dt}\Phi\Big(\frac{d^+}{\sigma\sqrt{t}}\Big) - xe^{-it}\Phi\Big(\frac{d^-}{\sigma\sqrt{t}}\Big)$$

$$p = -se^{-Dt}\Big(1 - \Phi\Big(\frac{d^+}{\sigma\sqrt{t}}\Big)\Big) + xe^{-it}\Phi\Big(\frac{d^-}{\sigma\sqrt{t}}\Big)$$

B **blslambda**

$[c,p]$ = blslambda$(50, 50, 0.12, 0.25, 0.3)$	$c = 8.1274$, $p = -8.6466$
$[c,p]$ = blslambda$(100, 100, 0.12, 0.25, 0.3)$	$c = 8.1274$, $p = -8.6466$
$[c,p]$ = blslambda$(100, 105, 0.12, 0.25, 0.3)$	$c = 9.3485$, $p = -7.3967$
$[c,p]$ = blslambda$(105, 100, 0.12, 0.25, 0.3)$	$c = 7.0373$, $p = -10.0150$
$[c,p]$ = blslambda$(100, 100, 0.2, 0.25, 0.3)$	$c = 7.6642$, $p = -9.1938$
$[c,p]$ = blslambda$(100, 100, 0.12, 0.5, 0.3)$	$c = 5.6947$, $p = -6.2110$
$[c,p]$ = blslambda$(100, 100, 0.12, 0.25, 1)$	$c = 2.9660$, $p = -2.1008$
$[c,p]$ = blslambda$(100, 100, 0.12, 0.25, 0.3, 1)$	$c = 19.9380$, $p = -4.6894$
$[c,p]$ = blslambda$(100, 100, 0.12, 0.25, 0.3, 5)$	$c =$ NaN, $p = -1.4621$

Black-Scholes-Rho - Sensitivität des Aktienoptionspreises bezüglich der risikofreien Zinsrate

Die Kenngröße Rho beschreibt die Abhängigkeit des Optionspreises vom Zinsniveau. Ein Call hat einen positiven, ein Put einen negativen Rhowert: bei einer Zinssteigerung steigt also der Wert eines Calls, während der Wert eines Puts sinkt.

L **blsrho**

Preis einer Call-Option bzw. Put-Option: P_C, P_P
risikofreie Zinsrate: i
Rho der Call-Option: $R_C = \frac{\partial P_C}{\partial i}$ Rho der Put-Option: $R_P = \frac{\partial P_P}{\partial i}$

M **blsrho**

Grundfunktion	$[c_\varrho, p_\varrho]$ = blsrho(s, x, i, t, σ)
Vollfunktion	$[c_\varrho, p_\varrho]$ = blsrho$(s, x, i, t, \sigma[, D])$
Ausgabe	$[c_\varrho, p_\varrho]$
	c_ϱ, p_ϱ Rate der Wertveränderung der Call- bzw. der Put-Option bei Änderung der Zinsrate
Eingabe	s aktueller Preis der Option
	x Ausübungspreis der Option
	i risikofreie Zinsrate
	t Zeit bis zur Fälligkeit der Option (in Jahren)
	σ Volatilität
	[D Dividendenrate, $\{0\}$]

blsrho

Formel $c_\varrho = xte^{-it}\Phi\Big(\frac{d^+}{\sigma\sqrt{t}}\Big)$ $p_\varrho = -xte^{-it}\Big[1 - \Phi\Big(\frac{d^+}{\sigma\sqrt{t}}\Big)\Big]$

mit $d^+ = \ln(\frac{s}{x}) + (i - D + \frac{1}{2}\sigma^2)t$

B **blsrho**

$[c,p]$ = blsrho(100, 100, 0.12, 0.25, 0.3, 0)	$c = 13.3373$, $p = -10.9239$
$[c,p]$ = blsrho(50, 50, 0.12, 0.25, 0.3, 0)	$c = 6.6686$, $p = -5.4619$
$[c,p]$ = blsrho(100, 105, 0.12, 0.25, 0.3, 0)	$c = 10.7154$, $p = -14.7588$
$[c,p]$ = blsrho(105, 100, 0.12, 0.25, 0.3, 0)	$c = 16.3457$, $p = -7.9154$
$[c,p]$ = blsrho(100, 100, 0.2, 0.25, 0.3, 0)	$c = 14.3142$, $p = -9.4665$
$[c,p]$ = blsrho(100, 100, 0.12, 0.5, 0.3, 0)	$c = 26.8477$, $p = -20.2405$
$[c,p]$ = blsrho(100, 100, 0.12, 0.25, 1, 0)	$c = 10.3026$, $p = -13.9585$
$[c,p]$ = blsrho(100, 100, 0.12, 0.25, 0.3, 2)	$c = 0.0162$, $p = -24.2449$
$[c,p]$ = blsrho(100, 100, 0.12, 0.25, 0.3, 3)	$c = 0$, $p = -24.2611$

Black-Scholes-Theta - Sensitivität des Aktienoptionspreises bezüglich der Restlaufzeit

Die Kenngröße Theta beschreibt die Abhängigkeit des Optionspreises von der Restlaufzeit. Der Thetawert eines Calls ist negativ, das bedeutet, dass bei einem stabilen Papierpreis der Wert der Option im Zeitverlauf sinkt (der Zeitwert sinkt, der innere Wert bleibt konstant). Der Thetawert eines Puts kann sowohl positiv als auch negativ sein; dies ist abhängig vom Papier- und vom Optionspreis.

blstheta

Preis einer Call-Option bzw. Put-Option: P_C, P_P

Restlaufzeit: t

Theta der Call-Option: $\Theta_C = \frac{\partial P_C}{\partial t}$ Theta der Put-Option: $\Theta_P = \frac{\partial P_P}{\partial t}$

M

blstheta

Grundfunktion	$[c_\theta, p_\theta] = \text{blstheta}(s, x, i, t, \sigma)$
Vollfunktion	$[c_\theta, p_\theta] = \text{blstheta}(s, x, i, t, \sigma[, D])$
Ausgabe	$[c_\theta, p_\theta]$
	c_θ, p_θ Rate der Wertveränderung der Call- bzw. der Put-Option bei Änderung der Laufzeit bis zur Fälligkeit
Eingabe	s aktueller Preis der Option
	x Ausübungspreis der Option
	i risikofreie Zinsrate
	t Zeit bis zur Fälligkeit der Option (in Jahren)
	σ Volatilität
	$[D$ Dividendenrate, $\{0\}]$

blstheta

Formel
$$c_\theta = \frac{-s\varphi\Big(\frac{d^+}{\sigma\sqrt{t}}\Big)\sigma e^{-Dt}}{2\sqrt{t}} + Ds\Phi\Big(\frac{d^+}{\sigma\sqrt{t}}\Big)e^{-Dt} - ix\Phi\Big(\frac{d^-}{\sigma\sqrt{t}}\Big)e^{-it}$$

$$p_\theta = \frac{-s\varphi\Big(\frac{d^+}{\sigma\sqrt{t}}\Big)\sigma e^{-Dt}}{2\sqrt{t}} - Ds\Big(1 - \Phi\Big(\frac{d^+}{\sigma\sqrt{t}}\Big)\Big)e^{-Dt} + ix\Big(1 - \Phi\Big(\frac{d^-}{\sigma\sqrt{t}}\Big)\Big)e^{-it}$$

mit $d^+ = \ln(\frac{s}{x}) + (i - D + \frac{1}{2}\sigma^2)t,\ d^- = \ln(\frac{s}{x}) + (i - D - \frac{1}{2}\sigma^2)t$

Φ Verteilungs-, φ Dichtefunktion der Standard-Normalverteilung

B

blstheta

$[c, p] = \text{blstheta}(100, 100, 0.12, 0.25, 0.3, 0)$	$c = -17.9261,\ p = -6.2807$
$[c, p] = \text{blstheta}(50, 50, 0.12, 0.25, 0.3, 0)$	$c = -8.9630,\ p = -3.1404$
$[c, p] = \text{blstheta}(100, 105, 0.12, 0.25, 0.3, 0)$	$c = -17.0965,\ p = -4.8689$
$[c, p] = \text{blstheta}(105, 100, 0.12, 0.25, 0.3, 0)$	$c = -18.3408,\ p = -6.6955$
$[c, p] = \text{blstheta}(100, 100, 0.2, 0.25, 0.3, 0)$	$c = -22.4623,\ p = -3.4377$
$[c, p] = \text{blstheta}(100, 100, 0.12, 0.5, 0.3, 0)$	$c = -14.2899,\ p = -2.9887$
$[c, p] = \text{blstheta}(100, 100, 0.12, 0.25, 1, 0)$	$c = -42.9679,\ p = -31.3225$
$[c, p] = \text{blstheta}(100, 100, 0.12, 0.25, 0.3, 2)$	$c = -0.0596,\ p = -109.6011$
$[c, p] = \text{blstheta}(100, 100, 0.12, 0.25, 0.3, 3)$	$c = 0,\ p = -130.0645$
$[c, p] = \text{blstheta}(100, 100, 0.12, 0.5, 0.1, 0)$	$c = -10.8586,\ p = 0.4426$

Black-Scholes-Vega - Sensitivität des Aktienoptionspreises bezüglich der Volatilität der Aktie

Die Kenngröße Vega beschreibt die Abhängigkeit des Optionspreises von der Volatilität des Papiers (Aktie, Portfolio). Der Vegawert ist in der Regel positiv, variiert aber beträchtlich. Ist der Vegawert nahe Null, dann heißt die Option veganeutral.

L **blsvega**

Preis einer Call-Option bzw. Put-Option: P_C, P_P
Volatilität: σ
Vega der Call-Option: $V_C = \frac{\partial P_C}{\partial \sigma}$ Vega der Put-Option: $V_P = \frac{\partial P_P}{\partial \sigma}$
Eigenschaft: $V_C = V_P$

M **blsvega**

Grundfunktion $v =$ blsvega(s, x, i, t, σ)
Vollfunktion $v =$ blsvega$(s, x, i, t, \sigma[, D])$
Ausgabe v Rate der Wertveränderung der Call- bzw. der Put-Option bei Änderung der Volatililät
Eingabe s aktueller Preis der Aktie
x Ausübungspreis der Option
i risikofreie Zinsrate
t Zeit bis zur Fälligkeit der Option (in Jahren)
σ Volatilität
[D Dividendenrate, $\{0\}$]

F **blsvega**

Formel $v = s\sqrt{t}\varphi\left(\frac{d^+}{\sigma\sqrt{t}}\right)e^{-it}$

mit $d^+ = \ln(\frac{s}{x}) + (i - D + \frac{1}{2}\sigma^2)t$

φ Dichtefunktion der Standard-Normalverteilung

blsvega

Die Option ist von einer Aktie abhängig; aktueller Preis der Aktie 100, Ausübungspreis 100, risikofreie Zinsrate 0.12, Zeit bis zur Fälligkeit der Option 3 Monate, Volatilität 0.3, keine Berücksichtigung der Dividendenrate.

$v = \mathsf{blsvega}(100, 100, 0.12, 0.25, 0.3, 0)$ $\quad v = 19.2069$

Ergebnis: wird die Volatilität um 0.01 größer, so wird der Ausübungspreis der Option um 0.192069 größer.

Analog:

$v = \mathsf{blsvega}(50, 50, 0.12, 0.25, 0.3, 0)$ $\quad v = 9.6035$
$v = \mathsf{blsvega}(100, 105, 0.12, 0.25, 0.3, 0)$ $\quad v = 19.9219$
$v = \mathsf{blsvega}(105, 100, 0.12, 0.25, 0.3, 0)$ $\quad v = 17.4915$
$v = \mathsf{blsvega}(100, 100, 0.2, 0.25, 0.3, 0)$ $\quad v = 18.3516$
$v = \mathsf{blsvega}(100, 100, 0.12, 0.5, 0.3, 0)$ $\quad v = 26.1548$
$v = \mathsf{blsvega}(100, 100, 0.12, 0.25, 1, 0)$ $\quad v = 19.0113$
$v = \mathsf{blsvega}(100, 100, 0.12, 0.25, 0.3, 2)$ $\quad v = 0.1126$
$v = \mathsf{blsvega}(100, 100, 0.12, 0.25, 0.3, 4)$ $\quad v = 0$

Durch eine geeignete Zusammensetzung von Optionen in Portfolios wird angestrebt, Neutralität in möglichst vielen Kenngrößen zu erreichen, damit Stabilität hinsichtlich der möglichen Einflüsse (wie Aktienpreis, Restlaufzeit, Volatilität usw.) erreicht wird. Bereits bestehenden Portfolios werden, um Neutralität zu erzielen, häufig passende Papiere beigemischt.

Wirkungen der Einflussgrößen auf den Optionspreis

Zusammenfassung der Greeks

- **Delta:** Papierpreis steigt → Callpreis steigt, Putpreis sinkt
- **Lambda:** Ausübungspreis steigt → Callpreis sinkt, Putpreis steigt
- **Rho:** Zinssatz steigt → Callpreis steigt, Putpreis sinkt
- **Theta:** Restlaufzeit steigt → Callpreis steigt, Putpreis steigt
- **Vega:** Volatilität steigt → Callpreis steigt, Putpreis steigt

Optionspreise nach dem Binomialmodell

Amerikanische Optionen - gekennzeichnet durch die Möglichkeit, innerhalb der Restlaufzeit kaufen oder verkaufen zu können (ausüben) - lassen sich mit einem Binomialbaum beschreiben. Dabei wird die Zeitachse in einzelne, in der Regel äquidistante, Abschnitte zerlegt. Dieses diskrete Modell eines stetigen (Wiener-)Prozesses wird Binomialmodell genannt.

Grundsätzliche Annahme für das Binomialmodell: Der Kurs eines Papiers verändere seinen Wert S_0 bis zum Ende einer Zeiteinheit (z.B. ein Jahr) auf S_1 nur auf zweierlei Möglichkeiten: Zunahme mit dem Faktor $u = \frac{S_1}{S_0}, u > 1$ oder Abnahme mit dem Faktor $d < 1$; es sei $ud = 1$. Die Wahrscheinlichkeit für die Aufwärtsbewegung sei p und für die Abwärtsbewegung $q = 1 - p$ (Zweipunktverteilung). Soll sich der Erwartungswert des Kurses des Papiers innerhalb dieser Zeiteinheit nicht verändern, dann ist p wie folgt zu wählen: $p = \frac{1-d}{u-d}$; in diesem Falle gilt:

Einstufiges Binomialmodell

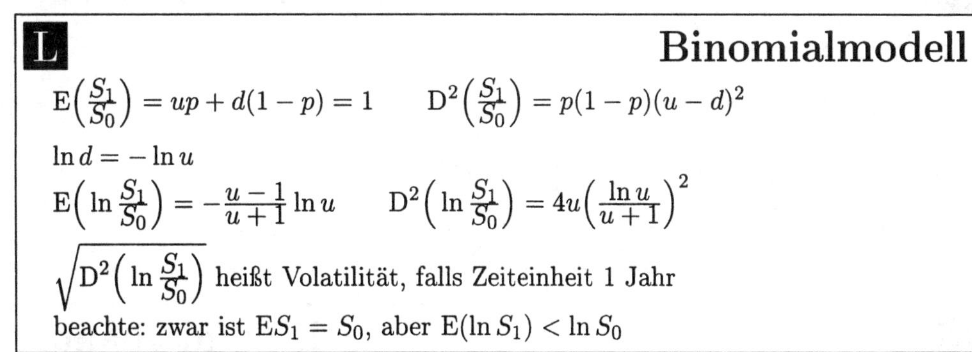

L **Binomialmodell**

$$\mathrm{E}\left(\frac{S_1}{S_0}\right) = up + d(1-p) = 1 \qquad \mathrm{D}^2\left(\frac{S_1}{S_0}\right) = p(1-p)(u-d)^2$$

$$\ln d = -\ln u$$

$$\mathrm{E}\left(\ln\frac{S_1}{S_0}\right) = -\frac{u-1}{u+1}\ln u \qquad \mathrm{D}^2\left(\ln\frac{S_1}{S_0}\right) = 4u\left(\frac{\ln u}{u+1}\right)^2$$

$\sqrt{\mathrm{D}^2\left(\ln\frac{S_1}{S_0}\right)}$ heißt Volatilität, falls Zeiteinheit 1 Jahr

beachte: zwar ist $\mathrm{E}S_1 = S_0$, aber $\mathrm{E}(\ln S_1) < \ln S_0$

Wird zusätzlich eine risikofreie Zinsrate r eingearbeitet, dann sollte anstelle von $\mathrm{E}(S_1/S_0) = 1$ die Bedingung $\mathrm{E}(S_1/S_0) = \mathrm{e}^r$ gestellt werden. Aus diesem Grunde ist dann $p = \frac{\mathrm{e}^r - d}{u-d}$ zu wählen (eine zweite Möglichkeit wäre, u und d mit dem Faktor e^r zu vergrößern). Im Übrigen: viele Formeln sind einfacher, wenn anstelle der Kursveränderung als Quotient dessen Logarithmus verwendet wird. In diesem Falle ist auch der Übergang zum stetigen Modell - Wienerprozess bzw. Black-Scholes-Formel - gewährleistet (das ist die gleiche Gegenüberstellung wie diskrete Zinsrate und stetige Zinsrate!).

Einstufiges Binomialmodell mit risikofreier Zinsrate

L **Binomialmodell**

$$\mathrm{E}\Big(\frac{S_1}{S_0}\Big) = up + d(1-p) = \mathrm{e}^r \qquad \mathrm{D}^2\Big(\frac{S_1}{S_0}\Big) = p(1-p)(u-d)^2$$

$$\mathrm{E}\Big(\ln\frac{S_1}{S_0}\Big) = p\ln u + (1-p)\ln d \qquad \mathrm{D}^2\Big(\ln\frac{S_1}{S_0}\Big) = p(1-p)\Big(\ln(\frac{u}{d})\Big)^2$$

Wird das einstufige Modell über mehrere Zeitabschnitte angesetzt, so ergibt sich das mehrstufige Binomialmodell. Daher kommt auch der Name: die mehrfache Auf- und Abwärtsbewegung vom Anfangswert S_0 zum Endwert S_n kann durch eine modifizierte Binomialverteilung beschrieben werden. Die Darstellung dieser Verzweigung kann durch einen Binomialbaum/Binärbaum/Kursbaum erfolgen.

Mehrstufiges Binomialmodell mit risikofreier Zinsrate

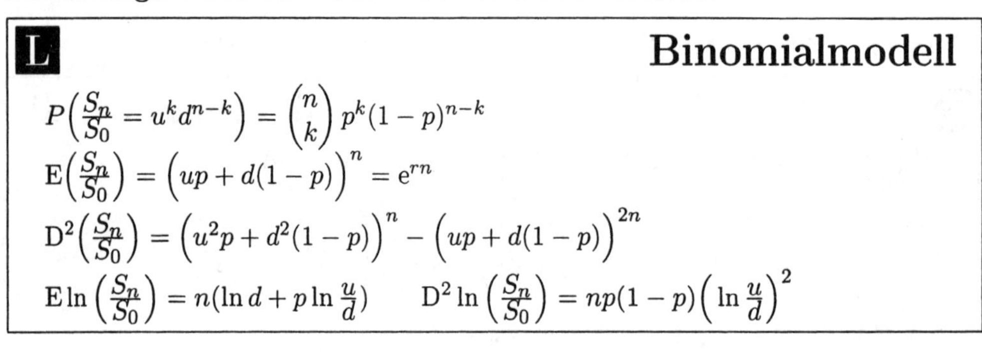

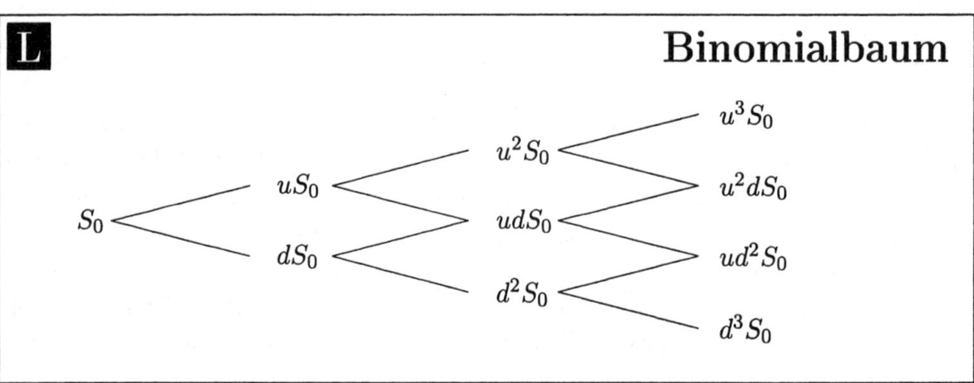

L

Binomiale Optionspreisformel

Bezeichnungen:

$p, q = 1 - p$	Wahrscheinlichkeiten für Auf- bzw. Abwärtsbewegung
u, d	Faktoren für die Auf- bzw. Abwärtsbewegung
r	risikofreie Zinsrate
n	Laufzeit der Option
S_0	Preis des Wertpapiers zu Beginn
X	Ausübungspreis der Option

Formel für Call-Preis:

$$P_C = \mathrm{e}^{-rn} \sum_{k=0}^{n} \binom{n}{k} p^k (1-p)^{n-k} \max(u^k d^{n-k} S_0 - X, 0)$$

In dieser Formel sind für einige $k \leq a$ die Summanden null; wird dann die Summe am Minuszeichen von $\max(u^k d^{n-k} S_0 - X, 0)$ zertrennt, wird der Übergang zur Black-Scholes-Formel klar.
MATLAB stellt mit der m-Funktion binprice eine Analysefunktion für Binomialmodelle bei Optionen bereit.

Konstruktion eines Binärbaumes für das Binomialmodell

M

binprice

Grundfunktion:	$[p, v] =$ binprice$(s, x, r, t, d, \sigma, a, D)$
Vollfunktion:	$[p, v] =$ binprice$(s, x, r, t, d, \sigma, a[, D, dv, ed])$
Ausgabe:	Binärbaum mit Knoten, in denen angegeben wird: p Preis des Wertpapiers v Wert der Option
Eingabe:	s aktueller Preis des Wertpapiers x Ausübungspreis r risikofreie Zinsrate t Laufzeit der Option bis zur Fälligkeit (in Jahren) d Unterteilung der Laufzeit in ganzzahlige Abschnitte (in Jahren) σ Volatilität des Wertpapiers a Art des Wertpapiers: $a = 1$ Call, $a = 0$ Put [D Dividendenrate $\{0\}$ dv Zahlung einer Dividende an einem externen Datum ed, $\{0\}$ (Zeilenvektor) ed externe Dividendenzahlungstermine (in Perioden), $\{0\}$ (Zeilenvektor)]

Falls für die Dividendenrate ein Wert eingegeben wird (d.h. eine einmalige Dividende gezahlt wird), sind *dv* und *ed* Null zu setzen. Sind hingegen externe Dividendenzahlungen vorgesehen, so werden die Termine *ed* und die zugehörigen Zahlungen *dv* aufgezählt, und es wird *D* Null gesetzt.

B **binprice**

Beispiel 1: Call

$[p, v] = \text{binprice}(100, 100, .1, 2/4, 1/4, .3, 1)$

$p =$

100.00	116.18	134.99
0	86.07	100.00
0	0	74.08

$v =$

9.94	18.65	34.99
0	0	0
0	0	0

B **binprice**

Beispiel 2: Call

$[p, v] = \text{binprice}(104, 100, .1, 6/12, 1/12, .4, 1)$

$p =$

104.00	116.73	131.02	147.05	165.05	185.26	207.93
0	92.66	104.00	116.73	131.02	147.05	165.05
0	0	82.55	92.66	104.00	116.73	131.02
0	0	0	73.55	82.55	92.66	104.00
0	0	0	0	65.53	73.55	82.55
0	0	0	0	0	58.38	65.53
0	0	0	0	0	0	52.02

$v =$

16.20	24.27	35.29	49.52	66.71	86.09	107.93
0	8.17	13.34	21.23	32.67	47.88	65.05
0	0	2.98	5.43	9.82	17.56	31.02
0	0	0	0.51	1.01	2.01	4.00
0	0	0	0	0	0	0
0	0	0	0	0	0	0
0	0	0	0	0	0	0

B **binprice**

Beispiel 3: Put
$[p, v] =$ binprice$(104, 100, .1, 6/12, 1/12, .4, 0)$

$p =$

104.00	116.73	131.02	147.05	165.05	185.26	207.93
0	92.66	104.00	116.73	131.02	147.05	165.05
0	0	82.55	92.66	104.00	116.73	131.02
0	0	0	73.55	82.55	92.66	104.00
0	0	0	0	65.53	73.55	82.55
0	0	0	0	0	58.38	65.53
0	0	0	0	0	0	52.02

$v =$

7.67	3.54	0.99	0	0	0	0
0	12.05	6.21	2.03	0	0	0
0	0	18.27	10.62	4.16	0	0
0	0	0	26.45	17.45	8.52	0
0	0	0	0	34.47	26.45	17.45
0	0	0	0	0	41.62	34.47
0	0	0	0	0	0	47.98

B **binprice**

Beispiel 4: Put mit einer externen Dividende
$[p, v] =$ binprice$(104, 100, .1, 6/12, 1/12, .4, 0, 0, 2.49, 4.5)$

$p =$

104.00	116.46	130.43	146.12	163.73	180.98	203.14
0	92.94	104.04	116.50	130.48	143.66	161.25
0	0	83.09	92.98	104.08	114.04	128.00
0	0	0	74.31	83.13	90.52	101.60
0	0	0	0	66.50	71.86	80.65
0	0	0	0	0	57.04	64.02
0	0	0	0	0	0	50.82

$v =$

8.03	3.83	1.11	0	0	0	0
0	12.49	6.70	2.26	0	0	0
0	0	18.67	11.38	4.63	0	0
0	0	0	26.49	18.52	9.48	0
0	0	0	0	35.15	28.15	19.35
0	0	0	0	0	42.96	35.98
0	0	0	0	0	0	49.18

Bonds/Kupon-Anleihen

Cash Flow bei Bonds

Bonds/Kupon-Anleihen sind gekennzeichnet durch den Erwerbungstag, den Fälligkeitstag und halbjährliche (Standard) Kuponzahlungen gemäß einer Kuponrate, wobei die Kupontermine stets in vollen halben Jahren (oder entsprechenden anderen Zyklen, falls die Kuponanzahl pro Jahr nicht 2 ist) vor dem Fälligkeitstermin liegen. Für den zu Beginn liegenden Anteil eines halben Jahres wird zunächst eine anteilige Kupongegenzahlung (Stückzinsen) geleistet, damit zum Kupontermin der volle Kuponbetrag gezahlt werden kann.
Folgende spezielle Bedingungen können realisiert werden:
• andere Kuponperiode (Standard: halbjährlich); zulässig sind: monatlich (12), zweimonatlich (6), quartalsweise (4), viermonatlich (3), halbjährlich (2), jährlich (1).
• andere Tageszählbasis (⊳⊳ S.56)
• Beachtung einer Monatsenderegel: Die Monatsenderegel besagt für den Fall, dass der Fälligkeitstag der letzte Tag eine solchen Monats ist, der 30 oder weniger Tage hat, dass darauf nicht geachtet wird (0) oder dass der Kuponzahltag der aktuelle Monatsletzte ist (1) (⊳⊳ S.57)
• anderer Beginn bzw. anderes Ende der Kuponzahlungen
• Beachtung des Ausgabetages
• Beachtung eines anderen Starttages für den Zahlungsstrom der Anleihe

Tageszählung bei Bonds

L

cfdates	Datumangaben für Eröffnungstag, Kupontage und Fälligkeitstag
cftimes	Halbjahresanteile ab Eröffnungstag
cpncount	Anzahl der Kuponzahlungen zwischen Erwerb und Fälligkeit
cpndaten	nächster Kupontag
cpndatenq	nächster quasi-Kupontag
cpndatep	letzter vorausgehender Kupontag
cpndatepq	letzter vorausgehender quasi-Kupontag
cpndaysn	Anzahl der Tage bis zum nächsten Kupontag
cpndaysp	Anzahl der Tage bis zum vorausgehenden Kupontag
cpnpersz	Anzahl der Tage in der Kuponperiode mit Eröffnungstag

M **cpn...**
Kupon-Funktionen

Struktur der cpn-Funktionen

Grundfunktionen:	$a =$ cpn...(s, m)
Vollfunktionen:	$a =$ cpn...$(s, m[, n, b, em, id, fd, ld, sd])$
Eingabe	s Eröffnungstag
	m Fälligkeitstag
	[n Anzahl der Kuponzahlungen im Jahr {2}
	b Tageszählbasis {0}
	em Monatsende-Regel {1}
	id Ausgabetag des Bond
	fd erster Kuponzahltag
	ld letzter Kuponzahltag
	sd Starttag des Bond]

Für die Anzahl n der Kuponzahlungen pro Jahr sind 1, 2, 3, 4, 6, 12 zulässig.

Zahlungen und Zahlungstermine bei Bonds

M **cfamounts**

Grundfunktion	$[c, d, t, f] =$ cfamounts(i, s, m)
Vollfunktion	$[c, d, t, f] =$ cfamounts$(i, s, m[, n, b, em, id, fd, ld, sd, w])$
Ausgabe	c Zeilenvektor der Zahlungsbeträge:
	c_1 anteilige Gegenzahlung zum Erwerbungstag
	$c_2, \ldots, c_N$ Kuponzahlungen
	c_{N+1} Schlusszahlung (Kuponwert und Nennwert)
	d Zeilenvektor aller Zahlungstermine
	t Zeilenvektor aller Zeitfaktoren
	f Zeilenvektor aller Marken für Zahlungsformen (s.u.)
Eingabe	i Kuponrate p.a.
	s Erwerbungstag des Bonds
	m Fälligkeitstag des Bonds
	[n Anzahl der Kupons pro Jahr (1,2,3,4,6,12) {2}
	b Tageszählbasis (0,1,2,3) {2}
	em Monatsende-Regel (0,1) {1}
	id Ausgabetag des Bonds
	fd Ersterteilungstag des Kupons
	ld Letzterteilungstag des Kupons
	sd Starttag des Bonds-CashFlow {s}
	w Nennwert des Bonds {100}]

Bedeutung der Marken f - Zahlungszustände **cfamounts**

häufiger:

0	Stückzinsen zum Erwerbungstag
3	Nominal-Kuponzahlung
4	Normale Abschlusszahlung

seltener:

10	Null-Kupon zur Fälligkeit

F **cfamounts**

Grundformel:

$m - s$	Abstand von Erwerbungstag und Fälligkeitstag auf der Tageszählbasis act/act (Basis 0)
d	dieser Abstand, ausgedrückt in Jahren
$r = [2d]$	Anzahl der enthaltenen vollen Halbjahre; $N = r + 1$
$v = 2d - r$	Rest in Halbjahren

Folge der Zahlungen: $c_k = \begin{cases} -\frac{1}{2}vi \cdot 100 & k = 1 \\ \frac{1}{2} \cdot 100 & k = 2 \ldots N \\ (\frac{1}{2}i + 1) \cdot 100 & k = N + 1 \end{cases}$

H Anzahl der Tage in einem Halbjahr gemäß Tageszählbasis act/act

Folge der Zahlungstermine: $d_k = \begin{cases} m & k = 1 \\ s - H(N - k + 1) & k = 2 \ldots N + 1 \end{cases}$

Folge der Zeitfaktoren: $t_k = \begin{cases} 0 & k = 1 \\ 2d - (N - k + 1) & k = 2 \ldots N + 1 \end{cases}$

B **cfamounts**

Beispiel 1:

$[c, d, t, f]$ = cfamounts(0.05,'2-Aug-2002','15-Nov-2003')

c = -1.0734 2.5000 2.5000 102.5000

d = 731430 731535 731716 731900

t = 0 0.5707 1.5707 2.5707

f = 0 3 3 4

Beispiel 2:

$[c, d, t, f]$ = cfamounts(0.05,'2-Aug-2002','15-Nov-2003',4)

c = -1.0734 1.2500 1.2500 1.2500 1.2500 1.2500 101.2500

d = 731430 731443 731535 731627 731716 731808 731900

t = 0 0.0718 0.5707 1.0718 1.5707 2.0718 2.5707

f = 0 3 3 3 3 3 4

Bemerkung zum Beispiel:
Zum Nennwert 100 wird am 2. August 2002 ein Bond mit 4 Kupons jährlich zum Kuponzinssatz 5% p.a. gekauft; Fälligkeitstag ist der 15. November 2003. d enthält den Erwerbungstag sowie die Zahlungstermine der Kupons in Seriendatum-Zeit (d.h. 2.8.2002, 15.8.2002, 15.11.2002, 15.2.2003, 15.5.2003, 15.8.2002, 15.11.2003). t enthält den Abstand der Kuponzahlungstermine in Jahren vom Erwerbungstag (auf der Grundlage der vorgegebenen Tageszählbasis, hier 0, d.h. act/act). f enthält die Informationen über die jeweilige Zahlungsart, also Stückzinsen bzw. Kuponzahlung bzw. Abschlusszahlung.

Skizze für den Zahlungsverlauf bei einem Bond:

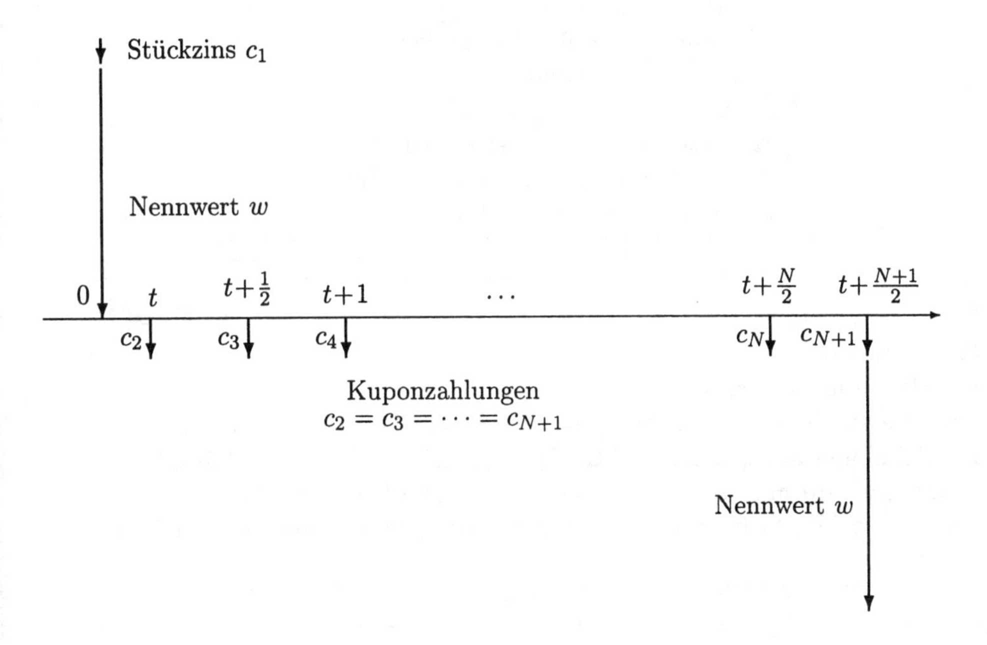

Zum Startzeitpunkt werden der Nennwert und ein Stückzins für die angerissene Kuponperiode gezahlt. Dann erfolgen, bezogen auf den letzten Kupontermin, Kuponzahlungen zu den regelmäßigen Kuponterminen. Zum Endzeitpunkt - letzter Kupontermin - erfolgen die letzte Kuponzahlung sowie die Rückzahlung des Nennwertes.

Preis eines Bond

M **bndprice**

Grundfunktion	$[p, a] =$ bndprice(y, i, s, m)
Vollfunktion	$[p, a] =$ bndprice$(y, i, s, m[, n, b, emr, id, fcd, lcd, std, w])$
Ausgabe	p Preis eines Bonds bei vorgegebenem Effektivzinssatz
	a Stückzins vom Erwerbungstag bis zum ersten Kupontermin
Eingabe	y vorgegebener Effektivzinssatz
	i Kuponrate p.a.
	s Erwerbungstag des Bonds
	m Fälligkeitstag des Bonds
	$[n$ Anzahl der Kupons pro Jahr (1,2,3,4,6,12) {2}
	b Tageszählbasis (0,1,2,3) {0}
	emr Monatsende-Regel (0,1) {1}
	id Ausgabetag des Bonds
	fcd Ersterteilungstag des Kupons
	lcd Letzterteilungstag des Kupons
	std Starttag des Bonds-CashFlow {s}
	w Nennwert des Bonds {100}]

 **bndprice**

Grundfunktion:
von cfamounts werden intern berechnet:
die Kuponzahlungen, die Zahlungstermine sowie die Zeitfaktoren, bezogen auf Halbjahre und bezogen auf die Standard-Tagezählbasis act/act. Für alle diese Zahlungen wird mit den Zeitfaktoren durch Diskontieren ein Barwert (Nennwert 100) gebildet; durch Hinzufügung der Stückzinsen ergibt sich der Preis des Bonds.

 **bndprice**

Eingabe:
Effektivzinssätze $y = [0.04; 0.05; 0.06]$;
Kuponrate $i = 0.05$;
Erwerbungsdatum $s =$ '20-Jan-1997';
Fälligkeitsdatum $m =$ '15-Jun-2002';

Ausgabe:
$[p, a] =$ bndprice(y, i, s, m) (hier Verwendung der Grundfunktion)
Preise der Bonds für die verschiedenen Effektivzinssätze:
$p =$ 104.8106 99.9951 95.4384
jeweils erhobene Stückzinsen: $a =$ 0.4945 0.4945 0.4945

Zinsrate eines Bond

M **bndyield**

Grundfunktion:	$i = \mathsf{bndyield}(p, c, s, m)$
Vollfunktion:	$i = \mathsf{bndyield}(p, c, s, m[, z, b, e, id, fd, ld, sd, w])$
Ausgabe:	i Spaltenvektor der Zinsraten p.a. mehrerer Anleihen bei halbjährlicher Verzinsung
Eingabe:	p Spaltenvektor aktueller Preise von Anleihen ohne Stückzinsen c Kuponzinsrate p.a., Einzelwert s Spaltenvektor der Erwerbsdaten, als Datumnummern oder Datumstrings m Spaltenvektor der Fälligkeitsdaten, als Datennummern oder Datenstrings, $s < m$ [z Spaltenvektor von Kuponanzahlen pro Jahr, $\{2\}$ b Spaltenvektor von Marken für Tageszählbasis, $\{0\}$ (siehe ▷▷ S.56) e Spaltenvektor der Marken für: Kuponzahlung am Monatsletzten, $\{1\}$ id Ausgabedatum der Bonds fd Datum der ersten Kuponzahlung ld Datum der letzten Kuponzahlung (falls fd und ld aufgeführt werden, ist fd für die Kuponzahlungsstruktur entscheidend) sd Starttermin für den Zahlungsstrom der Anleihe, $\{sd = s\}$ w Nennwert der Anleihe, $\{100\}$]

F **bndyield**

Barwertvergleich aller Zahlungen:

Grundformel: $p + Z_s = \sum_k c_k \cdot (1 + \frac{i}{2})^{-k} + N \cdot (1 + \frac{i}{2})^{-T}$

Einzelteile: Preis + Stückzinsen = (abgezinste) Kuponzahlungen
+ (abgezinster) Nennwert

In den Stückzinsen, die für den Zeitabschnitt vom Ausgabetag bis zur ersten Kuponzahlung errechnet werden, ist ebenfalls der Zinssatz i enthalten.
Aus der Grundformel wird mit dem Iterationsverfahren von Newton-Raphson die Zinsrate i genähert ermittelt.

B **bndyield**

Beispiel 1:
$i =$ bndyield([95; 98; 100],0.05,'23-Feb-2003','10-Oct-2007'),
$i = [0.0626;\ 0.0549;\ 0.0500]$

Beispiel 2: vierteljährliche Kuponzahlung
$i =$ bndyield([95; 98; 100],0.05,'23-Feb-2003','10-Oct-2007',4),
$i = [0.0630;\ 0.0553;\ 0.0503]$

Nullraten bei Bonds

M **zbtprice**

Grundfunktion	$[z, k] =$ zbtprice(B, p, s)
Vollfunktion	$[z, k] =$ zbtprice($B, p, s[, f, tb, it]$) wobei $B = [m\ i\ [w\ n\ b\ e]]$
Ausgabe	z Nullrate, Bilanz, Ausgleichsrate; Spaltenvektor vom Typ $(M, 1)$ k zeitlich geordnete Fälligkeitsdaten, wie in B eingegeben, passend zur Nullrate; Spaltenvektor vom Typ $(M, 1)$ M Anzahl der verschiedenen Fälligkeitsdaten
Eingabe	B Liste von Bonds, Matrix vom Typ $(N, 2)$ bis $(N, 6)$ N Anzahl der Bonds m Fälligkeitstag des Bonds i Kuponrate p.a. [w Nennwert des Bonds {100} n Anzahl der Kupons pro Jahr (1,2,3,4,6,12) {2} b Tageszählbasis (0,1,2,3) {0} e Monatsende-Regel (0,1) {1}] p Preis des Bonds s Erwerbungstag des Bonds [f Anzahl der Verzinsungen pro Jahr (1,2,3,4,6,12) {2} tb Tageszählbasis der Verzinsungen (0 act/act, 1 30/360, 2 act/360, 3 act/365) {0} it Maximum der Iterationsschritte bei der numerischen Lösung der Gleichung {50}] alle auftretenden Einzelgrößen sind Spaltenvektoren vom Typ $(N, 1)$ entsprechend den Bonds im Portfolio

Enthält das Bonds-Portfolio verschiedene Bonds mit gleichem Fälligkeitstag, so wird für diese Bonds eine mittlere Nullrate ermittelt; in diesem Falle enthalten z und k weniger als N Angaben: M.

zbtprice

zbtprice arbeitet mit einer als "Bootstrapping" (eine in der mathematischen Statistik bekannte "Resampling"-Methode zur zufälligen Anreicherung des Datenmaterials) bezeichneten Methode, mit der die Newtonsche Iterationsmethode zur näherungsweisen Lösung von Gleichungen bzw. Gleichungssystemen unterstützt wird.

B

zbtprice

Eingaben:

```
B = [datenum('1-Jun-1998') 0.0475 100 2 0 0;
        datenum ('1-Jul-2000') 0.06 100 2 0 0;
        datenum ('1-Jul-2000') 0.09375 100 6 1 0;
        datenum ('30-Jun-2001') 0.05125 100 1 3 1;
        datenum ('15-Apr-2002') 0.07125 100 4 1 0;
        datenum ('15-Jan-2000') 0.065 100 2 0 0;
        datenum ('1-Sep-1999') 0.08 100 3 3 0;
        datenum ('30-Apr-2001') 0.05875 100 2 0 0;
        datenum ('15-Nov-1999') 0.07125 100 2 0 0;
        datenum ('30-Jun-2000') 0.07 100 2 3 1;
        datenum ('1-Jul-2001') 0.0525 100 2 3 0;
        datenum ('30-Apr-2002') 0.07 100 2 0 0];
p = [99.375; 99.875; 105.75; 96.875; 103.625; 101.125;
        103.125; 99.375; 101.0; 101.25; 96.375; 102.75];
s = datenum('18-Dec-1997');
[z, k] = zbtprice(B, p, s)
D = datestr(k)
```

Ergebnisse:

```
z = [0.061624  0.060910  0.065766  0.059022  0.064824  0.065470 ...
        0.060615  0.060055  0.064248  0.062051  0.062689]'
k = [729907  730364  730439  730500  730667  730668  730971 ...
        731032  731033  731321  731336]'
D = [01-Jun-1998  01-Sep-1999  15-Nov-1999  15-Jan-2000  30-Jun-2000 ...
    01-Jul-2000  30-Apr-2001  30-Jun-2001  01-Jul-2001  15-Apr-2002 ...
    30-Apr-2002]'
```

Es ist zu beachten: bei der Eingabe von Kalenderdaten in MATLAB-Funktionen sind stets Hochstriche zu verwenden (z.B. '23-Feb-2003'); hingegen erscheinen diese Hochstriche bei der Ausgabe nicht (z.B. datestr(729907): 01-Jun-1998).

M **zbtyield**

Grundfunktion	$[z, k] = \mathsf{zbtyield}(Bd, y, s)$
Vollfunktion	$[z, k] = \mathsf{zbtyield}(Bd, y, s[, f, tb, it])$ wobei $Bd = [m\ i\ [w\ n\ b\ emr]]$
Ausgabe	z Nullrate, Bilanz, Ausgleichsrate; Spaltenvektor vom Typ $(M, 1)$ k zeitlich geordnete Fälligkeitsdaten, wie in Bd eingegeben, passend zur Nullrate; Spaltenvektor vom Typ $(M, 1)$ M Anzahl der verschiedenen Fälligkeitsdaten
Eingabe	Bd Liste von Bonds, Matrix vom Typ $(N, 2)$ bis $(N, 6)$ N Anzahl der Bonds m Fälligkeitstage der einzelnen Bonds, 1. Spalte der Matrix i Kuponraten p.a. der einzelnen Bonds, 2. Spalte der Matrix sowie für die Bondsliste ggf. [w Nennwerte der einzelnen Bonds {100} n Anzahlen der Kupons pro Jahr (1,2,3,4,6,12) {2} b Tageszählbasen (0,1,2,3) {0} emr Monatsende-Regel für die einzelnen Bonds (0,1) {1}] y Rendite der einzelnen Bonds im Portfolio, Spaltenvektor s (gemeinsamer) Erwerbungstag der Bonds, Datumangabe sowie für weitere Eingaben in zbtyield ggf. [f Anzahl der Verzinsungen pro Jahr (1,2,3,4,6,12) {2} tb Tageszählbasis der Verzinsungen (0: act/act, 1: 30/360, 2: act/360, 3: act/365) {0} it Maximum der Iterationsschritte bei der numerischen Lösung der Gleichung {50}]
Bemerkung:	alle auftretenden Einzelgrößen sind Spaltenvektoren vom Typ $(N, 1)$ entsprechend den Bonds im Portfolio alle im Portfolio vertretenen Bonds sind Zeilenvektoren vom Typ $(1, 2)$ bis $(1, 6)$, je nach der Zahl der einzugebenden Parameter

Enthält das Bonds-Portfolio verschiedene Bonds mit gleichem Fälligkeitstag, so wird für diese Bonds eine mittlere Nullrate ermittelt; in diesem Falle enthalten z und k weniger als N Angaben: M.

zbtyield

zbtyield arbeitet mit einer als "Bootstrapping" (eine in der mathematischen Statistik bekannte "Resampling"-Methode zur zufälligen Anreicherung des Datenmaterials) bezeichneten Methode, mit der die Newtonsche Iterationsmethode zur näherungsweisen Lösung von Gleichungen bzw. Gleichungssystemen unterstützt wird.

B **zbtyield**

Beispiel 1:
Eingabe der Bondparameter Fälligkeitsdatum und Kuponrate
(alle anderen Werte Standard):
Bd=[datenum('6-Jan-2003') 0.04; datenum('21-May-2002') 0.05;
datenum('15-Dec-2002') 0.045];
Eingabe der Rendite am Fälligkeitstag: y=[0.05; 0.05; 0.05];
Eingabe des (gemeinsamen) Ausgabetages: s=datenum('13-Jun-1998');
Ausgabe: $[z, k]$=zbtyield(Bd, y, s);
Ergebnisse:
z = [0.0500; 0.0498; 0.0499] Ausgleichsraten, geordnet wie
k = [731357; 731565; 731587] die geordneten Fälligkeitsdaten
(Angabe im MATLAB-Datumsystem)
kk=datestr(k);
kk = [21-May-2002; 15-Dec-2002; 06-Jan-2003]
(Angabe als Kalenderdatum)

B **zbtyield**

Beispiel 2:
Eingabe der Bondparameter Fälligkeitsdatum, Kuponrate, Nennwert, Kuponzahl pro Jahr
Bd=[datenum('6-Jan-2003') 0.04 200 4;
datenum('21-May-2002') 0.05 100 2;
datenum('15-Dec-2002') 0.045 200 2];
Eingabe der Rendite am Fälligkeitstag: y=[0.05; 0.055; 0.06];
Eingabe des (gemeinsamen) Ausgabetages: s=datenum('13-Jun-1998');
Ausgabe: $[z, k]$=zbtyield(Bd, y, s);
Ergebnisse:
z = [0.0550; 0.0605; 0.0495] Ausgleichsraten, geordnet wie
k = [731357; 731565; 731587] die geordneten Fälligkeitsdaten
kk=datestr(k); kk = [21-May-2002; 15-Dec-2002; 06-Jan-2003]

Duration und Konvexität bei Bonds

Die Duration eines Bonds gibt die durchschnittliche Bindungsdauer des in einen Bond investierten Geldbetrages an; sie ist damit eine Kenngröße zur Beurteilung des Risikos eines Bonds. Aus der Sicht eines mathematischen Modells ist die Duration eine lineare Approximation des Kurses des Papiers, wohingegen die Konvexität die quadratische Komponente der Approximation liefert.

Die m-Funktionen bonddur und bondconv liefern die (Macauley-)Duration, die modifizierte Duration und die Konvexität.

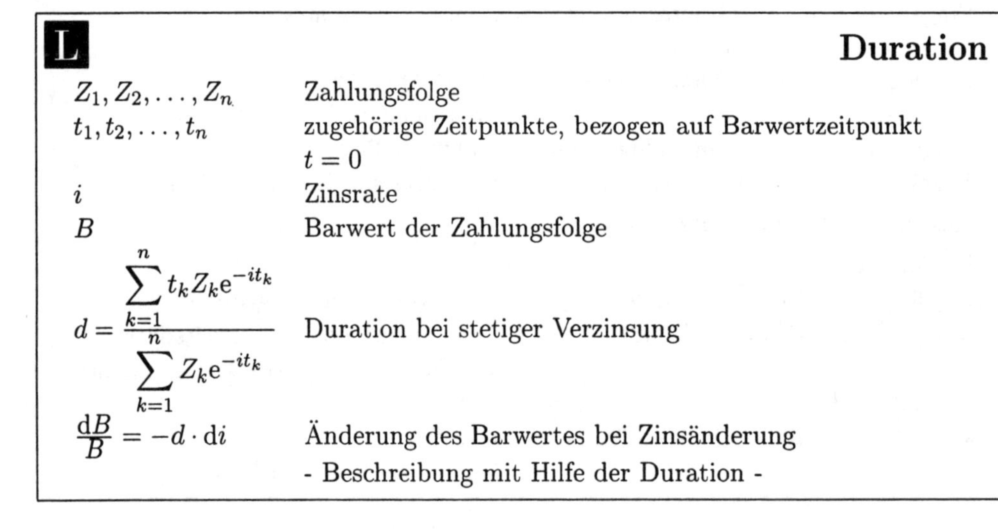

L **Duration**

$Z_1, Z_2, \ldots, Z_n$	Zahlungsfolge
$t_1, t_2, \ldots, t_n$	zugehörige Zeitpunkte, bezogen auf Barwertzeitpunkt $t = 0$
i	Zinsrate
B	Barwert der Zahlungsfolge
$d = \frac{\sum_{k=1}^{n} t_k Z_k \mathrm{e}^{-it_k}}{\sum_{k=1}^{n} Z_k \mathrm{e}^{-it_k}}$	Duration bei stetiger Verzinsung
$\frac{\mathrm{d}B}{B} = -d \cdot \mathrm{d}i$	Änderung des Barwertes bei Zinsänderung - Beschreibung mit Hilfe der Duration -

Duration

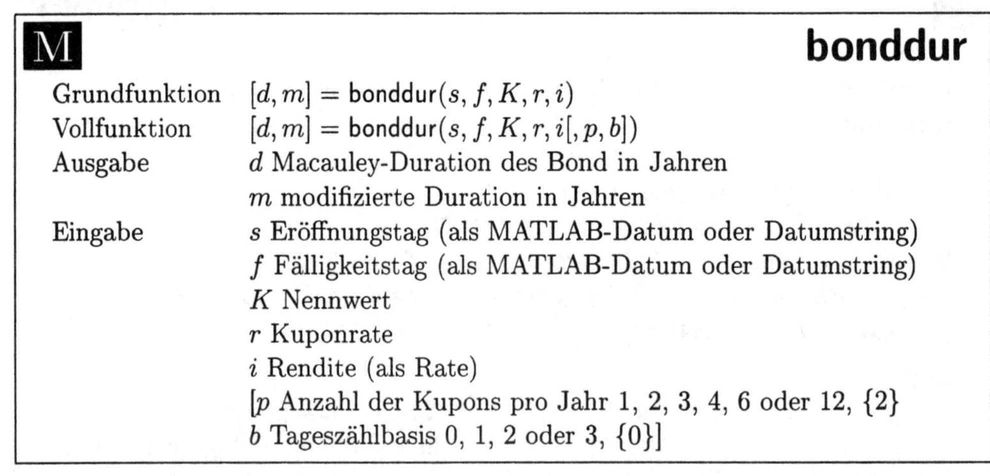

M **bonddur**

Grundfunktion	$[d, m] =$ bonddur(s, f, K, r, i)
Vollfunktion	$[d, m] =$ bonddur$(s, f, K, r, i[, p, b])$
Ausgabe	d Macauley-Duration des Bond in Jahren
	m modifizierte Duration in Jahren
Eingabe	s Eröffnungstag (als MATLAB-Datum oder Datumstring)
	f Fälligkeitstag (als MATLAB-Datum oder Datumstring)
	K Nennwert
	r Kuponrate
	i Rendite (als Rate)
	$[p$ Anzahl der Kupons pro Jahr 1, 2, 3, 4, 6 oder 12, $\{2\}$
	b Tageszählbasis 0, 1, 2 oder 3, $\{0\}]$

F **bonddur**

Die m-Funktion **bonddur** ist eine Vereinfachung der (nicht im Handbuch) aufgeführten m-Funktion **bnddury**, die ihrerseits einige Ergebnisse der m-Funktion **cfamounts** (▷▷ S.174) verwendet.

$[m, d, dp] =$ **bnddury**$(i, r, s, f[, p, b, emr, id, fc, lc, st, K])$

bnddury verwendet zusätzlich (im Vergleich zu **bonddur**) in der Ausgabe

dp die Duration pro Kuponperiode

sowie in der Eingabe (optional)

emr die Vorschrift zur Einbindung des Monatsletzten

fc, lc den ersten und letzten Kupontermin

id, st den Ausgabetag und den Starttag

Es gilt: $d = \frac{dp}{p}$, $m = \dfrac{d}{1 + \dfrac{i}{p}}$

B **bonddur**

Beispiel 1:

$[d, m] =$ **bonddur**('05-Nov-1996','18-Apr-2004',100,0.05,0.06)

Ergebnisse: Duration: $d = 6.2524$, modifizierte Duration: $m = 6.0703$

Beispiel 2:

$[d, m] =$ **bonddur**('05-Nov-1996','18-Apr-2004',100,0.05,0.06,1,0)

Ergebnisse: Duration: $d = 6.1868$, modifizierte Duration: $m = 6.0066$

Konvexität

 **Konvexität**

$Z_1, Z_2, \ldots, Z_n$	Zahlungsfolge
$t_1, t_2, \ldots, t_n$	zugehörige Zeitpunkte, bezogen auf Barwertzeitpunkt $t = 0$
i	Zinsrate
B	Barwert der Zahlungsfolge
$c = \dfrac{\sum_{k=1}^{n} t_k(t_k+1) Z_k \mathrm{e}^{-it_k}}{\mathrm{e}^{2i} \cdot \sum_{k=1}^{n} Z_k \mathrm{e}^{-it_k}}$	Konvexität bei stetiger Verzinsung
$\frac{\mathrm{d}B}{B} = -d \cdot \mathrm{d}i + \frac{1}{2} c \cdot (\mathrm{d}i)^2$	Änderung des Barwertes bei Zinsänderung

- Beschreibung mit Hilfe von Duration und Konvexität -

M **bondconv**

Grundfunktion	$[m, n]$ = bondconv(s, f, K, r, i)
Vollfunktion	$[m, n]$ = bondconv$(s, f, K, r, i[, p, b])$
Ausgabe	m Konvexität in Anzahl der Kuponperioden
	n Konvexität in Anzahl der Jahre
Eingabe	s Eröffnungstag (als MATLAB-Datum oder Datumstring)
	f Fälligkeitstag (als MATLAB-Datum oder Datumstring)
	K Nennwert
	r Kuponrate
	i Rendite (als Rate)
	[p Anzahl der Kupons pro Jahr 1,2,3,4,6 oder 12, {2}
	b Tageszählbasis 0,1,2 oder 3, {0}]

bondconv

Die m-Funktion bondconv benutzt die (nicht im Handbuch) enthaltene m-Funktion bndconvy, die ihrerseits wieder die oben beschriebene m-Funktion cfamounts nutzt.

$[n, m]$ = bndconvy$(i, r, s, f[, p, b, emr, id, fc, lc, st, K])$

bndconvy verwendet zusätzlich (im Vergleich zu bondconv) in der Ausgabe

dp die Duration pro Kuponperiode

sowie in der Eingabe (optional)

emr die Vorschrift zur Einbindung des Monatsletzten

fc, lc den ersten und letzten Kupontermin

id, st den Ausgabetag und den Starttag

Es gilt: $n = \frac{m}{p^2}$

bondconv

Beispiel 1:

$[m, n]$ = bondconv('05-Nov-1996','18-Apr-2004',100,0.05,0.06)

Ergebnisse: Konvexität pro Kuponperiode (Standard Halbjahr): m=176.3512

Konvexität pro Jahr: n=44.0878

Beispiel 2:

$[m, n]$ = bondconv('05-Nov-1996','18-Apr-2004',100,0.05,0.06,1,0)

Ergebnisse: Konvexität pro Kuponperiode (hier Jahr): m =174.6021

Konvexität pro Jahr: n =43.6505

Die in der m-Funktion bondconv zur Verfügung stehende Wahl der Anzahl p der Kuponzahlungen pro Jahr ist eigentlich wirkungslos, da das Programm stets den Standard $p = 2$ einstellt.

Treasuries

Der Begriff Treasury wird im Finanzwesen vielseitig verwendet. In diesem Abschnitt wird er lediglich im Sinne von Schatzanweisung gebraucht und zwar im Zusammenhang mit den speziellen Formen Treasury bill (T-Bill) und Treasury bond (T-Bond). Die US-Regierung verschuldet sich am Geldmarkt über Treasury bills (kurzfristige Wechsel), die wöchentlich emittiert werden. Aber nicht nur Großbanken, sondern auch Kleinanleger sind an diesen Papieren interessiert. Treasury bills werden beim An- und Verkauf diskontiert; der Nennwert beträgt in der Regel $ 10.000.

Treasury bills

Preis eines Treasury bill

M **prtbill**

Funktion: $p = \mathsf{prtbill}(s, m, N, d)$
Ausgabe: p Preis eines Treasury Bill
Eingabe: s Ausgabetag: als Datumstring oder Datumnummer
m Fälligkeitstag: als Datumstring oder Datumnummer
N Nennwert des Treasury bill (häufig 10000)
d Diskontrate ($d \cdot 100\%$: Diskontsatz)

F **prtbill**

Formel: $p = N\left(1 - d\,\frac{m-s}{360}\right)$
$m - s \geq 0$ aktuelle Tagesdifferenz, bezogen auf wahre Monatslängen, auch werden Schalttage berücksichtigt,
aber Anzahl der Tage im Jahr: 360; $m - s < 0$ führt zu einem Fehler

B **prtbill**

Beispiel 1:
$p =$ prtbill('23-Feb-2003','24-Mar-2003',10000,0.06), $p = 9951.67$
Beispiel 2:
$p =$ prtbill(731635, 731664, 10000, 0.06), $p = 9951.67$
Beispiel 3:
$p =$ prtbill('23-Feb-2003',731664,10000,0.06), $p = 9951.67$
Beispiel 4:
$p =$ prtbill('23-Feb-2003','1-Feb-2003',10000,0.06),
Fehlermeldung!: 'sd must be <= md'

Zinsrate eines Treasury bill

M **yldtbill**

Funktion: $i = \mathsf{yldtbill}(s, m, N, p)$
Ausgabe: i Zinsrate eines Treasury Bill
Eingabe: s Ausgabetag: als Datumstring oder Datumnummer
m Fälligkeitstag: als Datumstring oder Datumnummer
N Nennwert des Treasury bill (häufig 10000)
p Preis des Treasury bill
Diskontrate des Treasury bill: $d = \mathsf{yldtbill}(s, m, N, p) * p/N$

 **yldtbill**

Formel: $i = \frac{360}{m-s}(\frac{N}{p} - 1)$
$m - s > 0$ aktuelle Tagesdifferenz, bezogen auf wahre Monatslängen;
$m - s \leq 0$ führt zu einem Fehler
Diskontrate des Treasury bill: $d = i \cdot \frac{p}{N}$
$p > N$ führt nicht zu einem Fehler, sondern zu einer negativen Zinsrate

B **yldtbill**

Beispiel 1:
$i =$ yldtbill(731635,731664,10000,9951.67), $i = 0.0603$
Beispiel 2:
$i =$ yldtbill(731635,731720,10000,9967), $i = 0.0411$
Beispiel 3:
$i =$ yldtbill('15-Jan-2003','27-Mar-2003',10000,9919.99), $i = 0.0409$
$d = i * p/N$, $d = 0.0406$
Beispiel 4:
$i =$ yldtbill('15-Jan-2003','15-Jan-2003',10000,10000),
Fehlermeldung!: 'Divide by zero', $i =$ NaN

Bond-äquivalente Zinsrate eines Treasury bill

Die Umrechnung der Zinsrate eines Treasury bill auf die Gepflogenheiten bei Bonds (Anleihen) erfolgt wegen der bei Bonds üblichen Tagesanzahl im Jahr von 365, während bei Treasury bills mit 360 gerechnet wird. Außerdem wird dabei auch die Halbjahresverzinsung berücksichtigt.

M **beytbill**

Funktion: $i =$ beytbill(s, m, d)
Ausgabe: i Bond-äquivalente Zinsrate des Treasury bill
Eingabe: s Ausgabetag: als Datumstring oder Datumnummer
m Fälligkeitstag: als Datumstring oder Datumnummer
d Diskontsatz des Treasury bill

 **beytbill**

Formel: N Nennwert des Treasury bill (i.Allg. 10000)
Ausgangspunkt ist die Fallunterscheidung:

$$p = \begin{cases} N \cdot \dfrac{1}{1 + i \cdot \dfrac{m-s}{365}} & 0 < m - s \leq 182 \\ N \cdot \dfrac{1}{1 + \frac{i}{2}} \cdot \dfrac{1}{1 + i \cdot \left(\dfrac{m-s}{365} - 0.5\right)} & 182 < m - s \leq 365 \end{cases}$$

hiervon ausgehend ergeben sich dann eine lineare bzw. eine quadratische Gleichung für i

($m - s < 0$ führt zu einem Fehler, hingegen wird das für Treasury bills unübliche $m - s > 365$ akzeptiert)

B **beytbill**

Umrechnung des Diskontsatzes 6% auf den Bond-äquivalenten Zinssatz

Beispiel 1:
$i =$ beytbill('15-Jan-2003','27-Mar-2003',0.06), $i = 0.0616$

Beispiel 2:
$i =$ beytbill$(731635, 731664, 0.06)$, $i = 0.0611$

Beispiel 3:
$i =$ beytbill('23-Feb-2003','24-Mar-2003',0.06), $i = 0.0611$

Umrechnung der Bill-Parameter zu Bond-Parametern
Treasury bills werden mit Treasury bonds und Treasury notes vergleichbar gemacht, indem die charakterisierenden Parameter umgestellt werden. Im Gegensatz zu den Treasury bills, die eine Laufzeit von höchstens einem Jahr haben (meist 3 oder 6 Monate), laufen die Treasury notes bis zu 10 Jahren und Treasury bonds 10 bis 30 Jahre. Die Treasury bonds haben hier Nullkupon-Charakter, d.h. es werden keine Kupon-Zinsbeträge gezahlt.

M **tbl2bond**

Funktion: $TD =$ tbl2bond(TL)

Ausgabe: TD 5-spaltige Matrix, deren Zeilen Parameter einzelner Bonds sind
Spalten von TD: $TD = [c\ m\ b\ a\ i]$
c Kuponraten, alle 0 (Nullkupon-Anleihen)
m Fälligkeitstag (wie in TL), als Datumnummer, ggf. mit datestr in Kalenderschreibweise umsetzen
b Angebotspreis, bezogen auf Nennwert 100 (bid price)
a Nachfragepreis, bezogen auf Nennwert 100 (asked price)
i effektive Zinsrate p.a.

Eingabe: TL 5-spaltige Matrix, deren Zeilen Parameter einzelner Bills sind
Spalten von TL: $TL = [m\ t\ B\ A\ i]$
m Fälligkeitstag, als Datumnummer, ggf. mit datenum umsetzen (wird auf TD übertragen)
t Restlaufzeit des Treasury bill (in Tagen)
B Angebots-Diskontrate des Treasury bill (bankseitig)
A Nachfrage-Diskontrate des Treasury bill (bankseitig)
i Bond-äquivalente Zinsrate des Treasury bill

F **tbl2bond**

Formeln: $c = 0$, $m = m$ und $i = i$
$b = \left(1 - B \cdot \frac{t}{360}\right) \cdot 100$
$a = \left(1 - A \cdot \frac{t}{360}\right) \cdot 100$

B **tbl2bond**

Beispiel 1:
$TL =$ [datenum('23-Feb-2003') 29 0.06 0.059 0.061]
$TD =$ tbl2bond(TL)
Ergebnis: [0 731635 99.5167 99.5247 0.061]

Beispiel 2:
$TL =$ [datenum('23-Feb-2003') 29 0.06 0.059 0.061;
datenum('3-Jun-2003') 44 0.05 0.0495 0.0508;
datenum('14-Nov-2003') 69 0.055 0.054 0.056]
$TD =$ tbl2bond(TL)
Ergebnis:

0	731635	99.5167	99.5247	0.061
0	731735	99.3889	99.395	0.0508
0	731899	98.9458	98.965	0.056

Treasury bonds

Umformung von Anleihe-Parametern

Die nachfolgende Funktion erlaubt die Umformung von Treasury-bond-Parametern in Strukturparameter einer Anleihe. Dabei werden die Analyse-Funktionen für Bonds/Anleihen zbtprice (⊳⊳ S.178) und zbtyield (⊳⊳ S.180) verwendet.

M **tr2bonds**

Grundfunktion: $[B, p, j]$ = tr2bonds(TB)

Vollfunktion: $[B, p, j]$ = tr2bonds(TB, s)

Ausgabe:
B 6-spaltige Matrix mit Parametern zu den zeilenweise angeordneten Kupon-Anleihen: $B = [m\ c\ N\ z\ t\ e]$
- m Fälligkeitstag, als Datumnummer, ggf. mit datenum aus Kalenderangabe umsetzen
- c Kuponzinsrate p.a.
- N Nennwert der Anleihe, stets 100
- z Anzahl der Kupons pro Jahr, stets 2
- t Tageszählbasis, stets actual/actual
- e Marke für: Kuponzahlung am Monatsende, stets 1

p Spaltenvektor der Preise der einzelnen Anleihen

j Spaltenvektor der Zinsraten p.a. der einzelnen Anleihen bis zur Fälligkeit

Eingabe:
TB 5-spaltige Matrix mit Parametern zu den zeilenweise angeordneten Treasury bonds: $TB = [c\ m\ b\ a\ i]$
- c Kuponzinsrate p.a. (wie in B)
- m Fälligkeitstag, als Datumnummer (wie in B)
- b Angebotspreis, bezogen auf Nennwert 100 (bid)
- a Nachfragepreis, bezogen auf Nennwert 100 (asked)
- i Zinsrate p.a. bis zur Fälligkeit

[s Ausgabetage der Treasury bonds, als Datumnummer oder als Datumstring, {[ ]}]

Die Ausgabegrößen N, z, t und e werden nur als (übliche) Standardwerte angegeben. Die zeilenweise Ausgabe (Matrix B, Spaltenvektoren p und i) der Anleihe-Parameter erfolgt in der zeitlichen Reihenfolge der jeweiligen Fälligkeitstage der einzelnen Anleihen. Bei Eingabe der Ausgabetage wird die Zinsrate j der Anleihe über die m-Funktion bndyield berechnet, andernfalls gilt $j = i$.

F **tr2bonds**

- die Ausgabe der Bonds erfolgt in nach Fälligkeitsdaten geordneter Folge
- aus den Nachfragepreisen werden die Preise der Bonds
- die Zinsraten/Renditen werden unverändert übertragen

B **tr2bonds**

Beispiel 1: nur 1 Treasury bond

Eingabe: TB=[0.06 datenum('23-Feb-2003') 101.3 101.4 0.057]

Funktion: $[B, p, j]$ = tr2bonds(TB)

Ergebnis: B = 731635 0.06 100 2 0 1, $p = 101.4$ $i = 0.057$

Beispiel 2: mehrere Treasury bonds

Eingabe: TB=[0.06 datenum('23-Feb-2003') 101.3 101.4 0.057;
0.055 datenum('12-May-2002') 100.7 100.95 0.058;
0.063 datenum('05-Dec-2003') 99.8 99.95 0.061]

Funktion: $[B, p, j]$ = tr2bonds(TB)

Ergebnis: B=731348 0.055 100 2 0 1
731635 0.06 100 2 0 1
731920 0.063 100 2 0 1
p = [100.95 101.4 99.95]' j = [0.058 0.057 0.061]'

Beispiel 3: mit Ausgabetag

Eingabe: TB=[0.06 datenum('23-Feb-2003') 101.3 101.4 0.057],
s='13-Nov-2002'

Funktion: $[B, p, j]$ = tr2bonds(TB, s)

Ergebnis: B = 731635 0.06 100 2 0 1, $p = 101.4$, $j = 0.009246$

Renditestrukturanalyse

Geldbeträge, die auf unterschiedlich lange Zeitabschnitte angelegt werden, erzielen unterschiedlich hohe Zinserträge (Renditen). Die Darstellung der Renditen festverzinslicher Kupon-Anleihen in Abhängigkeit von der Restlaufzeit bis zur Fälligkeit der einzelnen Papiere wird als Renditestruktur bezeichnet. Die Renditestruktur heißt

- **normal**, wenn die Rendite mit wachsender Restlaufzeit zunimmt;
- **flach**, wenn die Rendite mit wachsender Restlaufzeit im wesentlichen gleich bleibt;
- **invers**, wenn die Rendite mit wachsender Restlaufzeit sinkt.

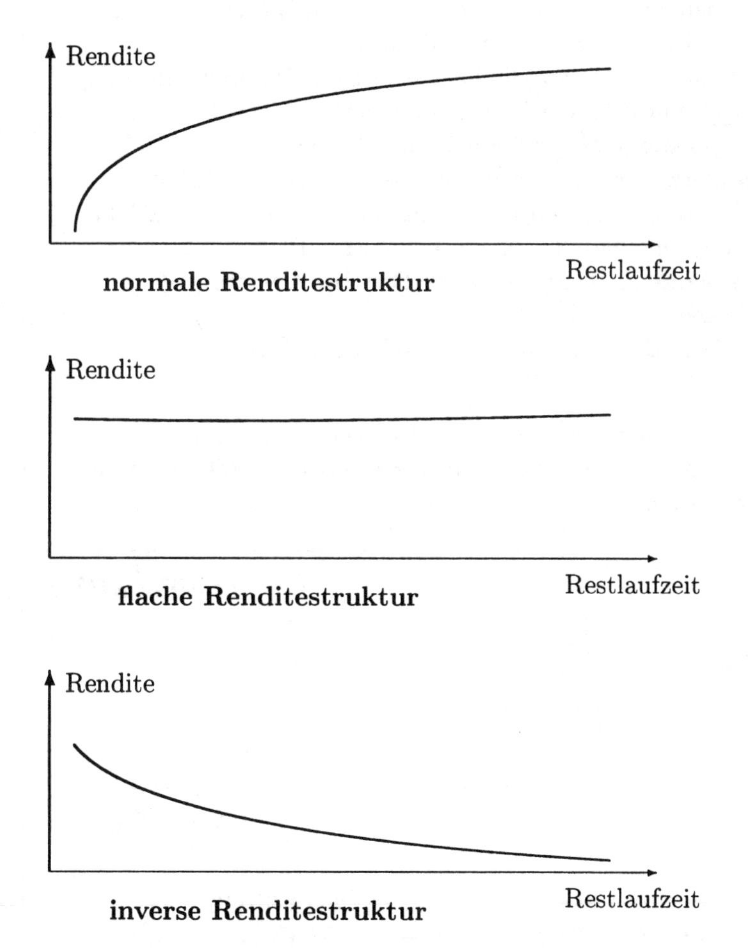

In der Praxis sind die Renditestrukturkurven nicht so einfach und glatt wie in den obigen Abbildungen angegeben. Die beschriebenen Eigenschaften normal, flach und invers sind in der Regel nur in der Tendenz, wenn überhaupt, erkennbar. Die nachfolgenden MATLAB-Funktionen fwd2zero und zero2fwd erlauben die Analyse der Renditestruktur.

Renditestrukturkurven

Renditestruktur bei Forwards

fwd2zero

Grundfunktion:	$[z, d]$ = fwd2zero(f, d, s)
Vollfunktion:	$[z, d]$ = fwd2zero$(f, d, s[, p, b, pp, bb])$
Ausgabe:	z Spaltenvektor von Renditestrukturen bis zur Fälligkeit d Spaltenvektor von Fälligkeitsdaten in Datumnummern
Eingabe:	f Spaltenvektor von Forward-Zinsraten d Spaltenvektor von Fälligkeitsdaten in Datumnummern (ggf. mit datenum('...') umwandeln) s (gemeinsames) Ausgabedatum aller Forwards $[p$ Marke für Zinsperiode zur Renditestruktur, $\{1\}$ (-1 stetig, 1,2,3,4,6,12,365 Anzahl der Zinsperioden/Jahr) b Tageszählbasis für Renditestruktur, $\{0\}$ pp Marke für Zinsperiode zur Forward-Zinsrate, $\{p\}$ (siehe p) bb Tageszählbasis für Forward-Zinsrate, $\{b\}]$

Aus den Renditeangaben in z und den zugehörigen Fälligkeitsdaten d lässt sich punktweise eine Kurve entwerfen, die sogenannte Nullkurve des Forwards; diese gibt den Anlagehorizont des Papiers an.

fwd2zero

Grundformel: stetig: $z = \frac{-\ln(\prod \mathrm{e}^{-f_k t_k})}{t_k}$

diskret: $z = \left(\prod (1+f_k)^{-t_k}\right)^{-\frac{1}{t_k}} - 1$

fwd2zero

Beispiel 1:

$[z, d]$ = fwd2zero$(0.04, 730100, 730000) \to z = 0.0400,\ d = 730100$

$[z, d]$ = fwd2zero$(0.04, 730100, 730000, 2, 0, 1, 0) \to z = 0.0396,\ d = 730100$

$[z, d]$ = fwd2zero$(0.04, 730100, 730000, 2, 0, 4, 0) \to z = 0.0402,\ d = 730100$

Beispiel 2:

Eingabe: $f = [0.04; 0.042; 0.041]$, $d = [730100; 730150; 730200]$, $s = 730000$

Funktion: $[z, d]$ = fwd2zero(f, d, s)

Ergebnis: $z = [0.04;\ 0.040666;\ 0.040750]$, $d = [730100;\ 730150;\ 730200]$

Die nachfolgende MATLAB-Funktion zero2fwd liefert die Umkehrung von fwd2zero.

M **zero2fwd**

Grundfunktion: $[f, d]$ = zero2fwd(z, d, s)
Vollfunktion: $[f, d]$ = zero2fwd$(z, d, s[, p, b, pp, bb])$

Ausgabe: f Spaltenvektor von Forward-Zinsraten
d Spaltenvektor von Fälligkeitsdaten in Datumnummern

Eingabe: z Spaltenvektor von Renditestrukturen bis zur Fälligkeit
d Spaltenvektor von Fälligkeitsdaten in Datumnummern
(ggf. mit datenum('...') umwandeln)
s (gemeinsames) Ausgabedatum aller Forwards
[p Marke für Zinsperiode zur Renditestruktur, $\{1\}$
(-1 stetig, 1,2,3,4,6,12,365 als Anzahl der Zinsperioden/Jahr)
b Tageszählbasis für Renditestruktur, $\{0\}$
pp Marke für Zinsperiode zur Forward-Zinsrate, $\{p\}$
(siehe p)
bb Tageszählbasis für Forward-Zinsrate, $\{b\}$]

F **zero2fwd**

Für die Grundformel und die Vollformel gelten die gleichen Beziehungen wie in der vorangehenden MATLAB-Funktion fwd2zero: es werden der diskrete und der stetige Fall unterschieden; eine eventuelle Tageszählbasis geht in die Berechnung von Jahresanteilen zwischen den einzelnen Fälligkeitsterminen ein; ebenso finden Zinsperioden beim Ansatz der Diskontsätze ihren Niederschlag. Die Formeln entsprechen denen bei Cash Flows.

zero2fwd

Beispiel 1:
$[f, d]$ = zero2fwd$(0.04, 730100, 730000) \rightarrow f = 0.040000,\ d = 730100$
$[f, d]$ = zero2fwd$(0.04, 730100, 730000, 2, 0, 1, 0) \rightarrow f = 0.039608,\ d = 730100$
$[f, d]$ = zero2fwd$(0.04, 730100, 730000, 2, 0, 4, 0) \rightarrow f = 0.040200,\ d = 730100$

Beispiel 2:
Eingabe: $z = [0.04;\ 0.042;\ 0.041]$, $d = [730100;\ 730150;\ 730200]$, $s = 730000$
Funktion: $[f, d]$ = zero2fwd(z, d, s)
Ergebnis: $f = [0.04;\ 0.046006;\ 0.038003]$, $d = [730100;\ 730150;\ 730200]$

Kurs- und Renditerechnung

Der Kurs eines Wertpapiers/eines Zahlungsprozesses ist dessen aktuelle Bewertung zu einem bestimmten Zeitpunkt, insbesondere die Bewertung bei Erwerb des Papiers bzw. zu Beginn des Zahlungsprozesses, also gewissermaßen sowohl ein Kaufpreis/Ausgabepreis bzw. ein Veräußerungspreis als auch ein Barwert. Mithin soll unter Kurs der Barwert auf der Grundlage eines (denkbaren, realen, prognostizierten) Zinssatzes aller Kapitalbewegungen des Wertpapiers/des Zahlungsprozesses verstanden werden. In der Regel wird der Kurs prozentual angegeben: es ist der Anteil eines auf 100 Einheiten festgelegten Gesamt-(Nominal-)wertes des betreffenden Vorgangs. Der Kurs berücksichtigt also die Abweichung zwischen dem nominalen und dem realen Zinssatz: der nominale Zinssatz ist fest mit dem Finanzobjekt/Wertpapier bzw. mit Gläubiger/Schuldner verbunden und beinhaltet eine feste Vereinbarung, die bestimmten Umständen Rechnung tragen muss, während der reale Zinssatz den aktuellen und zukünftigen Marktzinssatz widerspiegelt, welcher doch eher eine (stochastische) Zufallsgröße darstellt. Damit regelt der Kurs das Gleichgewicht der Interessen bei Vorhandensein einer Portion Ungewissheit: Gläubiger und Schuldner sehen den Wert des realen Zinssatzes aus unterschiedlichen Positionen.

Das Softwarepaket MATLAB stellt für die Kurs- und Renditeberechnung keine speziellen Funktionen bereit.

Kurs einer Anleihe/eines Bonds

Kurs eines abgezinsten Wertpapiers (Nullkupon-Anleihe/Zerobond)

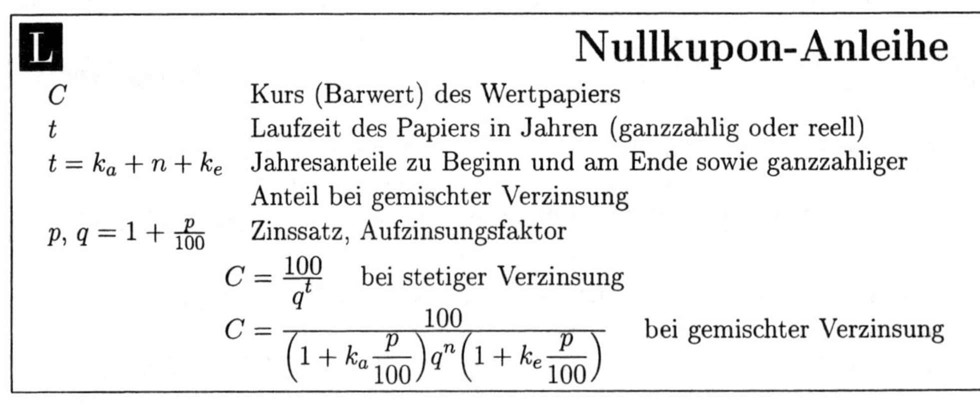

L **Nullkupon-Anleihe**

C	Kurs (Barwert) des Wertpapiers
t	Laufzeit des Papiers in Jahren (ganzzahlig oder reell)
$t = k_a + n + k_e$	Jahresanteile zu Beginn und am Ende sowie ganzzahliger Anteil bei gemischter Verzinsung
p, $q = 1 + \frac{p}{100}$	Zinssatz, Aufzinsungsfaktor

$$C = \frac{100}{q^t} \quad \text{bei stetiger Verzinsung}$$

$$C = \frac{100}{\left(1 + k_a \frac{p}{100}\right) q^n \left(1 + k_e \frac{p}{100}\right)} \quad \text{bei gemischter Verzinsung}$$

Die Ermittlung der angebrochenen Jahresanteile vollzieht sich auf der Tageszählbasis (⊳⊳ S.56).

Kurs einer Kupon-Anleihe/eines Bonds

L **Kupon-Anleihe**

n	Laufzeit des Papiers
p, p^*, q, q^*	Kuponzinssatz und realer Zinssatz sowie zugehörige Aufzinsungsfaktoren
$v^* = \frac{1}{q^*}$	Abzinsungsfaktor zum realen Zinssatz
$a^* = v^* + v^{*2} + \cdots + v^{*n}$	nachschüssiger Rentenbarwertfaktor
$C = pa^* + \frac{100}{q^{*n}}$	Kurs des Papiers, Ausgabekurs, Begebungskurs

Es ist zu unterscheiden zwischen dem Kuponzinssatz p (nominaler Zinssatz) - Auszahlungen für die Kupons - und dem prognostiziertem Zinssatz p^* (realer Zinssatz).

Kurs einer Rente/Tilgung

Kurs einer nachschüssigen Rente/Annuitätenschuld

L **nachschüssige Rente / Annuitätenschuld**

p, p'	Zinssatz der Rente/Tilgung, Realzinssatz
q, q'	Aufzinsungsfaktoren: $q = 1 + \frac{p}{100}$, $q' = 1 + \frac{p'}{100}$
R	Rentenbetrag, Rate, Annuität
n	Laufzeit der Rente/Tilgung
a_n, a'_n	Rentenbarwertfaktoren: $a_n = \frac{q^n - 1}{q^n(q-1)}$, $a'_n = \frac{q'^n - 1}{q'^n(q'-1)}$
B, B'	Barwerte (nominal, real) der Rente/Tilgung: $B = Ra_n$, $B' = Ra'_n$
C	Kurs der Rente/Annuitätenschuld: $C = 100 \cdot \frac{a'_n}{a_n}$
C_∞	Kurs einer ewigen Rente ($n \to \infty$): $C = \frac{p'}{p}$

B **nachschüssige Rente / Annuitätenschuld**

Eine nachschüssige Rente wird über eine Laufzeit von 20 Jahren mit 5% p.a. verzinst.

Beispiel 1:

Wie hoch ist der Kurs bei einer Rendite von 3% p.a.?

(in MATLAB) q=1.05, $qq = 1.03$

Rentenbarwerte: $a = (1.05 \wedge \{20\} - 1)/(1.05 \wedge \{20\})/0.05$, $a = 12.4622$,
$aa = (1.03 \wedge \{20\} - 1)/(1.03 \wedge \{20\})/0.03$, $aa = 14.8775$

Kurs: $C = 100 * a/aa$, $C = 83.7656$

B **nachschüssige Rente / Annuitätenschuld**

Beispiel 2:
Wie hoch ist die Rendite bei einem Kurs von 106?
$a = (1.05 \wedge 20 - 1)/1.05 \wedge 20/(1.05 - 1)$; $aa = 100/106 * a$;
Nullstelle des Polynoms: $aa * qq^{21} - (aa + 1) * qq^{20} + 1 = 0$
$qq = \mathsf{fzero}(@(x)aa * (x \wedge \{21\}) - (aa + 1) * (x \wedge \{20\}) + 1, 1.05)$, $qq = 1.0570$
Rendite: 5.70%

Kurs der Tilgungsbeträge einer Annuitätenschuld

L **Annuitätenschuld**

p, p'	Zinssatz der Tilgung, Realzinssatz
q, q'	Aufzinsungsfaktoren: $q = 1 + \frac{p}{100}$, $q' = 1 + \frac{p'}{100}$
R, n	Annuität, Laufzeit der Tilgung
a_n, a'_n	Rentenbarwertfaktoren: $a_n = \frac{q^n - 1}{q^n(q-1)}$, $a'_n = \frac{q'^n - 1}{q'^n(q'-1)}$
T	Barwert der Tilgungsbeträge: $T = \begin{cases} \frac{nR}{q^{n+1}} & \text{für } p = p' \\ R \cdot \frac{q^{-n} - q'^{-n}}{q' - q} & \text{für } p \neq p' \end{cases}$
C_T	Kurs der Tilgungsbeträge: $C_T = \begin{cases} 100 \cdot \frac{n}{a_n \cdot q^{n+1}} & \text{für } p = p' \\ 100 \cdot \frac{q^{-n} - q'^{-n}}{a_n(q' - q)} & \text{für } p \neq p' \end{cases}$

B **Annuitätenschuld**

p, pp	Zinssatz der Tilgung, Realzinssatz
q, qq	Aufzinsungsfaktoren: $q = 1 + \frac{p}{100}$, $qq = 1 + \frac{pp}{100}$
n	Laufzeit der Tilgung
a_n	Rentenbarwertfaktor: $a_n = \frac{q^n - 1}{q^n(q-1)}$

in MATLAB:
m-Funtion für den Kurs der Tilgungsbeträge einer Annuitätenschuld:

```
function C = kurs-annutilg(p, pp, n)
q = 1 + p/100; qq = 1 + pp/100; an = (q ∧ n - 1)/(q ∧ n)/(q - 1));
if abs(p - pp) < 1E-8
   C = n/an/q ∧ {n + 1};
else C = (q ∧ {-n} - qq ∧ {-n})/an/(qq - q);
C = C * 100;
```

Da MATLAB keine eigenen Routinen für die Kursberechnung bereithält, sollte mit function eine eigene Prozedur verfasst werden.

Kurs der Zinsbeträge einer Annuitätenschuld

L **Annuitätenschuld**

p, p' Zinssatz der Tilgung, Realzinssatz

q, q' Aufzinsungsfaktoren: $q = 1 + \frac{p}{100}$, $q' = 1 + \frac{p'}{100}$

R Annuität

n Laufzeit der Tilgung

a_n, a'_n Rentenbarwertfaktoren: $a_n = \frac{q^n - 1}{q^n(q-1)}$, $a'_n = \frac{q'^n - 1}{q'^n(q'-1)}$

Z Barwert der Zinsbeträge: $Z = \begin{cases} R \cdot \left(a_n - \frac{n}{q^{n+1}}\right) & \text{für } p = p' \\ R \cdot \frac{p(a_n - a'_n)}{p' - p} & \text{für } p \neq p' \end{cases}$

C_Z Kurs der Zinsbeträge: $C_Z = \begin{cases} 100 \cdot \left(1 - \frac{n}{a_n q^{n+1}}\right) & \text{für } p = p' \\ 100 \cdot \frac{p(a_n - a'_n)}{a_n(p' - p)} & \text{für } p \neq p' \end{cases}$

B **Annuitätenschuld**

p, pp Zinssatz der Tilgung, Realzinssatz

q, qq Aufzinsungsfaktoren: $q = 1 + \frac{p}{100}$, $q' = 1 + \frac{p'}{100}$

n Laufzeit der Tilgung

a_n, aa_n Rentenbarwertfaktoren: $a_n = \frac{q^n - 1}{q^n(q-1)}$, $aa_n = \frac{qq^n - 1}{qq^n(qq-1)}$

in MATLAB:

m-Funktion für den Kurs der Zinsbeträge einer Annuitätenschuld:

```
function C = kurs-annuzins(p, pp, n, A)
q = 1 + p/100;  qq = 1 + pp/100;
an = (q ∧ n − 1)/(q ∧ n)/(q − 1);  aan = (qq ∧ n − 1)/(qq ∧ n)/(qq − 1)
if abs(p − pp) < 1E−8
   C = 1 − n/an/(q ∧ {n + 1});
else C = p ∗ (an − aan)/an/(pp − p);
C = C ∗ 100;
```

Kurs einer Ratenschuld

L **Ratenschuld**

p, p'	Zinssatz der Tilgung, Realzinssatz
q'	Aufzinsungsfaktor: $q' = 1 + \frac{p'}{100}$
n	Laufzeit der Tilgung
a'_n	Rentenbarwertfaktor: $a'_n = \dfrac{q'^n - 1}{q'^n(q' - 1)}$
C	Kurs der Ratentilgung: $C = 100 \cdot \left[\frac{a'_n}{n} \cdot \left(1 - \frac{p}{p'}\right) + \frac{p}{p'}\right]$

B **Ratenschuld**

in MATLAB:
Konstruktion einer m-Funktion zum Kurs einer Ratenschuld:

```
function C = kursratensch(p, pp, n)
qq = 1 + pp/100; aan = (qq ∧ n − 1)/(qq ∧ n)/(qq − 1);
C = 100 * (aan/n * (1 − p/pp) + p/pp);
```

B **Ratenschuld**

Kurs einer Ratenschuld mit Nominalzinssatz $p = 5\%$

Laufzeit 10 Jahre, Marktzinssatz $pp = 4\%$:	kursratensch(5,4,10)=104.72
Laufzeit 10 Jahre, Marktzinssatz $pp = 6\%$:	kursratensch(5,6,10)=95.60
Laufzeit 20 Jahre, Marktzinssatz $pp = 6\%$:	kursratensch(5,6,20)=92.89
Laufzeit 20 Jahre, Marktzinssatz $pp = 4\%$:	kursratensch(5,4,20)=108.01

Tafeln zur Normalverteilung

Tafel 1: Verteilungsfunktion $\Phi(x)$ der standardisierten Normalverteilung

$$\Phi(x) = \frac{1}{\sqrt{2\pi}} \int_{-\infty}^{x} \mathrm{e}^{-\frac{t^2}{2}} \mathrm{d}t$$

$\Big($in der Tafel ist für negative x zu verwenden: $\Phi(-x) = 1 - \Phi(x)\Big)$

Tafel 2: Dichtefunktion $\varphi(x)$ der standardisierten Normalverteilung

$$\varphi(x) = \frac{1}{\sqrt{2\pi}} \mathrm{e}^{-\frac{x^2}{2}}$$

$\Big($in der Tafel ist für negative x zu verwenden: $\varphi(-x) = \varphi(x)\Big)$

TAFEL 1 Verteilungsfunktion $\Phi(x)$ der standardisierten Normalverteilung

x	0.00	0.01	0.02	0.03	0.04	0.05	0.06	0.07	0.08	0.09
0.0	.500000	.503989	.507978	.511966	.515953	.519938	.523922	.527903	.531881	.535856
0.1	.539828	.543795	.547758	.551717	.555670	.559618	.563559	.567495	.571424	.575345
0.2	.579260	.583166	.587064	.590954	.594835	.598706	.602568	.606420	.610261	.614092
0.3	.617911	.621720	.625516	.629300	.633072	.636831	.640576	.644309	.648027	.651732
0.4	.655422	.659097	.662757	.666402	.670031	.673645	.677242	.680822	.684386	.687933
0.5	.691462	.694974	.698468	.701944	.705401	.708840	.712260	.715661	.719043	.722405
0.6	.725747	.729069	.732371	.735653	.738914	.742154	.745373	.748571	.751748	.754903
0.7	.758036	.761148	.764238	.767305	.770350	.773373	.776373	.779350	.782305	.785236
0.8	.788145	.791030	.793892	.796731	.799546	.802338	.805105	.807850	.810570	.813267
0.9	.815940	.818589	.821214	.823814	.826391	.828944	.831472	.833977	.836457	.838913
1.0	.841345	.843752	.846136	.848495	.850830	.853141	.855428	.857690	.859929	.862143
1.1	.864334	.866500	.868643	.870762	.872857	.874928	.876976	.879000	.881000	.882977
1.2	.884930	.886861	.888768	.890651	.892512	.894350	.896165	.897958	.899727	.901475
1.3	.903200	.904902	.906582	.908241	.909877	.911492	.913085	.914657	.916207	.917736
1.4	.919243	.920730	.922196	.923641	.925066	.926471	.927855	.929219	.930563	.931888
1.5	.933193	.934478	.935745	.936992	.938220	.939429	.940620	.941792	.942947	.944083
1.6	.945201	.946301	.947384	.948449	.949497	.950529	.951543	.952540	.953521	.954486
1.7	.955435	.956367	.957284	.958185	.959070	.959941	.960796	.961636	.962462	.963273
1.8	.964070	.964852	.965620	.966375	.967116	.967843	.968557	.969258	.969946	.970621
1.9	.971283	.971933	.972571	.973197	.973810	.974412	.975002	.975581	.976148	.976705
2.0	.977250	.977784	.978308	.978822	.979325	.979818	.980301	.980774	.981237	.981691
2.1	.982136	.982571	.982997	.983414	.983823	.984222	.984614	.984997	.985371	.985738
2.2	.986097	.986447	.986791	.987126	.987455	.987776	.988089	.988396	.988696	.988989
2.3	.989276	.989556	.989830	.990097	.990358	.990613	.990863	.991106	.991344	.991576
2.4	.991802	.992024	.992240	.992451	.992656	.992857	.993053	.993244	.993431	.993613
2.5	.993790	.993963	.994132	.994297	.994457	.994614	.994766	.994915	.995060	.995201
2.6	.995339	.995473	.995604	.995731	.995855	.995975	.996093	.996207	.996319	.996427
2.7	.996533	.996636	.996736	.996833	.996928	.997020	.997110	.997197	.997282	.997365
2.8	.997445	.997523	.997599	.997673	.997744	.997814	.997882	.997948	.998012	.998074
2.9	.998134	.998193	.998250	.998305	.998359	.998411	.998462	.998511	.998559	.998605
3.0	.998650	.999032	.999313	.999517	.999663	.999767	.999841	.999892	.999928	.999952
x	0.0	0.1	0.2	0.3	0.4	0.5	0.6	0.7	0.8	0.9

TAFEL 2 Dichtefunktion $\varphi(x)$ der standardisierten Normalverteilung

x	0	1	2	3	4	5	6	7	8	9
0,0	0,3989	3989	3989	3988	3986	3984	3982	3980	3977	3973
0,1	3970	3965	3961	3956	3951	3945	3939	3932	3925	3918
0,2	3910	3902	3894	3885	3876	3867	3857	3847	3836	3825
0,3	3814	3802	3790	3778	3765	3752	3739	3725	3712	3697
0,4	3683	3668	3653	3637	3621	3605	3589	3572	3555	3538
0,5	3521	3503	3485	3467	3448	3429	3410	3391	3372	3352
0,6	3332	3312	3292	3271	3251	3230	3209	3187	3166	3144
0,7	3123	3101	3079	3056	3034	3011	2989	2966	2943	2920
0,8	2897	2874	2850	2827	2803	2780	2756	2732	2709	2685
0,9	2661	2637	2613	2589	2565	2541	2516	2492	2468	2444
1,0	0,2420	2396	2371	2347	2323	2299	2275	2251	2227	2203
1,1	2179	2155	2131	2107	2083	2059	2036	2012	1989	1965
1,2	1942	1919	1895	1872	1849	1826	1804	1781	1758	1736
1,3	1714	1691	1669	1647	1626	1604	1582	1561	1539	1518
1,4	1497	1476	1456	1435	1415	1394	1374	1354	1334	1315
1,5	1295	1276	1257	1238	1219	1200	1182	1163	1145	1127
1,6	1109	1092	1074	1057	1040	1023	1006	0989	0973	0957
1,7	0940	0925	0909	0893	0878	0863	0848	0833	0818	0804
1,8	0790	0775	0761	0748	0734	0721	0707	0694	0681	0669
1,9	0656	0644	0632	0620	0608	0596	0584	0573	0562	0551
2,0	0,0540	0529	0519	0508	0498	0488	0478	0468	0459	0449
2,1	0440	0431	0422	0413	0404	0396	0387	0379	0371	0363
2,2	0355	0347	0339	0332	0325	0317	0310	0303	0297	0290
2,3	0283	0277	0270	0264	0258	0252	0246	0241	0235	0229
2,4	0224	0219	0213	0208	0203	0198	0194	0189	0184	0180
2,5	0175	0171	0167	0163	0158	0154	0151	0147	0143	0139
2,6	0136	0132	0129	0126	0122	0119	0116	0113	0110	0107
2,7	0104	0101	0099	0096	0093	0091	0088	0086	0084	0081
2,8	0079	0077	0075	0073	0071	0069	0067	0065	0063	0061
2,9	0060	0058	0056	0055	0053	0051	0050	0048	0047	0046
3,0	0,0044	0043	0042	0040	0039	0038	0037	0036	0035	0034
3,1	0033	0032	0031	0030	0029	0028	0027	0026	0025	0025
3,2	0024	0023	0022	0022	0021	0020	0020	0019	0018	0018
3,3	0017	0017	0016	0016	0015	0015	0014	0014	0013	0013
3,4	0012	0012	0012	0011	0011	0010	0010	0010	0009	0009
3,5	0009	0008	0008	0008	0008	0007	0007	0007	0007	0006
3,6	0006	0006	0006	0005	0005	0005	0005	0005	0005	0004
3,7	0004	0004	0004	0004	0004	0004	0003	0003	0003	0003
3,8	0003	0003	0003	0003	0003	0002	0002	0002	0002	0002
3,9	0002	0002	0002	0002	0002	0002	0002	0002	0001	0001

Wörterbuch Deutsch-Englisch

A

Abschluss	acceptance
abschreiben	set off, depreciate, write down
Abschreibung	depreciation, amortisation
arithmetische Abschreibung	arithmetical depreciation
degressive Abschreibung	degressive depreciation
digitale Abschreibung	digital depreciation
geometrische Abschreibung	geometrical depreciation
lineare Abschreibung	linear depreciation
Abschreibungsbetrag	depreciation provision
Abschreibungsperiode	depreciation period
Abschreibungsplan	depreciation scheme
Abschreibungssatz	depreciation interest
Absetzung für Abnutzung (AfA)	deduction for wear
Absterbeordnung	mortality/decrement order
Abwertung	devaluation
Abzinsung	discounting
Abzinsungsfaktor	discount factor
Agio	agio
Aktie, Aktien	share(s) (Brit.), stock(s) (Amer.)
Geld in Aktien anlegen	invest money in shares/stocks
Aktien fallen/steigen	share/stock prices are falling/rising
junge Aktien	new-issue shares/stocks
nicht stimmberechtigte Aktien	non-voting shares
Aktienbesitz, Aktienbesitzer	shareholdings, shareholder
Aktienbörse	stock market
Aktiengesellschaft	joint-stock company
Aktienindex	share index
Aktienkurs	share price
Aktiva	actives, assets
Allgemeine Deutsche Sterbetafel	General German Death Table
Alter	age
erreichtes Alter	attained age
Altersrente	old-age pension
Altersruhestand	retirement
Altersversorgung	pension scheme, provision for one's old age
Alterungsrückstellung	ageing reserve
Amortisation	amortization
Änderungsrisiko	alteration risk

Anfangskapital	starting capital
Anfangsversicherungssumme	initial sum insured
Anlage	investment
Anleihe	loan
Annuität	annuity
Annuitätenschuld	annuity debit
Annuitätentilgung	annuity repay
Anschaffungsdatum	initial date
Anschaffungskosten	original/initial costs, acquisition costs
Anspargrad	save phase rate
Anspruch	claim
Anspruch erheben auf	lay claim to
Anwartschaft	candidacy, candidature, expectancy, vested right
Anzahl	number
Äquivalenzprinzip	equivalence principle
Aufgeld	extra charge, surcharge, agio
aufgeschoben	deferred
Aufhebung, Vernichtung, Annullierung	annihilation, cancellation
Aufschubzeit	duration of deferment
Aufzinsung	accumulation
Aufzinsungsfaktor	accumulation factor
Ausgabekurs (-preis)	issue price
Ausgaben	outflows
Ausscheideordnung	decrement order
Ausscheidewahrscheinlichkeit	decrement probabilty
Aussteller (einer Aktie)	drawer
Auszahlung	pay off
Auszahlungsschein	withdrawal slip

B

Bankguthaben	bank balance
Bankleitzahl	bank sorting code
banküblicher Zinssatz	normal bank interest rate
Barbestand	cash in vaults
Bareinkaufspreis	cash purchase price
Bargeld	cash
Barscheck	open/uncrossed cheque
Barvermögen	cash recources
Barwert	initial value, present value, cash value
Barzahlung	payment in cash
bausparen	save with a building society
Bausparer	building-society investor
Bausparkasse	building (and loan) society/association

Bausparvertrag	saving contract with a building society
befristet	time-limited, temporary
Begebbarkeit	negotiation
begeben	to issue
Beitrag	premium, contribution
Beitragsfreistellung/Beitragsbefreiung	exemption of premium
Beitragsminderung	premium reduction
Beitragssatz	rate of contributions
Beitragsrückerstattung	premium repayment/reimbursement
Beitragsrückgewähr	premium refund
Beitragszahlungsdauer	period of premium payment
Beitrittsalter	age at entry
Bereitstellungszinsen/-provision	loan commitment interest/... fee
berufstätig/erwerbstätig	employed
Berufsunfähigkeitsversicherung	incapacity insurance
Beschaffungskosten	procurement cost
Bestand	portfolio
Betrag	amount
Bevölkerungsstatistik	demography
Bevölkerungssterbetafel	population mortality table
Bevölkerungszuwachs	increase in population
bewerten	to value
Bewertung	evaluation, valuation
Bezugskurs	stock subscription price
Bezugspreis	subscription price
Bezugsrecht	preemptive/subscription right
Bezugsschein	coupon
Bezuschussung	subsidization, subsidy
Bilanz	balance sheet
Bilanz aufstellen	make up the accounts
Bilanz ziehen	take stock
Bilanzanalyse	balance sheet analysis
bilanzieren	to balance (account), to sum up, to show in the balance sheet
Bonus	bonus
Börse	stock market
Börsenkurs	market price
Börsennotierung	quotation
Börsenumsatzsteuer	exchange turnover tax
Break-even-point-Analyse	break even point analysis
Briefkurs	selling rate, offer price
Bruttobeitrag	gross premium
Bruttoeinkommen/-verdienst	gross income/earnings
Bruttoinlandsprodukt	gross domestic product

Bruttosozialprodukt	gross national product
Bruttoverkaufspreis	full price
Buchführung	bookkeeping
Bundesaufsichtsamt für das Kreditwesen	Federal Banking Office
Bürgschaft	suretyship

C

Cash flow, Zahlungsfolge	cash flow
Courtage	brokerage, broker's commission

D

Darlehen	loan, credit
Darlehen aufnehmen	to raise a loan
Darlehen gewähren	to give a loan, to grant a loan
zinsloses Darlehen	gift credit
Darlehensgeber	lender
Darlehenskasse	credit bank
Darlehensnehmer	borrower
Darlehenssumme	amount of the loan
Dauerauftrag	standing order
Deckung	cover
Deckungsbeitrag	contribution margin, marginal income, profit contribution, direct costing
Deckungskapital	meeting capital, reserve capital, net value,policy reserve
Deckungsrückstellung	pro rata unearned premium reserve, cover of insurance
Devisen	foreign exchange, foreign currency
Devisenarbitrage	exchange arbitrage
dinglich gesichert	secured by assets
Disagio	disagio
Diskont, Diskontierung	discount
effektiver Diskont	effective discount
diskontieren	to discount
diskontierte Zahl der Lebenden	discounted number of livings
diskontierte Zahl der Verstorbenen	discounted number of deceaseds
Diskontsatz	discount rate
Diskontsatz erhöhen	to raise the discount rate
Dividende	dividend
Dividendenausschüttung	payment of the dividend/dividends
Dividendenpapier	equity

E

Effekten	securities
Effektenbank	investment bank
Effektenbörse	stock exchange

effektiv	effective, actual
Effektivverzinsung, Effektivzins	effective interest
Eigenkapital	effective capital, equity capital, owners' equity
Eigentum	property
Eigentum übertragen	pass title
Einkommensteuer	income tax
einkommensteuerpflichtig	liable in income tax
Einmalbetrag, Einmalprämie	one-off premium, single premium
Einnahmen	inflows
Einnahmeunterdeckung	negative cash flow
Eintrittsalter	entrance age
Einzahlung	payment, deposit
Einzahlungsbeleg	counterfoil
Einzelpreis	individual price
Emission	issue
Emissionsdatum	issue date
Emissionskurs	issue rate
Emissionspreis	issue price
Empfangsbestätigung (für ...)	receipt (for ...)
Endkapital	final capital
Endwert	final value
Entschädigung, Sicherstellung	indemnity, indemnification
Erbe (pers.), Erbin	heir, heiress
Erbe (mat.)	inheritance
Erbe antreten	to come into one's inheritance
Erbschaftssteuer	death duties
Erdrosselung	strangle (Optionstyp)
erfolgsabhängig	profit-dependent
Erlebensfall	endowment
Erlebensfallkapital	sum assured under pure endowment
Erlebensfallversicherung	endowment insurance pure endowment
Erlös	proceeds
Ersatzkasse	private health insurance company
Ertrag	return, profits
Ertragslage	profit situation
Ertragsminderung, -einbuße	decrease in profits
Ertragssteigerung	increase in profits
Ertragssteuer	tax on profits
Erwartungswert	expectation value, mean
Erwerbsfähigkeit	ability to work
erwerbsunfähig	incapable of gainful employment
Erwerbsunfähigkeitsversicherung	invalidity insurance
Exportgeschäft	export sale

F

fallend	decreasing
fällig	payable, mature
fälliger Wechsel	bill to mature payable
Fälligkeit, Fälligkeitstermin	settlement date, date of payment, maturity, due date
bei Fälligkeit	when due, at maturity
Fertigungskosten	production/manufacturing costs
Festgeld	time deposit
festverzinslich	fixed interest
Feuerversicherung	fire insurance
Finanzierung	financing, credit
langfristige Finanzierung	long-time credit
Fixkosten	fixed costs
Fonds	fund, government stocks/bonds
Frauentarif	female rate
Fremdfinanzierung	financing from outside sources
Fremdkapital	debt/borrowed/outside capital

G

garantiert	guaranteed
Gebäudeversicherung	building insurance
Gebühr	charge, fee
Geburt	birth
Geburtenrückgang	decrease in the birth rate
Geburtenüberschuss	excess of births over deaths
Gegenwartswert	present value
Gehalt	salary
Gehalt beziehen	to draw a salary
Geld	money
Geld von der Bank abheben	to make a withdrawal from the bank
öffentliche Gelder	public/state money/funds
Geld überweisen	to remit money
Geldanlage	investment
Geldentwertung	depreciation of a/the currency
Geldkurs	bid price
Geldschein	banknote, bill
Geldsender	remitter
Gemeinkosten	overheads, overhead expenses
gemischt	mixed
Gesamtbetrag	total, total amount
Gesamtkosten	total costs
Gewinn	profit, benefit, gain
hoher Gewinn	sizeable profit
Gewinnanteil	share of the profits, insured bonus, dividend

Gewinnbeteiligung	with profits
Gewinnschuldverschreibung	income bond
Gewinn-und-Verlust-Rechnung	profit and loss account
Gewinnverteilung	allocation of bonus, distribution of profits
Girokonto	current account, giro account
Glättung	smoothing
Gläubiger	creditor, debtee
gleichzeitig	simultaneous, at the same time
gratis	no charge
Groß- (Masse-)	large-scale-
Grundgesamtheit	sample
Grundkapital	equity, share capital
Grundpfandrecht	real rights
Grundrente	basic pension
Grundschuld	land charge
Guthaben	account in credit

H

Haben	credit
Habenzinsen	interest on deposits
Haftung	liability
halbjährlich	half-yearly, six-monthly
halbmonatlich	fortnightly, twice-monthly
Handelsspanne	margin
Handelswechsel	trade bill
Häufigkeit	frequency
Hausratversicherung	household/home contents insurance
Heiratsversicherung	marriage insurance
Hinterbliebene	bereaved, surviving dependant
Hinterbliebenenversorgung	dependant's pension
Hypothek	mortgage
Hypothek aufnehmen	to take out a mortgage
mit einer Hypothek belasten	encumber with a mortgage
Hypothekendarlehen	mortgage loan
Hypothekengläubiger	mortgagee
Hypothekenpfandbrief	mortgage bond
Hypothekenschuldner	mortgagor
Hypothekenzins	mortgage interest

I

Indexzahl	index number
Inhaberschuldverschreibung	bearer debenture bond
Invalidenrente	invalidity/disability pension/annuity
Invalidenversicherung	invalidity insurance, disability insurance

Investitionsrechnung	preinvestment analysis, investment appraisal
Investition, Investment	investment
Investmentfonds	investment fund
Investmentzertifikat	investment fund certificate
Irrfahrt, Irrweg	random walk
Istkosten	actual costs

J

Jahresbeitrag	premium, annual premium, annuity
Jahreseinkommen	annual income
Jahresnettobeitrag	net premium, annual net premium
jährlich	annual, yearly

K

Kalenderjahr	calendar year
Kapazität	capacity
Kapazitätsauslastung	use/utilization of capacity
Kapital binden	to tie up capital
Kapital freisetzen	to free up capital
Kapitalabfindung	lump-sum-settlement
Kapitalanlage	capital investment
Kapitalbarwert	capital present value
Kapitalendwert	capital future value
Kapitalertrag	return on capital
Kapitalertragssteuer	tax on capital income
Kapitallebensversicherung	capital creating life insurance
Kapitalmarkt	capital market
Kapitalmarktzins	capital market interest
Kapitalwert	(net) present value
Kapitalwertmethode	net present value method
Kapitalwiedergewinnung	capital recovering
Kaskoversicherung	comprehensive insurance
Kassakurs	spot price
Kassazinssatz	spot rate
Kaufkurs	bid
Kaufvertrag	contract of sale
Kommissionsgeschäft	commission business
Konsument	consumer
Kontenbewegung	change in the state of an/the account
Konto	account, savings, deposit, current
ein Konto eröffnen	open an account
ein Konto schließen	close an account
Kontoauszug	statement
Kontoführungsgebühr	bank charge, service charge

Kontokorrent	open account
Kontonummer	account number
Körperschaftssteuer	corporation tax
Korrelation	correlation
Korrelationskoeffizient	correlation coefficient
Kosten	costs, expenses, charges
Kosten tragen	to bear the costs
laufende Kosten	running costs
primäre Kosten	primary costs
progressive Kosten	progressive costs
proportionale Kosten	proportional costs
tatsächliche Kosten	actual costs
Kostenbeteiligung	sharing of expenses
kostendeckend	cost-covering
Kostenerstattung	reimbursement of costs
kostenlos	no charge
Kosten-Nutzen-Analyse	cost-benefit analysis
Kostenstelle	cost centre
Kostenträger	cost unit
Kostenvergleich	cost comparison
Kostenvoranschlag	estimate
Krankenversicherung	health insurance
gesetzliche Krankenversicherung	state health insurance
private Krankenversicherung	private health insurance
Kredit	credit side
Kreditabsicherung	security arrangements
Kreditgeber	lender
Kreditkarte	credit card
mit Kreditkarte bezahlen	to pay by credit card
Kreditkauf	credit purchase
Kreditnehmer	borrower
kreditwürdig	credit-worthy
Kreditwürdigkeitsprüfung	test of credit standing
Kunde	client, costumer
Kundenrabatt	costumer discount
Kündbarkeit	redeemability
Kündigung (Darlehen, Kredit)	cancellation, calling-in
bei jährlicher Kündigung	with one year's notice of withdrawal
Kündigung (Hypothek)	foreclosure
Kündigung (Vertrag)	termination
Kurs	quotation
Kurs von Devisen	rate of exchange, exchange rate
Kurs von Wertpapieren	price
Kurse steigen/fallen	prices/rates are rising/falling

Kursanstieg	price rise/rise in exchange rates
Kursgewinn	market profit, market gain, turn
Kursrückgang	fall in prices, price fall, fall in exchange rates
Kursschwankung	fluctuation in prices/exchange rates
Kursverlust	market loss, loss on price
Kurswert	market value/price
kurzfristig	short-term

L

Lager, Lagerbestand	stock
Lastschrift	debit
Laufzeit	term, duration, time to maturity, life
Leben	life
auf Lebenszeit	for life, whole life
verbundene Leben	joint/connected life
Lebensbaum	tree of life
Lebensende	end of life
Lebenserwartung	life expectancy, life expectation
Lebensjahr	year of life
mit vollendetem 18. Lebensjahr	on reaching the age of 18
in seinem 50. Lebensjahr	in his 50th year
lebenslänglich	whole life
Lebensversicherung	life insurance, life assurance
fondsbildende Lebensversicherung	fund creating life insurance
kapitalbildende Lebensversicherung	capital creating life insurance
vermögensbildende Lebensversicherung	wealth creation life insurance
Leibrente	life annuity
aufgeschobene Leibrente	shifted/moved/postponed life annuity
lebenslängliche Leibrente	unlimited life annuity
steigende Leibrente	increasing life annuity
temporäre Leibrente	temporary life annuity
Lieferant	delivery man, supplier
Lieferung	delivery
Zahlung bei Lieferung	payment on delivery
Liquidität	liquidity, solvency
Lohn	wage
Lombardsatz	Lombard rate

M

Makler	broker
Maklergebühr	brokerage charges
Marktzins	loan rate
mehrjährig	in several years
Mehrwertsteuer	value added tax (VAT)

Mengenrabatt	bulk discount
Methode der kleinsten Quadrate	least square method
Miete	rent
Milliarde	Billion
Mindestbeitrag	minimum amount
Mindestversicherungssumme	minimum sum insured
Mindestverzinsung	minimum interest payment
Mittelkurs	mean exchange value
Mittelwert, Mittel, mittlerer	mean, average
arithmetisches Mittel	arithmetical mean
geometrisches Mittel	geometrical mean
gewichtetes Mittel	weighted mean
Modus, Modalwert	mode
Momentenmethode	moment method
monatlich	monthly
mündelsicher	gilt-edged

N

Nachbesserung	subsequent improvement
nach bestem Wissen	utmost good faith
Nachfrage (nach)	demand (for)
Nachfragebelebung	revival of demand
nachschüssig	decursive
Näherung, Näherungsformel	approximation
Nennwert	nominal value, face value
Nettoeinkommen	net income
Nettoprämie	net premium
Nettorendite	net yield, net return
Nettoverkaufspreis	net selling-price
Nominalwert	face value
Nominalzins	nominal interest
nominell	nominal
Nullkuponanleihe	zero bonds, zero coupon bonds
Nutzen	use, profit

O

Obergrenze	upper limit
Obligation	obligation
ohne Gewähr	without guarantee
Optionsanleihe	optimal bond

P

Pacht	rent
Passiva	liabilities
Pauschale	lump sum
Pauschbetrag	blanket amount

Pension	pension, retired pay
in Pension gehen	to retire
Pensionsfonds	superannuation fund
Pensionsversicherung	pension insurance
Periode	period
periodisch	periodical
Personenschaden	personal injury
Pfandbrief	mortgage bond/debenture
Pflegeversicherung	care insurance, nursing insurance
Police	police
Prämie	premium
Prämienberechnung	rate calculation
Prämiennachlass	reduction of premium
Preis	price
Preisentwicklung	trend of prices
Produktivität	productivity
Prolongation	prolongation
Prolongationsgebühr	bachwardation, contango
prospektiv	prospective
Provision	provision, commission, percentage
Prozent	per cent
Prozentsatz	percentage
prozentual	percental

R

Rabatt	discount, deduction, rebate
Rabatt gewähren	to give a discount
Rate	instalment
in Raten	by instalments
Ratenzahlung	payment by instalments
die Ratenzahlung ist fällig	the instalment is due
Rechnung	bill
Regress	recourse
regresspflichtig	liable to recourse
Regressionsanalyse	regression analysis
Reihe	series
arithmetische Reihe	arithmetical series
geometrische Reihe	geometrical series
Remittenden	returns
Rendite	yield, return
Rentabilität	profitability
Rentabilitätsgrenze	break even point
Rente	pension, annuity
aufgeschobene Rente	deferred annuity
ewige Rente	perpetuity

Rentenalter	pensionable/retirement age
Rentenanwartschaft	expectation of a pension
Rentenbarwert	present value of annuity
Rentenbrief	annuity bond
Rentenmarkt	fixed securities market
Rentenpapier	fixed interest security, annuity bond
Rentenrechnung	annuity analysis
Rentenversicherung	pension scheme
Reserve	reserve
Restbuchwert	net book value
Restlaufzeit	remaining life
Restschuld	remaining debit
Restwert	final value, residual value
Restzahlung	final payment
Risiko	risk
Risikoprämie	risk premium
Risikoscheue	risk aversion
Risikostreuung	risk spreading, pooling of risks
Risikoversicherung	risk insurance, term assurance
Risikozuschlag	risk allowance
Rückdatierung	back dating
Rückerstattung	repayment, reimbursement, rebate (tax)
Rückkauf	repurchase
Rückstellung	liability reserve
Rückversicherung	reassurance
Rückzahlung	refund, repayment

S

Sachversicherung	property insurance
Schaden	damage
Schadenersatz	damages, indemnity, compensation
Schadenersatz fordern	to claim damages
Schadenersatz leisten	to pay damages/compensation
Schadenfreiheitsrabatt	no-claims bonus
Schadenhäufigkeit	damage frequency
Schadenhöhe	damage amount
Schadensfall	case of damage, event
Schadenzahl	damage number
Schätzung (schätzen)	(to) estimate
Schatzwechsel	treasury bill
Scheck	cheque
gedeckter Scheck	honoured cheque
gesperrter Scheck	stopped cheque
ungedeckter Scheck	not covered cheque
Scheckbuch	cheque-book

Schrottwert	scrap value
Schuld, Schulden	debt, debts
Schulden haben	to have debts, owe
Schuldner	debitor
Schuldschein	bond
Schuldverschreibung	bond, debenture bond
Selbstkosten	prime costs
Sicherheitsfaktor	safety margin
Sicherheitszuschlag	safety extra charge
Skonto	discount (for cash)
Skonto gewähren	to allow a discount
Sofortbeitrag	immediate premium
Sofortzahlung	immediate payment
Soll, Soll und Haben	debit, debit and credit
Sollwert	nominal value
Sollzinsen	interest on debit balance, debit rate
Sorten	foreign notes
Sozialleistungen	social security contributions
gesetzliche Sozialleistungen	statutory social security contributions
Spannweite	range
Sparbrief	savings certificate
Spareinlage	savings deposit
sparen	to save, to put away
Sparer	saver
Sparguthaben	savings account
Sparkasse	savings bank
Sparkonto	deposit account
Sparprämie	savings premium
Sparzins	interest on a savings account
Spesen	charges
Spreizung	straddle (Optionstyp)
Staffelzinsen	graduaded interest
Standardabweichung	standard deviation
Statistik	statistics
mathematische Statistik	mathematical statistics
Statistisches Bundesamt	Federal Statistical Office
Sterbefallversicherung	death insurance
Sterbegesetz	mortality function
Sterbetafel	death table
verkürzte Sterbetafel	shortened death table
Sterbewahrscheinlichkeit	probability of death
Sterblichkeit	mortality
Sterblichkeitsintensität	mortality intensity
stetige Verzinsung	continuous interest

Steuer	tax
Steuern zahlen	to pay tax
von der Steuer absetzen	to set off against tax, to deduct sth. from tax
Steuererklärung	tax return
Steuerfreibetrag	tax allowance
Steuertabelle	tax table
Stichprobe	(random) sample
Stichprobenumfang	sample number
Stiftung, gemischte Versicherung	endowment
stornieren	to reverse (a wrong entry), to cancel (an order)
Storno	reversal, cancellation
Stornoabzug	lapse deduction
Streuung	deviation, variation
Stückelung	denomination
Stückpreis	unit price
Stückzinsen	accrued interest

T

täglich	daily
Tarif	tariff
Tarifkalkulation	rate calculation
Teilhaberpapier	participation certificate
Teilkaskoversicherung	partial coverage insurance
Teilzahlung	instalment
auf Teilzahlung kaufen	to buy on hire-purchase (brit.), to buy on instalment plan (amer.)
Termefixversicherung	term fix assurance
Termingeschäft	future
Terminwechselkurs	forward exchange rate
Terminzinssatz	forward rate
Testament	will
tilgen	to pay off, to repay
Tilgung	repayment
Tilgungsplan	repayment plan
Tilgungsrate	repayment interest
Tilgungsstreckung	repayment prolongation
Tod	death
vorzeitiger Tod	previous death
Todesfall	death
im Todesfall	in (the) case of death, in the event of death
Todesfallleistung	death benefit
Todesfallversicherung	death benefit assurance
Todesjahr	year of death
Trendanalyse	trend analysis

U

Überlebender	survivor
Überlebensversicherung	endowment
Überlebenswahrscheinlichkeit	probability of survival
Überschuss	surplus
Überschussanteil	share in surplus
Überschussbeteiligung	surplus partizipation
Überschussverteilung	surplus distribution
Überweisung, Abtretung	assignment
überziehen	to overdraw
Überziehungszinsen, Überziehungsprovision	overdraft interest, overdraft fee
Umlage	share of the cost
umlauffähig	nmarketable
Umlaufvermögen	current assets
Umsatz	turnover
Umsatzsteuer	turnover tax
umschulden	to reschule
Unfallrente	disability pension
Unfalltod	accidental death
Unfallversicherung	accident insurance
Untergrenze	under limit
unterjährlich	underyearly
unverzinslich	interest-free

V

Varianz	variance, deviation
Variationskoeffizient	variation coefficient
Verbindlichkeit	obligation, liability
vereinbart	arranged
Verfall, Ablauf	expiry
Verfallstag	due date, date of expiration
Verkauf	sale
Verkaufspreis	selling-price
Verlust	loss
Vermögen	fortune, wealth
Vermögenssteuer	wealth tax
vermögensbildende Lebensversicherung	wealth creating life insurance
Vermögensbildung	creation of wealth by participation of employees in savings and share-ownership schemes
vermögenswirksame Leistung	employer's contributions to employee's savings schemes
Verrechnung	account
nur zur Verrechnung	only for account

Verrechnungsscheck	(crossed) check
Versicherer	insurer, assurer
Versicherung	insurance, assurance
eine Versicherung abschließen	to take out an insurance, ... a policy, to join an insurance
Versicherung mit abgekürzter Beitragszahlung	limited pay assurance
Versicherung auf verbundene Leben	assurance on connected lifes
Versicherungsablauf	expiration of policy
Versicherungsbeginn	commencement
Versicherungsbeitrag	insurance premium
Versicherungsbetrug	insurance fraud
Versicherungsfall	event giving rise to a claim, assured event
Versicherungsgesellschaft	insurance company
Versicherungsleistung	benefit, payment
Versicherungsmathematik	insurance mathematics
Versicherungsmathematiker	actuary
versicherungsmathematisch	actuarial
Versicherungsnehmer, Versicherter	insured, policy-holder
Versicherungssumme	sum insured/assured
fallende Versicherungssumme	decreasing sum insured
steigende Versicherungssumme	increasibg sum insured
Versicherungstarif	insurance rate
Versicherungsvertrag	insurance contract
Verstorbener	deceased
Verteilung	distribution
Vertrag	contract, agreement
Vertrieb	marketing, sale
Vertriebskosten	marketing costs
verursachen	to cause
Verursacher	cause, Person responsible
Verwaltung	administration
Verwaltungskosten	administrative expenses/costs
verzinsen	to pay interest on
verzinslich (mit, zu)	yielding interest (at a rate of), bearing interest (at a rate of)
höher verzinslich	higher-yielding
Verzinsung	interest
gemischte Verzinsung	mixed interest
stetige Verzinsung	continuous interest
unterjährliche Verzinsung	
Verzugszinsen	interest on arrears
vierteljährlich	quarterly
Vorausbezahlung	prepayment

vordatiert	post-dated
vorschüssig	prepaid, advanced
Vorsteuer	prior tax, turnover tax
Vorzugsaktien	preference shares, preferred stock
Vorzugskurs	preference price
Vorzugspreis	special price, preferential rate

W

wachsend	increasing
Wahrscheinlichkeit	probability
Währung	currency
Waise, Waisenrente	orphan, orphan´s pension
Wechsel	exchange, bill of exchange
offener Wechsel	letter of credit
Wechsel zum Inkasso	bill for collection
Wechsel zum Verkauf	bill for negotiation
Wechseldiskont	bill discount
Wechselgläubiger, Wechselinhaber	holder of a bill of exchange, bill creditor
Wechselkurs	exchange rate
Wechselschuld	bill debt
Werbungskosten	professional expenses
Wertminderung	depreciation, reduction in value, decrease in value
Wertpapier	security, bond
festverzinsliches Wertpapier	fixed-interest bond
erstklassisches Wertpapier	blue chips
Wertpapieremission	bond emission
Wertsteigerung	appreciation, increase in value
Wiederbeschaffungspreis	reprocurement cost
Wirtschaftlichkeit	efficiency
Witwe, Witwer, Witwenrente	widow, widower, widow's pension

Z

Zahl, Anzahl	number, figure
rote/schwarze Zahlen schreiben	to write red/black figures
zahlbar	payable
zahlen, Zahler	to pay, payer
Zahlung	payment
abgekürzte Zahlung	limited payment
gestaffelte Zahlung	graded payment
Zahlungsempfänger	payee, remittee
zahlungsfähig	solvent, able to pay
Zahlungsfrist	period for payment, credit period
Zahlungstermin	date for payment
mittlerer Zahlungstermin	average date for payment

zahlungsunfähig	insolvent
Zahlungsverkehr	monetary transaction
Zeiteinheit	time unit
zeitlich begrenzt	limited in time
Zeitreihe	time series
Zeitrente	certain annuity
aufgeschobene Zeitrente	deferred annuity
Zeitwert	actual value
Zentralwert	median
Zins, Zinsen	interest
aufgelaufene/auflaufende Zinsen	accrued interest
effektiver Zins	effective interest
einfacher Zins	simple interest
bei einem Zins von 6%	at 6% interest
die Zinsen sind gestiegen	interest rates have gone up
konformer Zins	conformal interest
nomineller Zins	nominal interest
Zinsen erhalten	to earn interest
ohne Zinsen	ex interest
Zinsberechnung	interest-account
Zinserhöhung	increase in the rate of interest
Zinsertrag	interest earned/earning/income/ received
Zinseszins	compound interest
Zinsfußmethode	rate-of-interest-method
Zinsintensität	interest intensity, interest force
zinslos	interest-free
Zinsperiode	interest period
Zinsrate	interest rate
Zinsrechnung	calculation of interest
Zinssatz, Zinsfuß	interest rate
effektiver Zinssatz	effective interest rate
nominaler, nomineller Zinssatz	nominal interest rate
Zinsschein	coupon, dividend-warrant
Zinssenkung	reduction of interest rates
Zinstermin	interest date
Zinsüberschuss	surplus interest
Zufall, Zufallsereignis	random, random event
Zufallsgröße, Zufallsvariable	random variable
Zusatzprämie	additional premium
Zusatzversicherung	additional insurance
Zuschlag	extra charge, additional charge
Zuwachs	increase, growth
Zwischensumme	subtotal

Literaturverzeichnis

[1] Grundmann, W.: *Finanz- und Versicherungsmathematik.* Stuttgart-Leipzig: B. G. Teubner Verlagsgesellschaft 1996.

[2] Grundmann, W., und Luderer, B.: *Formelsammlung Finanzmathematik Versicherungsmathematik Wertpapieranalyse.* 2. Auflage. Stuttgart-Leipzig-Wiesbaden: B. G. Teubner 2003.

[3] Günther, M., und Jüngel, A.: *Finanzderivate mit MATLAB.* Braunschweig-Wiesbaden: Friedr. Vieweg & Sohn Verlag 2003.

[4] Luderer, B.: *Starthilfe Finanzmathematik.* 2. Auflage. Stuttgart-Leipzig-Wiesbaden: B. G. Teubner 2003.

[5] Nowottny, D.: *Mathematik am Computer.* Berlin-Heidelberg: Springer-Verlag 1999.

[6] Renger, K.: *Finanzmathematik mit Excel.* Wiesbaden: Betriebswirtschaftlicher Verlag Dr. Th. Gabler 2003.

MATLAB Handbücher

[7] *Using MATLAB.* Natick MA 2000.

[8] *Using MATLAB Graphics.* Natick MA 2001.

[9] *MATLAB Statistics Toolbox 2.0, User's Guide.* Natick MA 1999.

[10] *MATLAB Optimization Toolbox 2.0, User's Guide.* Natick MA 2000.

[11] *MATLAB Financial Toolbox 2.0, User's Guide.* Natick MA 1999.

Index